农林研究 40 年文集
——一个探索者的足迹

虞德源　编著

中国林业出版社

图书在版编目（CIP）数据

农林研究40年文集：一个探索者的足迹／虞德源编著.
— 北京：中国林业出版社，2018. 4
ISBN 978-7-5038-9549-4

Ⅰ. ①农⋯　Ⅱ.①虞⋯　Ⅲ.①农业-文集②林业-文集
Ⅳ.①S-53

中国版本图书馆 CIP 数据核字（2018）第 090499 号

中国林业出版社·环境园林出版分社

策划、责任编辑：贾麦娥

电话：（010）83143562

出版发行	中国林业出版社（100009　北京市西城区德内大街刘海胡同 7 号）	
	http://lycb. forestry. gov. cn	
经　销	新华书店	
印　刷	固安县京平诚乾印刷有限公司	
版　次	2018 年 6 月第 1 版	
印　次	2018 年 6 月第 1 次印刷	
开　本	889mm×1194mm　1/16	
印　张	17. 5	
字　数	468 千字	
定　价	78. 00 元	

序1

从 2017 年下半年开始，陆续收到虞先生文稿，到 2018 年元旦以后的定稿，已是洋洋洒洒的 80 多篇了。虞先生特地嘱我为之作序，这样的倚重，让我深感不安，唯恐心劳力拙且人微言轻。但回想我们近 10 年来为了植物引种驯化的主题不断交往的过程，也感到这是一份不能推卸的责任，毕竟，这也是因我在 2016 年春天在南京与其晤面时的"怂恿"，使虞先生以年老带病之躯劳作年余，这是他一生从事农林实践与研究的结晶，岂能辜负！

我是 2008 年下半年因查阅资料通过网络联系虞先生的。彼时，他已经由农转林，正在拓展林业和园林树种的引种实践与研究。我在做北京梅花的引种试验，因为有着比较相同的兴趣点，我曾多次向他请教，得到过虞先生的真诚帮助。

随着交往渐多，知道虞先生曾用 16 年时间，培育出国家级 GS8312 甜菜多倍体新品种，为我国甜菜事业做出过特殊贡献，更钦佩他由农转林、在实践与理论研究方面的跨界与突破：他是从 1997 年开始，通过对农作物（1 年生到越年生）的研究，进而引发了对林业和园林树种（多年生）植物的研究的。2001 年，已经 60 岁的他，在南京六合地区建了 3 个新优花木种苗场，他说："从甜菜作物到园林植物，多年来我进行了上百个品种的引种试验，试图从中找出一些规律性的东西"。

说到植物引种驯化的基本规律，迄今 112 年（1906—2018）以来，人们普遍认知的"气候相似论"（Theory of Climatic Analogues），是德国林学家、慕尼黑大学教授迈尔（Mayr H. 1856—1911）在 1906—1909 年提出的。但是，很多人没有注意到，现代以来中国在这方面的研究已经有了很大程度的超越。超越的一个主要标志是提出"生态相似论"并产生了相关论述。我认为虞德源先生在这方面，做了很重要的工作。

我恰恰就是通过这些体会了虞德源先生对植物引种驯化事业的浓厚兴趣和朴实激情的深厚来源——热爱国家，热爱事业的殷殷眷情。

我认为虞先生关于植物引种"生态相似论"的研究非常有特点。他从 20 世纪 80 年代开始，在前人及其相关理论的指导下，做了长期大量的引种实践，30 多年来，从我国 9 省区和法、美、日等国家（地区）引进 62 科 128 属 300 余个树种，他引种的植物既包括农作物也有经济林木还涉及园林树木。更重要的是，他在从农作物（1 年生到越年生）一直到林业和园林树种（多年生）植物的实践研究中对"生态相似论"进行的反复验证。比较系统地论述了"生态相似论"的内涵与外延。第一，提出"生态相似论"具有"四位一体"的基本特征，从引种国家（地区）的植物地理历史发育、气候特征、土壤类型、生物群落的自然相似区域去选择引种对象，是把握最大且最经济有效的一种引（育）种途径。植物的引种驯化与生态相似的概率成正比关系。第二，提出了同一气候带植物呈对称分布关系的观点。第三，指出了"同纬度引种理论"的局限性。2016 年，《现代园林》第 8 期发表了虞德源先生的《生态相似论与农林植物引种应用》一文。

虞先生是 20 世纪 40 年代出生的人，今年已经 77 岁了。令人敬佩的是，从 2007 年开始，先后多次向苏州一中、江苏泗阳县政府、苏州三中、苏州平江中学、苏州高等职业技术学校，还有南京六合竹镇林场等许多单位无偿捐赠了万余株/丛植物。其中 2016 年，在母校苏州三中 110 年华诞之际，他将自己精心培育的 65 种珍稀树种、计 4374 株（丛）捐赠给母校，而这次捐赠，是他在罹患疾病状态下进行的，这本文集，也是他以抱病之躯努力拼搏完成的，我翻阅着文集中一张一张的捐赠证书，深深为之感动，这种对社会的反哺之情，足见虞先生的无私与大爱。

看着眼前这整齐的初编文稿，我不仅感动于虞先生的善良、谦逊、执着与坚守，更使我联想起我身边曾经相处过的、成长于我国特定历史时期的那一代知识分子群体，这批人完整经历了艰苦奋斗、无私奉献、无怨无悔的历史时代。在这个群体中，虞先生能老骥伏枥，壮心不已，无疑是更加令人敬佩的一位。

虞德源先生一生许国从事农林，老而弥坚著书立说，不但在实践和理论 2 个方面都获得了成就，更在立身、立德方面堪称楷模。在生活中，爱好摄影、旅游，尤其爱好对雨花石的收藏及其鉴赏。看着这即将出版的文集，我向虞德源先生以及帮助他工作的吕其顺、濮圆林、孟光中、聂光大等他的诸位高中同窗表示由衷的钦佩和热忱的祝贺！

是为序，并以此献上对虞先生健康的深切祝福！

许联瑛*
2018 年 1 月 17 日夜于信芳斋

---

* 许联瑛，字信芳，山西大同人，1955 年出生于北京，2007 年取得北京林业大学风景园林专业在职硕士研究生学历，北京市东城区园林绿化中心教授级高级工程师，中国梅花蜡梅协会理事，《现代园林》编委。

序2

虞德源先生嘱我为他的《农林研究40年文集——一个探索者的足迹》写个序，有一种"受宠若惊"之感，因为：一是作为晚辈的我，没有资格为前辈作序；二是农林于我是外行，缺乏这方面的学术素养。但虞老先生再三嘱咐，盛情难却，也就只能"遵命"了。

与虞老先生结识是一种缘分。2016年，苏州三中迎来她的110周年校庆，当时我分管校庆工作，有一天，李红云老师告知我，62届校友著名农林专家虞德源先生准备以他班级的名义捐赠一批珍稀名贵树种给母校，当时，我非常激动。稍后，在晏园咖吧，我第一次见到虞德源先生，并聆听到了他的梦想——"让三中荡漾在绿海之中"。此后，一年多时间中，我与虞老先生的交往甚多，曾两次一起赴横梁等地挑选树种，考察南京中山植物园，我也因此了解了他的人生历程和艰辛探索，了解了他的恩师谢家驹先生(与我同乡，也是江阴人)及他和恩师之间的深厚感情……久而久之，我与虞老先生竟成了"忘年之交"。虞老先生给我的印象：他是一位追寻理想、拥有梦想的农林专家，他是一位敢于实践、勇于创新的农林专家，他是一个善于学习、勤于笔耕的农林专家，他是一位充满情趣、热爱生活的农林专家，他是一位胸怀大爱、无私奉献的农林专家。

虞老先生的书，内容高深，专业性强。对于我这个门外汉而言，是无法做任何评点的，只能"不求甚解"地阅读，然后，谈一些自己初浅的读后感。我从虞老先生的书中，读出了五种感受：

第一，读出了一种精神。虞老先生的一生是从事农林的一生。70年代以来，在江苏农垦从事甜菜优良品种的培育及研究，十六年的探索，十六年的坚守，终于成功培育了甜菜多倍体新品种GS苏垦8312，并在新疆、宁夏等地推广，深受好评；在研究甜菜后期，即90年代，他华丽转身，从事园林研究，并于2001年在南京六合建立试验基地，进行引种试验。因此，虞老先生的每一篇论文都是建立在自己的亲身实践(实验)基础上的，每篇论文都是他理性思考和理论升华的结果，这是一种实事求是的科学探究精神，正是在这种精神的引领下，他才发展并完善了生态相似理论。

第二，读出了一种思想。虞老先生在四十年的农林生涯中，从事甜菜育种、钻研种树和研究引种，形成了他独特的发展农林业的思想，即基地意识、实践观点和理论认知。他认为，农林研究要有属于自己的试验基地、一切真知源于实践(或实验)、理论引领(种树和引种)实践，三位一体，构成了他从事和发展农林业的基本思想，这是非常宝贵的经验。他的生态相似理论、植物对称分布观点、打造绿都理念和农林旅一体化思考，也都闪烁着智慧的光芒，这对当下中国生态文明建设有重要的指导意义。

第三，读出了一种情怀。虞老先生是一位慈仁的老人，岁月给他留下了许多真、善、美的记忆，也正因为这样，虞老先生言谈举止之间，始终流露着仁爱、阳光、真挚和怡然。他时刻铭记母校对他的培育之恩，在母校110年华诞之际，将自己精心培育的珍稀树种65种4374株(丛)捐赠给母校，让母校荡漾绿海，泽被后人。这是一种无私奉献、造福后人的情怀。

第四，读出了一种感动。长期的田野作业、忙碌的各地奔波、艰辛的伏案写作，透支了虞老先生的身体，年逾古稀的虞老先生身患癌症，但，为了捐赠(珍稀树种)一事，数十次来三中(平中)考察，设计方案，两次带病赴南京基地选择树种，每次都有吕其顺、濮圆林、孟光中等同学相伴与照顾，让我感受到一种浓浓的同学情谊。四十年的文本汇集成书，绝非易事，它是一项巨大的工程，为了早日实现虞老先生的心愿，三中62届高中(6)班的同学吕其顺、濮圆林、孟光中、聂光大等组成了编书校对组，一起帮忙，逐字逐句校对。这是一种集体的力量，它超越了编书的本身，这种真情叫感动。

第五，读出了一种生命的姿态。无论在风华正茂的少年，还是在激情浪漫的青年，无论是精力充沛的中年，还是两鬓斑白的老年，在虞老先生的身上，我都能读到一种宽阔的视野(70年代选择甜菜，90年代瞄准林业)，都能读到一种与时俱进的意识，都能读到一种勇于创新的智慧，都能读到一种永不言休的精神，都能读到一种大爱无疆的境界。这是一种生命的姿态——绿色、自然、向上！

虞老先生的《农林研究40年文集——一个探索者的足迹》，是他四十年从事农林事业的实践和研究的结晶。透过虞老先生的这本专著，我依稀看到了他在农林业的探索道路上执着前行的足迹，看到了他奔波农场林地和伏案写作的身影，看到了他的充满理想的青春芳华和回望过去时的从容幸福……

泰戈尔曾经说过："果的事业是尊贵的，花的事业是甜美的；但是让我做叶的事业吧，叶是谦逊地、专心地垂着绿荫的。"虞老先生就是一位让三中人感到骄傲的"谦逊地、专心地垂着绿荫"的叶。我愿这片"叶"数十年的理性思考和心灵呼唤，能唤起更多的人对生态文明的探索自觉，沿着虞老先生昭示的道路，走向生态文明研究的深处，谱写出"新时代"最动人、最绚丽的生态文明华章！

惶恐之余，有感而发，写上这些不成熟的文字。与其说是序，不如说是我对虞老先生的一种敬意！

2018年1月5日凌晨
丁林兴*

* 丁林兴，江苏江阴人，1963年出生，博士，高级教师，现任江苏省苏州市第三中学校副校长，曾获江苏省优秀教育工作者，苏州市名教师称号。

前 言

根植于祖国广袤的大地，平生致力于农林生态的研究，将心路历程汇成专集，是本书写作的宗旨。以期温故知新，去粗取精，抛砖引玉，与尔切磋。谨以此书献给关心我国农林事业发展的朋友们。

（一）

为什么要写，乃情结所系。

记录时代：1962年我高中毕业后来到农村，在这个时代平台上与农林业打了40余年交道，从而结下了不解之缘。回首农垦生涯，我的青壮年与中国糖业甜菜命运休戚与共，亲自见证了它的发生、发展与壮大，一干就是30年，直至退休。90年代后期，我怀着生态报国的理想，全身心投入园林绿化事业摸爬滚打20年。从温饱时代到物种多样性时代至今又步入"一带一路"新时代。这件事发生在对世界有重大影响的中国，为之努力付出是十分有价值的。众所周知，中国有着丰富的生物物种资源。地球上地域面积大致相当的三个区域：欧洲1016万km²，约有11500种；美国963万km²，约有18000种；中国960万km²，却拥有30000多种植物。这就是植物物种的世情与国情，生活在这样的国度怎么不自豪。

精神传承：人是物质与精神载体。人生有限，纵使百年，真正闪光的也就是几十年。如何实现人生价值，将物质变成精神，精神转化为物质，实现良性循环，这也是我经常思索的问题。在苏州通往虎丘的山塘街，刻有唐代诗人白居易的诗句："人生本本是一场梦，唯有文章传千古"①。它告诫人们，人生太短，稍纵即逝，要抓住时机，记录一些有价值的东西留在这个世界上。我在农林研究方面受此启发将自己的体会及时记载下来并写成文章，我认为这是一种精神传承。我们求学、读书受前人影响，同样我们的实践、创造也会影响后人。择一小例，记得20世纪70年代我去哈尔滨轻工业部甜菜糖业研究所查阅资料，发现上海崇明岛60年代曾有甜菜安全越冬记录，受此启发，1984年我调到江苏省农垦局后在布局甜菜基地时，就将崇明对面的江苏沿江南通地区三个农场列为育种基地，以后果然取得南育南繁理想的结果。

溪流汇海：仰望雪山，追踪溪流，抚今追昔，遐思万千。每当途经西部崇山峻岭的贺兰山、祁连山和雪山，一种对大自然的敬重油然而生。当冰雪融化形成数十成百条淙淙的溪流，并越汇越大形成江河，奔腾不息流入北冰洋、太平洋。没有溪流何为海纳百川？生命追溯源头才体现真正价值。在生命长河中，人生如溪流之见，发声撞击浪花，就会形成后浪推前浪的生命交响曲。几十年来，我国农林战线有着无数默默无闻、无私奉献的建设大军，一旦一齐发声，就会奏响新世纪人类命运共同体的最强音。但愿这本《农林研究40年文集》成为溪流中一朵欢乐的浪花。

---

① 公元829年，白居易借生病之机，挂闲职。是年，白居易五十八岁，感悟"人生不过是场梦，唯有文章传千古"。

（二）

写些什么？将我研究的甜菜、树木、引种三个篇章汇编成书，反映历史，讴歌时代，图文并茂，既科普又纪实，恍如昨日。

选择甜菜：农学系毕业后我在选择作物上不搞粮棉油大宗作物，偏选甜菜作为主攻方向。在当时的情况下，兵团在东辛建了糖厂。我考虑甜菜是我国全新作物，尤其在地域上制种可兼顾我国南北方利益，这样视野开阔更富挑战创造性。我有幸结识了我国著名甜菜专家谢家驹先生并拜其为师，从此积极参与全国甜菜协作活动，沉下心来钻研技术，培育品种，建立基地，著书立说，将自己青春年华献给了祖国的甜菜事业。从事此业使我有机会驰骋南北，既在江苏建立了我国最大的甜菜良繁基地，又能经常深入我国东北、华北、西北的甜菜糖区。更重要的是可创立面向西部地区的甜菜品牌。经过 16 年不懈努力终于成功培育了我国甜菜多倍体新品种 GS 苏垦 8312，受到新疆、宁夏甜菜产区的一致好评，一度曾占该省区用种量的 70% 以上。这是我从事植物种植研究以来最开心的事。

生命之泉

钻研树木：研究一项甜菜，用了 30 年功夫，使我对一年生（越年生）的农作物有了粗浅了解。那么研究都市林业周期长的乔灌木，不花上几十年时间肯定是无果的。我叹息人的生命周期太短。促使我在甜菜研究后期，同时在江苏省科委立题"野生新优花木引种驯化及应用研究"，1997—2001 年结题并获全国第五届花博会银奖。但研究的长期性，催生我 2001 年在南京建立试验基地，进行上百个品种的引种试验，试图从中找出一些规律性的东西。在实践中我深深感受到，我国园林树种大有开发价值，特别是生长在山谷地区的野生乔灌木资源。同时我注意在实用性上做好文章。例如 10 年前，我在全国率先提出了"一个景观，二个开发，三个定位，四个层次，五个结合，六个面向"①可操作的都市林业发展思路，以及建设山水园林新城市的主张至今仍有应用价值。

研究引种：植物引种是一个复杂的系统工程。农林业发展离不开对其规律的掌握。在长达几十年的甜菜研究，尤其通过育种的切身体会，使我发现了"生态相似规律"。如何从一年生（越年生）农作物延伸到多年生（周期长）林作物，以验证检验植物共性规律，此事我为之探索奋斗 40 年。在理论实践的攻坚中，通过研读国内外学者书籍，特别通过深入实践考证提出了生态相似论的雏形框架，这是理论思维的一种创新。生态相似论即从引种国家（地区）、植物地理（历史发育）、气候特征、土壤类型、生物群落的自然相似区域去选择引种对象，是把握最大且经济有效的一种引种途径。同时提出了同一气候植物对称分布的观点。

---

① "一个景观，二个开发，三个定位，四个层次，五个结合，六个面向"，参见《科学规划植物景观》（2005 年 8 月 18 日《中国花卉报》）。

（三）

通过长期实践研究，形成了我理念上三大认知（基地意识、实践观点及理论认知），对工作很有帮助。

基地意识：农林研究要树立植物根基思想，要拥有属于自己的试验基地。一切真知灼见来自试验，并由此试验、示范、推广。试验会耗费大量时间、精力与财力，但只要选题正确必大有收获。在基层农场时，我就是个"甜菜迷"，1974—1983 这 10 年间，我在江苏最大的东辛、黄海农场进行了数百个国内外品种试验，结合北方反馈，从中筛选优良材料，为日后培育国家级品种奠定基础。我所在东辛农场有 32.5 万亩[①]地可供选择，又有糖厂化验车间可分析品质。1984 年，我调到了江苏省农垦局后，就可以在全省范围内布局基地，形成沿江三农场作为育种基地，连云港、徐州、淮阴地区十余个农场为生产制种基地，为农民致富和国家用种自给做出贡献。退休之后，为适应园林树种多样性需要，我在南京六合地区三个镇建立新优花木种苗场，进行成百个品种试验研究，被国家林业局授予"全国特色种苗基地"。40 年磨一剑，使我在农林上取得一定的话语权，乃系人生之幸事。

实践观点：在毛泽东著作中我最喜欢、运用最多的是《实践论》。在我看来，实践是伟大的学校，一切真知来自实践。甜菜、树木、引种在学校并没有专门学过，而是在以后实践中形成自己的东西。一切坚持"实践出真知"，从实际出发去思考问题、制定计划，同时善于吸取他人长处形成己见。这样就不会人云亦云千篇一律。对于前人书本，应分析性吸收。有的理论本身是错误的或者片面的，不加分析应用必然会误入歧途。实践中有两件事使我感到很有价值感：一是一段时期我不顾疾病折磨，为减少引种盲目性寻找事半功倍的科学途径，经过自身反复试验和探索，在《现代园林》杂志引荐下，我的

川流不息

《生态相似论与农林植物引种应用》[②]一文得以问世，这是用实践观点运用植物的一份答卷。另一件事，近年来我将多年辛苦培育的树种，无私奉献给社会，包括贫困县、革命老区、故乡学校，特别是种在培育我成长的母校，心中感到少有的幸福与自豪。

理论认知：理论是指导实践的先导。有两位伟人对我一生产生重大影响，他们的论述深入骨髓，成为我的行动指南。一是科学家爱因斯坦的相对论。这一现象经过哈勃望远镜对太空长达 50 年观察被证实[③]。这说明世界是一个相对社会，人们观察、分析、处理一切问题不能绝对。自然界的生态相似现象，则是相对论的一种表现形式。二是毛泽东 1964 年 12 月有一段话："在生产斗争和科学实验范围内，人类总是不断发展的，自然界也总是不断发展的，永远不会停止在一个水平上。因此，人类总得不断地总结经验，有所发现，有所发明，有所创造，有所前进。停止的

---

① 1 亩≈667m²，下同。

② "生态相似论与农林植物引种应用"（作者：虞德源，刊载《现代园林》杂志，2016 年 8 月）。

③ 2015 年 3 月 7 日《参考消息》科技前沿第 7 版［英国《独立报》网站 3 月 6 日报道］哈勃望远镜证实爱因斯坦相对论。

论点，悲观的论点，无所作为和骄傲自满的论点，都是错误的①。"即提出发展的观点。目前所揭示的宇宙世界被人类认知的仅为 5%。以植物为例，当前被广泛栽植的物种只有千余种，而自然界有接近 30 余万种未被充分利用。在大自然面前，我们为沧海一粟、大漠一粒，永远是走在路上的小学生，未竟的农林生态事业任重道远。

2017 年 8 月 4 日一稿

2017 年 10 月 18 日二稿

2017 年 11 月 1 日三稿

2017 年 12 月 26 日四稿

---

① 1964 年 12 月，毛泽东写到："人类的历史，就是一个不断地从必然王国向自由王国发展的历史。这个历史永远不会完结。""在生产斗争和科学实验范围内，人类总是不断发展的，自然界也总是不断发展的，永远不会停止在一个水平上。因此，人类总得不断地总结经验，有所发现，有所发明，有所创造，有所前进。停止的论点，悲观的论点，无所作为和骄傲自满的论点，都是错误的。"（摘自《毛泽东年谱》446 页）。

目　录

◀1992 年 5 月东辛农场接待伊犁客人

◀与农业部、轻工总会、新疆和内蒙古同行在伊犁田
间合影（1996 年 8 月）

1

三十年甜菜风雨路

（1974—2003）

虞德源

　　我自 20 世纪 70 年代以来，在江苏农垦从事甜菜良繁育种 30 年。曾任甜菜站站长，省农垦种子站副站长，《中国甜菜》编委，全国甜菜协调组成员，中国糖业协会常务理事等。在生产上任江苏省农垦采种甜菜联营公司经理，创建由十余个农场参加的甜菜制种基地，后发展为和新疆共同开辟伊犁河谷甜菜制种，其制种面向黑龙江、内蒙古、新疆、宁夏等地，供种份额占当时全国甜菜用种量的 35%，为农民致富、国家用种自给作出一定贡献。在科研、育种上，主持的"露地越冬采种生育规律及丰产技术研究"于 1990 年获农业部科技进步三等奖。育成国家级甜菜多倍体 GS 苏垦 8312 新品种（成为新中国成立以来中华人民共和国第 6 个甜菜新品种），1995 年 5 月农业部颁布命名，已推广 24km^2，成为当时新疆、宁夏等地甜菜主产区主体品种。还配合中国农业科学院、轻工业部甜菜育种部门育出的甜研 301、甜研 302、甜研 303、甜研 304、双丰 305 新品种，做了大量推广工作，累计制种 4000 余吨，成为我国多倍体甜菜制种的主战场。在著书立说方面，与东北农业大学曲文章教授合著《甜菜良种繁育学》，1990 年由科技文献出版社重庆分社出版。参与《中国甜菜学》一书编写工作，负责撰写"甜菜露地越冬采种"章节，2003 年由黑龙江人民出版社出版。1997 年以来在省级以上专刊上发表论文 36 篇计 30 余万字，还编辑了《中国甜菜露地越冬采种论文集》《新疆灌区甜菜"三高"综合技术选编文集》等。1995 年以来在国际学术交流会上发表论文 3 篇。国家有关部门为表彰贡献，授予我江苏省劳动模范、全国农林科技先进工作者、全国农垦科技先进个人称号，享受国务院特殊津贴。

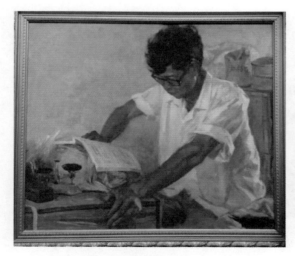

画家王侠采访我并绘制油画像（1983 年）

甜蜜的事业从这里开始（1972—2012），前排左 10 虞德源（作者）

甜菜露地越冬采种

(1963—2003)

露地越冬采种甜菜生育规律及丰产技术的研究

■虞德源[1]　杨启凡[1]　曹雄[1]　王鉴远[1]　曲文章[2]（1 江苏农垦总公司；2 东北农学院）
■本文发表在《甜菜糖业》1989 年第 6 期

提要　研究了露地越冬采种甜菜生育规律和丰产优质配套技术的要点及其内在联系，得出了甜菜种子生产及下代原料产量和质量上露地越冬比窖藏越冬更为优越的结论，对加速我国中部地区最佳繁殖地带（点）甜菜商品种子集约化生产基地建设提出了理论和实践依据及切实可行的建议。

1　研究方法

　　本项研究在原试验基础上，于 1984—1987 年在北纬 31°～34°的江苏沿江、沿湖、沿海的 7 个农场点进行了综合系统研究。即在国营湖西、岗埠、沿湖、白马湖、黄海、淮海和江心沙等农场设置试验区，其管理均同种子生产田。在各生育时期取样对群体长势、单株叶面积、干物质生产与分配、花枝形成和结实性状等指标进行测定，并调查开花顺序、数量和质量。对各试验点气象资料进行综合分析，以探求露地越冬采种甜菜的基本生育规律。

　　1978 年以来总共进行 237 个项次试验，随着露地越冬采种甜菜生育规律的研究与大面积生产实践相结合，丰产技术日臻成熟，在研究方法上采取 3 个结合，即试验研究与生产示范相结合，技术应用与反馈改进相结合，露地越冬制种与北方鉴定相结合，从而推动了露地越冬采种甜菜科研与生产的深入发展。

2 结果分析

2.1 生育规律

2.1.1 露地越冬制种对积温的要求

甜菜为二年生作物，露地越冬制种甜菜一个生长周期需要 310~330 天。生长发育阶段，需 0℃ 以上总积温 3550~4050℃。年前生长(播种至越冬)需要 100~120 天，即 7 月下旬~8 月上旬至 11 月 20 日。年前生长需要 0℃ 以上积温 1750~2300℃。越冬期需要 110 天以上，即 11 月 20 日至翌年 3 月 5 日，需要 0℃ 以上积温 214℃ 以上。翌年发育需要 110~120 天，即返青(3 月 5 日左右)至收获(6 月 25 日)。个别温度偏差地区为 7 月 5 日左右，翌年发育需要积温 1750℃ 以上，日照 700~850 小时。

甜菜种株发育是建立在年前生长的基础上的，年前积温必须高于年后，这是提高甜菜种子产量重要的生物学基础(表 1、表 2)。

2.1.2 生长发育期的划分

根据生长发育特点，在江苏省中部地区可将甜菜划分为幼苗期、叶丛繁茂期、越冬期、叶丛期(再生期)、抽薹期、孕蕾期、开花期和成熟期 8 个生育期(表 1)。

表 1 露地越冬采种甜菜生长发育期气象观测表 1985—1987 年平均值

名称	始迄日期	日数天	温度(℃)		降水		相对湿度(%)	日照	
			平均气温	积温	降水量(mm)	降雨日数		时数(h)	日照率(%)
幼苗期	8 月 5 日~9 月 15 日	40	24.0	1036	282	10	83	245	52
叶丛繁茂期	9 月 15 日~11 月 20 日	65	14.2	850	99.6	14	80	371	55.5
年前合计或平均	8 月 5 日~11 月 20 日	105	17.1	1886	331	24	81.5	616	54.3
越冬期	11 月 20 日~翌年 3 月 5 日	110	1.94	214	65	18	67.2	480	56.2
叶丛(再生)期	3 月 5 日~4 月 15 日	40	10.24	310.5	139.0	10	65	246.0	52
抽薹期	4 月 15 日~4 月 30 日	15	15.68	240.0	34.4	8	65	110.9	52
现蕾期	4 月 30 日~5 月 15 日	15	19.25	288.5	41.9	6	67	98.0	55
开花期	5 月 15 日~6 月 5 日	20	22.4	480	54.3	8	67	153.5	55
成熟期	6 月 5 日~6 月 25 日	20	24.3	480	54.4	5	75	142.1	59
翌年合计或平均	3 月 5 日~6 月 25 日	110	18.84	1800	323.0	32	67.5	750.5	54.6
全生育期合计或平均	8 月 5 日~翌年 6 月 25 日	325	12.62	3902	719.0	74	72	1846	55

注：观测地点为江苏农垦湖西农场。

2.1.3 营养生长阶段

研究结果表明，露地越冬采种甜菜冬前只经历幼苗期和叶丛繁茂期两个生育时期(表 1)。①甜菜幼苗期，指甜菜幼苗至幼根脱皮结束，即形成 8 片真叶所经历的时间，为 8 月上旬至 9 月中旬，这一时期，需积温 1036℃，块根直径约为 0.6cm，根重 1.5g；②叶丛繁茂期，指根脱皮后至植株形成 30 片叶左右所经历的时间,为9月中旬至11月20日左右,持续期65天,需积温850℃。达繁茂期形态特征为,株高40cm以上,每株形成30片叶左右,块根直径4.0cm,根重90g以上,含糖率18.0%左右,田间呈郁闭状态。叶丛繁茂期植株光合产物分配以上部为主,促进叶丛旺盛生长,与此同时根重也增加。伴随生育进程推移,气温逐渐降低,昼夜温差增大,有利于糖分积累。因此,虽然越冬时根重不高,但含糖率已达北方甜菜水平。这为翌春种株生育提供了物质基础。

冬前植株的最佳形态指标是:每株具有30片叶左右,根重达100~200g,即以大根越冬为宜。

2.1.4　越冬阶段

当日平均温度下降到5℃以下时,甜菜即进入越冬期。越冬阶段持续日数多少、温度的变化以及所采取技术措施的优劣对甜菜越冬和来年生长发育有着重要影响。

在我国中部地区北纬31°~35°甜菜采种区域内,因所处纬度不同,越冬长短也不一致。北纬31°沿江地区,1~2月份日平均温度在2.0~4.6℃,甜菜始终处于不间断的增长之中,越冬块根增长率112%,故无明显的越冬期。北纬33°的淮北地区,0℃以下天数在30天以上,越冬期为110天以上。

表2　不同积温指标露地越冬甜菜生长发育及种子产量调查

江苏农垦各测试点汇总(1985—1987)

积温指标类型	甜菜母根播期	年前		年后		越冬根径(cm)	越冬根重(g)	20天开花占开花数(%)	开花总数	复果数*		单株种子重量(g)	亩产量(kg)
		积温(℃)	比例(%)	积温(℃)	比例(%)					个	比例(%)		
高3750℃	8月上旬	2000	53.3	1750	46.7	3.5~5.0	100~200	96.5	12000~15000	3500~7000	45.8~46	125~150	250~300
中3550℃	8月中旬	1750	49.2	1800	51.8	3.0以上	58~79	82.8	6500~10000	2600~3100	31~40	60~70	150~200
低3315℃	8月下旬	1490	44.9	1825	55.1	1.5~1.9	5~15	57.1	2350~2700	1100~1600	46.8~59.2	20~30	75~125

*复果数指每簇花含2朵以上的种球,根径为根颈部最大处直径。

由于上述范围的甜菜采种区域处于亚热带与暖温带的过渡地区,越冬期都出现一定数量的正积温,加之近来发掘利用5cm地温的气候资源以及采取人为防冻技术措施,对甜菜在越冬段阶缓慢生长颇为有利。

低温可使越冬作物遭受冻害。据调查研究,当3~5天日平均气温降至-3℃以下或2~3天日平均气温降至-5℃以下便产生甜菜冻害,日平均气温-10℃以下便产生冻亡,甚至绝产,在我国北纬33°~35°甜菜采种区,冬季若不采取有力的覆盖措施和早春谨慎的撤土措施,任凭自然越冬,甜菜是过不了关的。

根据地温高于气温的原理以及初冬早春一部分可利用的正积温的资源,加强以覆盖为中心的防冻保苗措施,冬前培育壮苗、施足施好冬腊肥、抓好越冬灌溉以及早春的分次扒土,甜菜便可安全越冬。

2.1.5　生育动态

在江苏省气候条件下,年前播种甜菜至翌年3月5日,甜菜露地越冬种株开始返青,即进入叶丛(再生)期。

从基生叶和薹叶叶面积消长动态看,基生叶功能期在盛花期以前,其生育状况关系到花的分化、形成和花的数量,对种子产量起奠基作用。到生育中期,由于田间处于郁闭状态,基生叶老化,光合

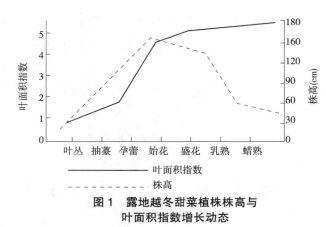

图 1　露地越冬甜菜植株株高与叶面积指数增长动态

机能降低、叶片逐渐枯萎，而薹叶数量和面积迅速增加，光照良好，光合活性强，是开花受精和种子形成所需光合产物的主要供应者。基于种株叶的生育特点，应在叶丛（再生）初期及时灌溉和追肥，促进基生叶的形成，以增加花枝和薹叶数量，保证种子高产。

种株叶面积指数的大小，决定于基生叶和薹叶的生育状况。由于始花期以前，基生叶和薹叶均处于增长状态，因此露地越冬甜菜植株叶面积指数，由叶丛（再生）期至始花期增长最快，呈直线性增长趋势（图1）。

叶面积指数最大值（4.4）出现在始花期。当叶面积指数达3.0时，群体光合生产效率高，孕蕾期植株进入快速生长阶段如株高以孕蕾期至盛花期增长最快。在始花期后，叶面积指数处于3.0以上的时期长达38天，这对开花结实非常有利。因此，在生产上采取适当技术措施，保证种株在这一时期具有较高的叶面积指数。

2.1.6　干物质生产与分配

露地越冬甜菜种株干物质的生产与分配状况，因生育时期而变化。在露地越冬种株生育期间，有三个生育阶段干物质增长率较高。一是抽薹期至孕蕾期，二是孕蕾期至始花期，三是盛花期至乳熟期。抽薹期至始花期，种株处于旺盛的营养生长与生殖生长阶段，此期高额的光合物质产生，是奠定高产株型和形成大量花器的物质基础，开花期至成熟期，每株果穗干物重增加2.94倍，是种子形成过程中干物质增长最快的阶段，种株干物质这种积累规律，有利于大粒、饱满种子形成（见表3）。

表3　露地越冬采种甜菜干物质生产与分配

生育时期	干物质（g/株）				全株干物质重（g）	干物质分配率（%）				种根含糖率（%）
	叶	花枝	果穗	母根		叶	花枝	果穗	母根	
叶丛（再生）期	2.1	—	—	12.9	15.0	14.6	—	—	86.0	14.21
抽薹期	29.4	2.1	—	26.7	58.2	56.5	3.6	—	45.9	12.4
孕蕾期	37.1	37.8	3.7	28.7	107.3	34.6	35.2	9.1	26.7	11.2
开花期	31.1	86.8	29.8	66.9	214.6	14.5	40.4	13.9	31.2	11.0
成熟期	16.9	194.5	117.6	73.9	402.8	4.2	48.3	29.2	18.3	10.4

从干物质分配规律看，露地越冬甜菜种株生育期间形成三个明显的生长中心。抽薹以前，种株生长中心在叶部，形成繁茂基生叶和部分苔叶；其后，生长中心转至花枝形成，至始花期形成大量的花枝和高大的枝丛；由始花期开始，种株生长中心转至开花受精和种子形成，特别是盛花期至乳熟期，果穗干物质分配量增长额最高，即种株生长中心明显地处于种子形成中。根据甜菜露地越冬种株这一生育规律，采用适当措施，对种株生育进行调控，使各生长中心适期转移，以保证种株营养生长与生殖生长协调进行，从而提高种子产量（图2）。

2.1.7　种株地下部增长动态

露地越冬甜菜种株生育期间根重变化特点，与窖藏越冬春植种株迥然不同，春植种株根很大，为叶枝形成提供丰富的养分，生育期间种根自身很少增重，根中糖分亦作为营养物质被消耗，含糖率呈下降趋势。而露地越冬甜菜种株返青时根体甚小，在种株生育期间也伴随着根重的迅速增加。如叶丛(再生)期，根重几乎呈直线增长，母根干物重由12.9g增至66.9g，增加4.1倍，其后增长缓慢。伴随根重增加，含糖率亦逐渐下降。在生殖生长的抽薹至孕蕾期，即生长中心转至花枝形成阶段，根中糖分下降幅度较大，为使根、叶、花枝各器官的迅速增长，应施冬腊肥或叶丛再生初期早施追肥，及时灌溉，加强田间管理，鉴于根重迅猛增加，其总施肥量应较窖藏越冬春植种株增加20%以上(表3)。

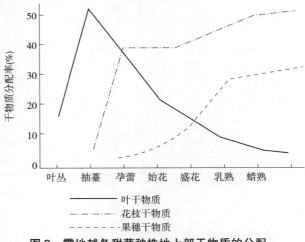

图2　露地越冬甜菜种株地上部干物质的分配
——占总干物质重(含母根)的%

2.1.8　不同级别花枝种子产量和质量

露地越冬甜菜种株的果穗长度和结实密度因花枝级别表现出较大差异。种子的粒重和品质亦随花枝级别增加而降低，一级枝种子产量构成因素(果穗长度、结实密度和千粒重)居最高水平，其次为二级枝，并且多枝型和混合枝型二级枝比例最高(63%以上)，单株所有二级枝种子产量平均为60.6g。占单株种子产量的62.2%，一级枝和二级枝种子发芽率亦高。因此通过解除顶端优势，创造多枝型和混合枝型，增加一级枝和二级枝数量，是提高种子产量和品质的重要生物学基础，再辅之以良好的肥水条件，即可提高种子产量和质量(表4)。

2.1.9　开花规律

露地越冬甜菜种株开花顺序按花枝顺序依次进行，即1级花枝先开，而后2、3级进行。花枝花朵开放由基部向上，整个种株由下而上，由内向外逐渐往边缘进行。每簇花内主花先开，副花后开。主花上午开，副花下午开，一日内午前开花数占总开花数的78.5%(图3)。开花高峰期在始花后的第8~12天，开花数占总开花数的48%，1~12天开花结实的种子比1~21天的种子发芽率提高6%，千粒重增加3.95g。总开花期各点均为20天左右。多枝型比混合型、单枝型提早开花5天(图4)，开花总数在20000朵左右。由于气候影响，各观测点及年间变幅较大。开花期间气象情况为：平均温度22℃，湿度65%~75%，日照8小时/日以上(图4，表5)。

根据上述开花规律，在生产技术上应抓住适期早播、创造多枝型、花期人工辅助授粉、根外喷肥等关键技术措施，以不断提高种子的产量。

表4　露地越冬采种甜菜种子产量和质量

花枝级别	分枝数	种子产量		种子质量			
		重量(g)	百分比(%)	千粒重(g)	百分比(%)	剖仁率(%)	发芽率(%)
一级枝	8.5	12.3	12.5	23.9	39.6	99.6	95.9
二级枝	155.5	60.0	61.5	19.4	32.0	98.6	94.2
三级枝	46.4	25.4	26.0	17.1	28.4	96.6	89.0
合计者平均	120.4	97.7	100.0	60.4	100.0	98.0	93.0

注：折合亩产量210.7kg，每亩有效收获株数平均。

表5 不同年份甜菜花期逐日开花百分率

开花日数 开花率% 年份	1	2	3	4	5	6	7	8	9	10	11	12	13	14	15	16	17	18	19	20
1986年	0.07	0.88	1.83	1.67	5.02	4.87	5.25	6.0	8.18	7.7	8.54	8.9	7.42	4.6	6.0	5.24	4.2	4.0	3.55	2.6
1987年	0.46	1.23	2.51	4.4	5.8	7.74	8.33	7.0	9.45	8.75	7.36	7.85	7.0	4.0	3.5	3.35	3.2	2.2	1.94	1.7

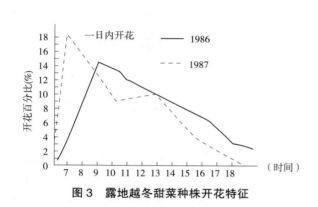

图3 露地越冬甜菜种株开花特征

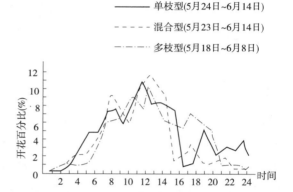

图4 露地越冬甜菜不同株型开花特点图(江心沙农场1987)

2.2 配套技术

通过多年的试验总结及吸收外地经验,我们初步探索了一套早熟丰产优质的露地越冬甜菜采种栽培技术。其要点为:"适期早播,育苗移栽、覆盖措施、创造丰产株型、掌握水肥、合理种植密度、防治病虫草、缩短花期、适时收获、加强检验。"

2.2.1 适期早播

根据我们的研究,在甜菜生长周期中,要求年前生长积温超过年后生长发育的积温,故必须适期早播,使年前有足够的生长期。中部地区播期应确定在7月下旬至8月上旬,即晚夏早秋播种,年前积温指标为2000~2300℃,至"小雪"节气甜菜第11~30片功能叶已形成,块根直径达3.5~5cm,即根重在75~200g之间,在此范围内甜菜因冬前已形成一定根重的营养体,翌年种根增长小,其光合产物主要用于生殖生长,故生育进程加快,成熟早、种球大、产量和质量高、下代原料甜菜的糖分也略有上升的趋势(表2)。

1987年江苏农垦的沿湖、湖西农场6700亩制种田单产突破250kg水平,他们的重要经验之一是适期播种,培育壮苗。山东金乡等点多年来坚持甜菜在7月中旬播种,年前积温在2000~2300℃,其种子产量一直稳定在亩产200kg以上。

2.2.2 育苗移栽

移栽法比直播法甜菜繁殖系数高(直播200倍,移栽800倍)、产量高(移栽比直播高40%左右)、抗冻强(栽植时根冠在地下),下代原料甜菜的产量亦有提高的趋势,生产成本低、收入高。其种子增产的机理在于解除根端优势,促进形成强大根系,增强了光合效率。同时移栽时必须淘汰病弱苗,进行一次选择,同时要施一定量的肥料。以上都是直播所不具备的。

具体做法是，适期早播（8月上旬）施足底肥（每亩施50kg过磷酸钙、37.5kg硫酸铵、1500～2500kg厩杂肥），合理秧本比（育苗田与移栽田比为1∶5），适龄移苗（移栽苗具有4～12片叶龄，栽期为9月中下旬至10月上旬）。开沟浅栽（开沟4～5cm，将母根生长点栽在低于沟底2cm处，沟向为东西向），晴天带肥进行（每亩带5～7.5kg复合肥）。目前我国中部地区已基本采用移栽法，江苏农垦已由原来的直播型逐步改为以移栽型为主，移栽型已达到农垦种植面积的80%以上。

2.2.3 覆盖措施

露地越冬采种甜菜越冬，要采取覆盖措施。根据各地不同情况可采用培土覆盖和地膜覆盖两种形式。

培土覆盖对露地越冬甜菜的安全具有重要作用。抓好冬季三次培土，翌年种株成活率高、返青早、长势好、产量高。在江苏气候条件下，当气温降至8℃左右，此时就应将根头埋入土中。当气温降至5℃，要全部埋好土，包括盖上一部分大叶。当气温降至0℃以下应盖没心叶。当初冬气温突然降至−5℃以下，则应一次性盖没甜菜心叶部位，以防止冷暖交替造成死亡。具体可采取开沟浅栽浅培法，此法足可使甜菜经受住强寒流袭击而安然无恙。其要点为：①东西行向，可使甜菜母根深藏沟内躲风。②分次培土，培土厚度3～4cm。③栽植深度，母根生长点要栽于沟底2～3cm处，比平栽冬季温度提高1～2℃。

地膜覆盖具有良好的增温效应，云台农场试验冬前铺膜，在越冬返青期间根重由23g增加至47g，生育期显著提前（成熟期提前5～7天），早熟增产，多点平均比对照增产42.1kg，增产率25%，千粒重提高2g，发芽率提高3%～5%，结实株率98%以上，它的增产机理在于地膜的温室效应，创造了适宜的土壤环境条件，使甜菜在低温季节仍始终处于不停顿的生长发育之中，且这种效应可延续至4月，生育期提前，光合作用增强，达到早熟丰产。其技术要点为：先培土后覆膜（即在气温5℃左右培好甜菜根头，封冻前灌好越冬水，然后覆膜，切忌心叶贴膜造成冻害），次年培垄土防倒伏（4月下旬～5月上旬进行），肥水跟土（确保足肥足水），防治虫害（年前及花期重点防治蚜虫）。适宜覆膜栽培的地域，经多年试验和示范表明，在1月等温线0～1℃的淮北地区，即在北纬34°线表现为正效应。而往南31°～33°线的沿江和江淮地区，则出现负效应和平效应。近年来，江苏农垦对沿海播期偏晚的甜菜采取覆膜系列措施收到显著的增产效果。

2.2.4 创造丰产株型

甜菜种株多枝型和混合型都属丰产株型（经组合优选试验，株型与产量关系二者达极显著水平，$r=0.671^{**}$），单枝型属低产型（株型和产量关系为极显著的负相关，$r=-0.06494^{**}$）。由于我国中部地区光照偏少、气温高、湿度大、母根小，致使种株高大，分枝偏少，在自然状况下单枝型占90%左右。但可通过挖顶芽、打薹尖人工创造丰产株型。它的增产机理在于通过解除顶端优势，促进甜菜体内养分再分配，从而形成丰产株型。由于中部地区各点母根基础、栽植密度、耕作习惯的差别，在创造丰产株型上采用挖顶芽和打薹尖两种不同形式。挖顶芽是调节甜菜母根体内养分均衡分配，调整花芽分化与合理分布，创造一种早熟丰产优质型（即多枝型）的重要措施，它的处理要点是必须以壮苗为基础，要求越冬母根直径达3.0cm以上，即50g以上，以合理密植为条件（因多枝型种株呈平面结果分枝，以冠枝、二级枝为主）。它的好处在于该种株类型开花早（多枝型比混合型、单枝型开花提早5天）、成熟一致、产量高、便于一次性收获，根据多年多点的试验与生产推广，凡适期早播、合理密植的地区增产幅度在30%以上。打薹尖则创造以混合型为主的丰产株型。它的处理要点是：母根大小均可，但密度必须适当偏稀，因为混合型呈一定的横向分布，种株以2级分枝为主。它的好处是产量较高、种球偏大，其不足是成熟比多枝型迟。目前各地在创造丰产株型上，根据不同情况将挖顶芽与早打苔有机地结合起来进行。

表6 江苏露地越冬与北方窖藏越冬甜菜开花期及温湿度比较

地点	温度（℃）	湿度（%）	开花期（天）
黑龙江哈尔滨	20～21	60～77	30
青海西宁	16.1～17.6	59～66	40
新疆石河子	19.6～28.9	41～73	26～34
内蒙古呼和浩特	20.45	58.5～70	45
江苏农垦各点平均	22	65～75	20

2.2.5 掌握水肥

采种甜菜需要营养元素多而全，对水分供应有一定要求。经我们多年试验和生产示范，采种甜菜全生育期每亩需要标准氮肥60～75kg，过磷酸钙50～60kg。N∶P比为1∶0.5。丰产田还应施入一定数量的有机肥（绿肥、饼肥、杂肥等）。当地亩施用50～75kg标准氮肥时，肥量与种子产量呈正相关，如超过75kg，则迟熟减产。在施用时期方法上，基肥和腊肥比例，农垦试验比较好为3∶7，氮肥宜早施，一般以总氮量的70%～100%在春前施用效果较好，冬前氮肥不足者，也应在返青期补足，抽薹期不宜再施用氮肥。这一结果与国外报道相一致。磷肥应作底肥一次性施入。开花期对甜菜种株根外喷施0.1%硼酸和0.2%磷酸二氢钾，能提高发芽率5%以上，千粒重2g以上，增产13.1%，而且下代原料甜菜的产量和质量有提高的趋势，这与苏联的报道是一致的。江苏农垦已将此项成果全面应用于生产。在用肥上要适量用氮、增施磷肥，使用厩杂肥，根外喷肥，调整用肥结构以促进甜菜种子丰产优质。

根据露地越冬采种甜菜生育规律，一般要抓好4次灌水，即年前出苗水和越冬水，年后返青水和开花水。

抽薹期要控水控肥，目的是促使生长中心适期转至花枝形成，保证营养生长和生殖生长协调进行，从而提高种子质量。

2.2.6 合理种植密度

在种植密度上，应根据甜菜种根基础、种植形式、肥力水平和培管水平，因地制宜确定最佳密度。其中衡量密度的主因子应该是甜菜的播种期和冬前种根直径（即根重）。从实践情况看，凡播期早种根大的，密度可小些，播期偏晚根较小时，密度宜大些。目前江苏农垦的密度在2000～4000株，分4个档次：甜菜播期在7月中旬、种根直径在4.0～5.0cm（根重在150～200g），栽植密度为2000株；播期在8月上旬，种根直径在3.0cm以上（根重在50g以上），栽植密度为2500株；播期在8月中旬，母根直径在2.4～3.0cm（根重在25～50g之间），栽植密度为2500～3000株，播期在8月下旬，种根直径在1.5～2.0cm（根重5～10g），栽植密度为4000株。从多年多点试验和大面积生产调查来看，播期在8月上中旬，适宜亩密度为2500～3000株。在根径相同情况下，因种植形式、肥力和培管水平不同，密度也应有所改变。

在株行距配置上，行距过大过小都不利于充分利用光能，一般行距在60～70cm，株距则根据块根直径大小加以确定。

2.2.7 防治病虫草

江苏农垦系统搞甜菜制种已十余年，近年来植保工作者对甜菜病虫草种类及危害高峰期作了大量调查，提出了相应的防治措施。调查出虫害有 7 个目、9 个科、16 个种。其中苗期危害大的有油葫芦、跳甲。第二年为害种株的害虫有潜叶蝇、叶螟、蚜虫等，病害有立枯病、褐斑病、蛇眼病，以苗期立枯病为主。杂草有 21 科 48 属 56 种，主要杂草种类有旱稗、马唐、狗尾草、牛筋草、狗牙根、雀麦、芦苇、醴肠、苍耳、打碗花、刺儿菜、苘麻、藜、盐地碱蓬等，其中双子叶杂草占 69.6%，单子叶占 30.4%。草害有三次高峰：即 8 月下旬、9 月上旬、翌年 5 月中旬前后及梅雨季节。前两次草害对甜菜苗期生长和种株生长有一定影响。根据上述调查，采用敌克松防治立枯病，敌百虫防治油葫芦，8 月下旬 9 月上旬消灭潜叶蝇、蚜虫，用敌敌畏防治叶螟，保证种株具有较高的叶面积系数，以形成高额的产量。

2.2.8　缩短花期

甜菜是无限花序的开花习性，在栽培上应缩短花期，促使甜菜在最佳花期范围内集中开花，形成质量好、产量高的种子。如前所述，适期早播，创造多枝型，覆盖地膜，能提高种子产量。除此以外，在研究气候因素对甜菜开花影响的基础上，采取花期灌溉、辅助授粉、摘除花尖、根外喷肥等措施，特别是抓好 20 天开花期的前中期，使土壤水分和田间气候处于有利开花的生态条件下，从栽培措施上更好地与地理上的最佳繁殖带的良好条件结合起来，以提高种子的质量和产量。

2.2.9　适时收获

甜菜种子在花期内依受精先后顺序而成熟，随着时间的推移，枯熟种子易产生落粒现象，想使所有种子同时收获是不可能的，准确地确定收获时间能兼顾种子先后成熟而不受损失，适时收获和割晾脱晒顺序对于提高种子的产量至关重要。江苏农垦各场总结了过去枯熟期收获，堆垛捂种带来的严重教训，创造了"蜡熟收获、人机割晒、残茬晾搁、机械脱粒、抢晒进仓、抓紧收购"连续作业的方法，确保了甜菜种子基地稳步发展。

"残茬搁晾，机械脱粒"是两个重要环节。江苏农垦针对夏收季节劳力、晒场的紧张状况以及甜菜种子后熟的生物学特性，利用田间和机械条件，成功地解决上述问题。残茬搁晾：就是将甜菜种株的结实部分搁放在残茬上。经过 2～3 天再将业已完成后熟的结实株进行机械脱粒，使种子颜色好、发芽率高。同时利用了田间"良好晒场"。机械脱粒：对联合谷物收割机等机械进行改装，使机脱速度比人工提高了 60 倍。一般机脱每亩仅用时 2 分 8 秒，成本低、质量好，这样就能抢在汛期前将大批甜菜种子安全进仓，确保露地越冬采种甜菜丰产优质。目前江苏农垦已将上述方法列入技术规范，全面应用于生产。

2.2.10　加强检验

检验、发运是甜菜商品种子生产的最后一道工序。在种子检验上，主要是采用先进手段提高种子标准化管理水平，推行甜菜种子快速测定，多倍体的染色体镜检，盒式发芽技术和电动筛种子以及国外先进选种机械处理，特别是电动筛种和盒式发芽在生产上普遍使用，加快了收购速度，提高了种子质量。种球颜色是种子发芽率高低的一个重要标志，黄色种球是最理想的甜菜种子。

以上 10 项技术措施中适期早播是基础，覆盖措施、创造丰产株型、适时收获是关键，而育苗移栽、掌握水肥、合理种植密度、防治病虫草、缩短花期、加强检验则是技术保证的有效措施。

江苏农垦各农场由于对露地越冬采种甜菜生育规律基础理论的研究和丰产优质的配套技术的试验总结以及在生产上推广应用，制种产量不断提高，生产规模日趋扩大，横向联合道路越走越宽。近三年来生产规模从年产量 1233 吨发展到 2532 吨，1987 年又上升到 5149 吨。甜菜种子的亩产量达到 185.8kg。同时出现万亩甜菜种子单产达到 230kg 以上的大面积丰产，种子质量 70% 达到一级标准。由此可见，我国露地越冬制种具有强大的生命力。

3　讨论与结论

3.1　甜菜露地越冬优越的生态条件及生产优势

在选择甜菜种子最佳繁殖带上，世界各国和我国都经历了漫长的摸索阶段，通过利用和开发自然资源，建立符合自己国情的甜菜良繁基地。在国外，苏联选择其南部为甜菜采种基地，法国选择内哈克地区，美国选择俄勒冈州，丹麦、意大利、英国、法国等建立采种站。我国通过20余年的科研探索和生产实践，在北纬33°~35°的晋南、冀北、山东、苏北、皖北、豫北、陕西关中地区建立甜菜越冬基地。这些地区土壤适宜，雨量适当，冬春气候均适于甜菜越冬和发育，种子亩产150kg以上，发芽率85%~95%。近年来通过进一步的实践和巩固，我国甜菜露地越冬带逐渐稳定在江苏、山东和安徽三省，露地越冬种子量近3年由全国用种量的1/3发展到1/2，1987年又跃居到3/4，其中江苏占露地越冬制种量的51.6%，江苏农垦各农场所占份额为42%，居全国首位。

我国甜菜露地越冬采种迅猛发展与中部地区独具的优越条件及生产优势分不开。

从两种采种法来看，北方窖藏越冬法：由于北方绝对温度低，甜菜采种需在一年的4月至9月下旬长成母根营养体，再经7个月的窖藏期至翌年4月下旬移栽至大田萌发抽薹，8月上中旬种子成熟，整个生产周期（含窖藏期）长达480天。据报道，块根窖藏越冬的损失率在21%~29%，生产成本高。中部地区露地越冬法：如江苏农垦等单位利用地处北纬31°~34°，无霜期较长，冬季绝对最低温度较高等有利条件，以壮龄母根露地越冬，把采种生产周期缩短到310天，而且甜菜开花结实期处于适宜的温度条件下，种子发芽率高、质量好，生产成本低。

由于露地越冬采种生产周期短，为加速优良品种的繁殖速度，还可在北育收获超原种和原种实行当年越冬采种抢播，可比北方提前一年收获种子。

从繁殖带的气候看，①春化阶段：甜菜从营养生长向生殖生长过渡，必须经过一个适当时期即春化阶段。在0℃以下贮存的种根，很少增加抽薹。我国北方甜菜母根经低温窖藏通过春化，翌年种株抽薹率一般在87%~95%之间，长江以南的浙江、广东、广西、福建等省（区）春、夏、秋、冬都可种甜菜，但只抽薹不开花或籽粒不饱满，主要是没有通过春化阶段，如杭州甜菜抽薹率为61.8%，开花率34.1%，结实率28.8%。中部地区露地越冬采种是在越冬期通过春化的，从江苏农垦所处北纬31°~34°繁殖带来看，抽薹率历年均在95%以上，有的地区历年均在99%以上。②气候资源：露地越冬呈现优越的生态条件，温光水同季，故发育良好，种株繁茂，花枝数多，开花结实多；窖藏越冬地区在春季种株生长阶段正值少雨时期，植株矮小，开花结实偏少。③开花环境：种株开花温度，露地越冬带比窖藏越冬区适宜。如江苏开花期为22℃（为甜菜开花最佳温度），窖藏越冬区偏低，在20°~21℃，有的地区偏高，在26°~27℃。露地越冬带开花期湿度为65%~75%，窖藏越冬区在41%~77%，湿度偏低是窖藏越冬区影响开花授粉受精的主要障碍因子。露地越冬带开花期仅20天，个别区点为15天，而窖藏越冬区为30~40天。露地越冬花期较为集中，有利于形成高质量种子。

由于南北生态环境条件的差异，导致种子产量和品质上的差别。南北繁制种产量统计数据也说明这一点，我国露地越冬采种七省区1964—1986年平均亩产149.6kg，窖藏越冬采种六省区1949—1986年平均亩产127.1kg，露地越冬比窖藏越冬增长17.7%，种球内种仁重量百分比露地越冬比窖藏越冬提高19%，不仅种子产量上露地越冬优于窖藏越冬，其下代原料甜菜质量也居优势，同一品种露地越冬种子提高糖分 0.55 度，块根重增长 5.73%，提高产糖量 9.5%。

3.2　加速露地越冬最佳气候带(点)基地建设步伐的发展

①全面规划，合理布局，加强最佳基地的建设。随着全国露地越冬种子数量的增多，各用种省先后建立了自己的种子繁育基地，据统计分布在我国中部 8 个省区 35 个县(场)。这种分散布局不利于发展露地越冬甜菜优势。露地越冬甜菜基地不够稳定，产量、质量的波动，都会对甜菜糖业的发展造成直接影响。建议国家主管部门组织专家对现有的布点从安全越冬、避开雨季、开花环境到土地、劳力、交通、人才资源等方面进行综合考察，确定重点，加大投入，建立具有我国特色的甜菜良繁基地。

从我们研究来看，我国从北纬 31°～38°中原地区都可进行甜菜露地越冬采种，从生态及土地、交通等综合资源分析，以北纬 34°线为中心，上下浮动两纬度线(即北纬 34°±2°)的苏鲁皖农灌区是发展露地越冬采种比较适宜的地区。再往北甜菜母根安全越冬有困难，再往南安全越冬以及开花结实率很高，但梅雨威胁较大，产量较低，不适宜大规模建立基地。在这辽阔地域中以徐州—连云港的陇海铁路沿线可视为我国甜菜露地越冬最佳繁殖地段，因此建议国家主管部门可将重点放在这一线，建立我国大规模的甜菜良繁基地。

②建立科研、生产、销售一体化的甜菜种子生产体系。露地越冬甜菜种子生产不是简单的繁殖，也不是单纯南繁基地本身所能全部担当的，而且是具有"北育南繁，南繁北用"的特点，科学性、相关性极强的一种生产体系。需要南南、南北密切合作，集中信息、人才、技术装备等优势发展横向联合，建立科研、生产、销售的一体化甜菜商品生产体系，以此满足国内甜菜制糖生产用种的需要。随着改革开放的深入，种子市场扩大，在满足本国用种的基础上，考虑逐步走向世界，发展创汇农业，积极参加国际大循环，进一步发挥我国的优势。

③逐步配备先进种子检验、加工设备，不断提高基地建设水平。目前我国甜菜种子检测工作比较薄弱，要使检验工作尽快做到规范化、标准化和现代化。要抓好露地越冬基点的种子检验设施，形成严格检验网络，并利用好中国种子加工项目引进设备的种子加工厂，提高种子精选加工水平，改善晒、藏、储条件，提高种子质量，确保种子质量标准化。

④继续加强科研攻关，加强甜菜露地越冬采种技术的研究。本课题已有了一个好的开端，这些规律及技术在生产上的全面应用必然能使现有的露地越冬制种生产水平向前推进一大步，但要实现远大的目标，进一步深入研究的任务还在后头，还要对露地越冬种子增产增糖的生理机制、气候生态、技术模式以及甜菜种子生产机械化等课题进行研究，继续探索，为建立和提高我国露地越冬甜菜采种系列科学研究而奋斗。

参考文献

[1] 谢家驹. 甜菜生产现代化的奋斗目标[J]. 中国甜菜，1979(1).

[2] 虞德源. 甜菜秋播冬越冬采种法[J]. 甜菜糖业(甜菜分册)，1980(2).

[3] 虞德源. 甜菜越冬挖顶芽创造丰产株型的研究[J]. 中国甜菜，1983(3).

[4] 于振兴，刘元福. 充分利用我国中部地区自然优势开发对国外繁育甜菜种子的可能性[J]. 甜菜糖业(甜菜分册)，1987(1).

[5] 虞德源. 坚持科研、生产、经营一条龙的联营道路，加速面向全国甜菜种子繁育基地建设[J]. 甜菜糖业通报，1987(3、4).

[6] 曲文章，虞德源，高妙真，等. 露地越冬甜菜种株生育规律研究[J]. 中国甜菜，1987(4).

[7] 杨启凡，虞德源. 大面积生产甜菜种子技术[J]. 江苏作物通讯，(4).

[8] 周子明. 采种甜菜不同移栽方法对植株冬前生长的影响[J]. 中国糖料，1987(3).

[9] 虞德源. 露地越冬采种甜菜早熟栽培技术[J]. 中国甜菜，1986(3).

[10] 左延莹，王明发，冯全高，等. 采种甜菜机械脱粒试验简报[J]. 中国甜菜，1988(2).

[11] 颜国安. 地膜覆盖栽培对菜种生育和产量的影响[J]. 中国甜菜，1986(4).

[12] 吕风山，徐修容. 呼和浩特地区甜菜种株开花特性及其与温湿度的关系[J]. 中国糖料，1987(2).

The Study on the Growth and Development and Cultivating Technique of Wintering-sugarbeet Plant for Seeds

Yu Deyuan et al

（Jiangsu General Company of Farm）

Qu Wenzhang

（Northeast Agricultural University）

Abstract　The law of the growth and development of wintering-sugarbeet plant for seeds and the cultivating technique for higher seed yield were studied based on the experiments of farms region in Jiangsu province. And it pointed out that wintering-sugarbeet seeds were better for sugarbeet yield than silo-storing ones, the suggestion of determination and promoting the base of commercial sugarbeet seeds production were made according to the result of the study.

The main contents are as following:

Ⅰ. method of study

Ⅱ. result and analysis

　　1. the growth and development law of wintering-sugarbeet plant for seeds

　　2. the cultivating technique

Ⅲ. discussion and suggestion

注："露地越冬采种甜菜生育规律及丰产技术的研究"项目获1990年农业部科技进步三等奖，虞德源为该项目第一主持人。

1988年江苏农垦局鉴评会，左起冯玉麟、谢家驹正在书写评审意见

1988年江苏农垦局鉴评会，左起冯玉麟、虞德源、谢家驹

中国甜菜露地越冬采种

■虞德源(江苏大华甜菜种子公司，南京 210008)

■本文发表在《中国首届国际甜菜学术交流会论文集》1997 年 12 月，101~105

提要 本文概述了我国甜菜露地越冬采种的发展简史、生产特点、基地分布、生长发育条件与生育规律，以及露地越冬甜菜的种植形式、制种技术等，并对加强甜菜露地越冬采种基地建设、扩大甜菜露地越冬采种措施的覆盖率，以及开拓国际市场的发展前景进行了展望。

关键词 甜菜露地越冬采种

1 我国甜菜露地越冬采种历史及现状

1.1 发展简史

甜菜露地越冬采种，早在 20 世纪 20 年代由匈牙利、美国人开始研究，到 40 年代美国等国已形成规模生产。我国此项工作起步于 50 年代末，1959 年山西省大同糖厂首先发现晋南运城地区甜菜可自然越冬并展开试验研究。目前，已确认在中部地区进行露地越冬是加快繁殖甜菜种子的新途径。70 年代国家在中部地区发展一批中小型甜菜糖厂。这些地区甜菜科研人员利用糖厂仪器条件，和北方甜菜产区人员相互配合，探索种子直接进入北方甜菜产区的可能性。山西大同、安徽宿县、山东金乡、江苏淮阴、东辛农场、黄海农场等地因此成为首批甜菜采种基地，北方黑龙江省成为全国率先大量使用露地越冬甜菜采种的省份。80 年代露地越冬甜菜采种出现一个蓬勃发展的崭新局面，形成了苏鲁皖等重点生产基地，露地越冬采种已演变为我国甜菜良繁的主要形式，繁殖量为全国总量的 70%以上，而多倍体部分为 90%以上，中国已成为主要采用甜菜南繁的大国之一。

1.2 生产特点

根据我国自然气候条件和生产实践经验，露地越冬采种有以下 4 个特点。

(1)提高甜菜种子产量和质量。黑龙江省曾于 1986—1987 年将露地越冬和窖藏越冬甜菜种子产量和质量作过比较，前者单产 2730kg/km^2，1、2、3 级种子分别占 44.4%、54% 和 1.6%；后者单产 1980kg/km^2，1、2、3、4 级种子分别为 6.5%、43.4%、32.6% 和 17.5%。露地越冬还有利于多倍体杂交率的提高，南繁比北繁三倍体率提高 15%以上。

(2)加快新品种推广速度。在我国，甜菜窖藏越冬(4 月至翌年 8 月)长达 480 天，露地越冬(8 月至翌年 6 月)310 天，二者相比缩短了生产周期。窖藏越冬繁殖系数 1：200~400 倍，露地越冬 1：800~1400 倍，后者是前者的 3~4 倍。繁殖系数提高，有利于新品种的加速繁殖推广。

(3)提高下代原料产量和质量。东北农业大学和江苏农垦 4 年次试验表明，同一品种露地越冬较窖藏越冬提高糖分 0.55 度，块根增产 5.73%，产糖量提高 9.5%，增产增糖效果均达显著和极显著水平。同时，露地越冬远隔北方原料产区，加之秋播具有避病优势。实践表明我国东部使用露地越冬种子发病较轻，而西部使用本地窖藏越冬种子发病较重。

(4)增加经济效益和社会效益。露地越冬繁种比窖藏越冬生产周期缩短一半，生产成本节省 50%

左右。据轻工业部甜菜糖业研究所统计，我国1978—1988年累计生产露地越冬种子66.5万吨，获经济效益为43.6亿元。

1.3 我国甜菜露地越冬采种的基地分布

我国甜菜露地越冬采种区主要在33°~38°N、105°~122°E、海拔300~500m的黄淮流域地区。采种范围北起燕山、太行山麓平原，南至淮河流域，西达秦巴山谷，东抵黄海之滨。多年来分布在晋、冀、陕、豫、鲁、甘、皖等省（区）30余个市（县）35家单位。其中沿海（黄海）约35%，内陆65%。生产基地75%采种量集中苏鲁皖三省。50%以上分布在江苏连徐淮33°~34°N淮河流域的14个市县，江苏农垦为主要繁殖基地。80年代以来该垦区吸收美、前苏联等国利用农场群构建甜菜优良品种基地的经验，由70年代的三个大中型农场扩展为10余个农场，建立起科研、良繁、产销一体化的大型甜菜良种基地。

2 甜菜露地越冬采种主要规律

2.1 生育要求

（1）气象条件要求：甜菜露地越冬采种适合在我国年平均气温14℃（±0.5℃）、1月份平均温度0℃（±1℃）、冬季平均温度3℃（±0.5℃）、开花期平均温度22℃（±1℃）、成熟期平均温度24.5℃（±1℃）；年日照2400小时（±150℃），其中翌年生殖生长阶段（4~6月）650小时（±50℃）；年降水量800mm（±100℃），花期空气相对湿度70%（±5℃）的中部省区的农灌区种植。上述气象条件可使甜菜安全越冬，通过春化，促进种株生长，进而达到丰产优质。

（2）阶段发育：甜菜从营养生长转入生殖生长，要求通过低温春化阶段和一定光照阶段，才能抽薹、开花和结实。

（3）低温春化阶段：我国露地越冬甜菜采种是在田间越冬通过春化阶段的，翌年种株抽薹，结实率在95%以上。冬季（12~2月）田间平均温度以1~3℃为宜。尤以3℃为最佳春化温度。其中，5℃为上限，0℃为下限。冬季3℃地区（如苏皖鲁等地）甜菜抽薹结实率可达99%以上。冬季大于5℃地区甜菜抽薹、开花和结实株率较低。低于0℃地区，甜菜无效植株大幅度增加。

（4）一定光照阶段：通过低温春化可在适温条件下，充分春化，弥补光照不足，满足一定日照时数即可通过光照阶段，完成其阶段发育。甜菜抽薹至成熟期（4~6月）平均日照7.5~8小时，甜菜结实株率即可达95%~100%。其中，以日照8小时为理想日照数，以日照6小时为下限数。

2.2 生育规律

我国甜菜露地越冬生育期划分为幼苗期、繁茂期、越冬期、叶丛期、抽薹期、孕蕾期、开花期、成熟期。

露地越冬采种甜菜冬前生育特点不同于我国北方原料甜菜。出苗至越冬前，主要经历幼苗期和繁茂期两个生育时期。

繁茂期在9月中旬~11月中旬左右（越冬前），株高35~40cm，每株形成20~30片叶，块根直径3.5~5.0cm，根重50~125g，根中维管束环为7~9，含糖率17%~18%，田间呈郁闭状态。叶丛繁茂期植株光合产物分配以地上部分为主，促进叶丛旺盛生长，与此同时根重也在增加，伴随生育进程推移，气温逐渐降低，昼夜温差增大，有利于糖分积累。因此，虽然越冬根重不高，但含糖率已达北方甜菜水平，这为翌春种株生育提供了物质基础，越冬期温度分布、寒冷期温度分布以及寒冷期的低温分布对甜菜植株越冬和翌年产量形成有重要作用。

我国苏鲁皖地区，因处于亚热带与暖温带的过渡地区，越冬期间有一定数量的正积温，故冬季母根处于缓慢增长之中。据江苏等地测定，越冬期块根增长率在 20%～22%，维管束环没有变化，根中含糖率在 17%～18%。

越冬后植株生长加快，3 月下旬至 4 月初抽薹，5 月下旬进入花期。在始花期后，叶面积指数处于3.0 以上的时期长达 38 天，这对开花结实非常有利。因此，在生产上应采用适当技术措施，保证种株在这一时期具有较高的叶面积指数。

从物质分配规律看，盛花期至乳熟期，果穗的物质分配率增长额最高，即种株生长中心明显处于种子形成中。

31°～34°N 地区甜菜采种带花期的高峰出现在开花后的第 8～12 天。开花 12 天内的种子是最优良的种子。据江苏测定，1～12 天比 13～20 天的种子千粒重高 3.95g，发芽率提高 6%，不合格种球减少 53%。

试验表明，露地越冬同化了有利生态条件从而使种子蕴藏着较强的生理优势。在相同条件下，同一品种在不同生态环境下繁殖的种子其根产量和含糖率均有显著差异。以甜研 301 为例，南繁比北繁发芽势强，种子萌发及出苗快、出苗率高(5 月 7 日调查，南繁出苗率 42.4%；北繁为 25%)，幼苗长势强。此外，在叶面积指数、光合势、净光合生产率、干物质生产及光能利用率等主要生理指标方面，南繁比北繁均有显著优势，块根产量提高 7.4%，含糖率提高 0.36 度。

3 甜菜露地越冬采种的栽培技术

3.1 种植形式

甜菜采种有移栽法和直播法两种。东欧各国为春季移栽；西北欧各国采用春季移栽和直播并用；南欧以春季移栽为主，也有秋季移栽的，还有直播的；北美则全是采用直播；我国甜菜露地越冬采种以秋栽和冬前栽为主(约占 65%～70%)，少量直播(15%～20%)或春栽(10%)。

我国各地长期实践结果是甜菜秋栽和冬前栽种子产量和质量高，下代甜菜的产量和质量也略有上升趋势。直播甜菜产量中等，抗倒伏能力强，繁殖系数低，下代甜菜产量略有下降趋势。春栽甜菜产量低，下代甜菜含糖率呈下降趋势。因此，从某种意义可以认为甜菜秋栽、冬前栽是我国甜菜采种上的一大优势。

3.2 制种技术

(1)适期早播。为充分利用温光资源培育冬前壮苗，播期为 8 月上中旬，至冬前积温在 2000～2200℃。其冬前形态特征为：株高 30～40cm，成叶 15～20 片，块根直径 3～3.5cm，根重 50g 以上，维管束环 7～9。直播越冬种植区密度在 6.0 万～7.5 万株/hm²，个别晚播地可在 9.0 万～12 万株/hm²。

(2)育苗秋栽。甜菜秋栽可以自然淘汰劣苗，种子产量和质量高，下代甜菜产量和质量也有上升趋势，移栽叶龄在 8～10 片，栽植期 9 月下旬～10 月上中旬，栽植深度低于地表 2～3cm(因淮北冬季地表层温度变化剧烈，易受其害)，移栽越冬种植区密度在 4.5 万～5.25 万株/hm²。

(3)及时防虫与培土覆盖。危害甜菜露地越冬采种的主要因素为立枯病、褐斑病及甜菜夜蛾。温度低、湿度大、排水不畅是导致立枯病发生的原因之一，因此要开好沟，保证苗全苗壮，并要及时采取防治病虫害的措施。

培土覆盖是露地越冬管理的主要措施，提倡抓好 3 次培土。即根冠浅埋土中、埋好根冠与盖上一部分大叶或盖没心叶、根冠及叶全部埋入土中，以防冷暖交替过速造成死亡。

（4）合理施肥。我国甜菜制种区土壤普遍存在少氮缺磷富钾现象，需要投入一定数量的无机肥和有机肥。根据研究，采种一个生命周期需投 30 吨氮、15～25 吨磷，氮磷比为 1：0.5～0.8。高产田块要辅以一定数量的绿肥、饼肥或杂肥。磷肥以底肥为主，氮肥应在冬前或返青期前施完。根据甜菜对微量元素需要，花期要喷硼等元素。同时，在甜菜薹期喷洒激素，如 920 促进细胞分裂，加速甜菜生长发育。

（5）解除顶优。在初薹期（3～4 月中旬）进行挖顶打薹尖，播期早、块根大的甜菜以挖顶芽为主，播期晚、块根小的甜菜以打薹尖为主。在孕蕾末期开花始期（5 月 10～15 日）进行花序摘尖。

（6）花期灌溉。通过近 10 年系统研究，江苏等地在甜菜有效花期（5 月 15～30 日）内自然降水在 30mm 左右，只能解决其生理需水的 50%，故需在始花和盛花期补充 450～600m³/hm² 水，即进行 2～3 次灌溉（一般沿海 2 次，内陆 3 次）。据查，江苏 1950—1990 年 40 年气象资料分析得出，甜菜花期缺水年份达到 80%～90%，花期灌溉是甜菜种子质量的生命线，多倍体制种尤其如此。

（7）适期收获。准确地把握能兼顾种子先后成熟而不受损失适时收获的时机，对于提高种子产量和质量至关重要。经我国长期试验并全面推广以甜菜始花至种子收获 900℃积温（即蜡熟期）为适收期，可获粒大、千粒重高、质优种子。针对夏收季节劳力、晒场的紧张状况以及甜菜种子后熟的生物学特征，推广"残茬搁晾、机械脱粒"的收脱晾晒法。即将甜菜种株结实部分搁放在残茬上经 2～3 天脱水、后熟，早晨机械快速脱粒，抢在雨汛前晒干进仓。

4 中国甜菜露地越冬采种前景展望

4.1 扬长避短发挥生态环境优势

我国苏鲁皖地区生态条件能较好地表现出甜菜生长规律与气候生态的同步性及对季节气候的最佳适应性。甜菜冬季春化温度为 0～3℃，花期温度 22℃（±1℃），相对湿度 65%～75%（内陆 65%、沿海 75%），日照 8 小时，成熟期温度 24.5℃（±1℃）、花期 20 天，具有北方窖藏越冬甜菜生产区无可相比的生态优势条件。

由于受季风气候影响，气候年际间变化大，故在甜菜种子生产上存在不稳定的一面。主要的自然灾害有冻害、干热风、冰雹、风害、雨涝、旱害等。但只要加强相应对策则可化险为夷。对于冻害，只要采取深栽和培土则可安全越冬。对于收获期遇雨，只要抓好适期收获、残茬晾晒、快速脱粒即可安全进仓。对于干热风，只要进行好花期灌溉，种子产量和质量可以得到保证。应该指出的是我国甜菜露地越冬采种区分布在湿润地带，它利于繁种不适合保藏，一般保藏一年发芽率要下降 10% 以上，因此要实行有计划生产并抓紧调出。

我国露地越冬甜菜采种基地具有冬季气候温和、不需要覆盖则可安全越冬、翌年甜菜开花期空气湿润、利于传粉，种子千粒重高，是有利于培育高发芽率品种的气候条件，这一生态优势为我国甜菜露地越冬采种、加速优良品种的推广创造了条件。

4.2 加强我国甜菜露地越冬采种基地建设

当前我国甜菜种子生产管理需要理顺关系、加强质量管理。行业管理上首先是在中国轻工总会、农业部统一协调下致力建立南北长期合作、互利互惠的新型供销关系，充分体现尊重双方的意愿；同时要加强重点基地质量保证体系建设，使露地越冬采种在数量上已能满足市场需要的基础上，在各项质量上能有一大突破，特别是提高种子发芽率和杂交率，以充分体现露地越冬采种优势。我国80年代以来，随着甜菜种子南繁热的兴起，甜菜种子市场几度失控。近5年来，出现两个年度混乱，这不能不说是个严重问题，它既挫伤了农民积极性又严重危及糖业发展。这应引起主管部门和生产行业的重视，从政策上和技术管理等多方面共同努力，促进我国甜菜露地越冬采种基地的蓬勃发展。今后应当选择条件较好的农场、县作为采种基地，加强技术监督与质量管理，配备强有力的技术人员，逐步改善设备条件，提高采种质量和水平。

4.3 扩大甜菜露地越冬采种措施的覆盖率

我国东部近10年来已全部实行这个转移，而西部大部分还将采种、原料种植在一个地区、致使近年来西部区褐斑病、丛根病、霜霉病等病害大量发生，严重危及原料生产发展。之所以西部区坚持自繁，原因不外乎为该地区光照足、产量高，不愿外繁。我国主管部门如何像当年抓甜菜露地越冬那样有计划、有步骤地抓好西部省区甜菜露地越冬采种覆盖率，这对促进西部糖业建设无疑将是一个重大举措。

4.4 争取国外市场

我国甜菜露地越冬采种带已经在地域生态、原料隔离、廉价成本、配套技术、专业队伍和基础设施上形成对外开放的有利局面，无论在繁种、育种地域上它将成为对世界有吸引力的地区之一，成为一个甜菜种子有潜在能力的大国。例如东部沿海的江苏既有沿海沿湖适合制种的生产线又有沿海沿江育种线。中外科学工作者如何加强研究，共同开发这一地区资源，这将是我国甜菜种子发展的一个新的里程碑。

Sugarbeet Seed Collecting with Overwintered and in Open Field in China

Yu Deyuan

（Dahua Sugarbeet Seed Company，Nanjing）

Abstract The history of developing and present situation, production characters, cultural techniques, base distribution, prospect of seed collecting with overwintered and in openfield in China were given in brief. The research on the basal theories for the growing stage of seed collecting were divided into 8 stages. Seed collecting with overwintered and in openfield is in dominant position. Cultural techniques was sum up: early sowing optimum, raise seedling in Autumn, covered with soil, irrigation in blooming stage, harveting in optimum period···, and give a scientific distribution, standard seed collecting, fixed price according to the germination ratio, and also give a prospect on the cooperation with foreign countries for sugarbeet seed production to the international market.

Key Words Sugarbeet, Overwintered in the open fields, Seed collecting

1994年9月北京国际甜菜学术交流会，作者在这次国际会议上发言，报告中国甜菜露地越冬（二排左9为作者）

中国甜菜学

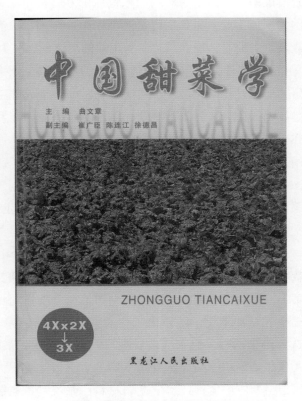

《中国甜菜学》编辑委员会

主 任 委 员	曲文章			
副主任委员	崔广臣	陈连江	徐德昌	张吉民
	赵图强	白　晨	韩振津	虞德源
	王复和	凤　桐	赵洪义	
委　　　员	聂煦昌	孙以楚	邓　峰	刘杰贤
	赵　福	孙义生	李满红	许　群
	王占才	杨继春	崔　杰	程大友
	熊念增			

前　言

　　甜菜是我国的新兴糖料作物，至今有 90 余年的种植历史。我国甜菜制糖工业，曾几陷低谷几现辉煌，是波浪式前进，螺旋式发展的。目前，面对我国入世后国际食糖市场的严峻挑战，我们必须靠科技创新，来稳定和发展我国的制糖工业，甜菜生产是制糖的第一车间，只有提高甜菜种植的科学技术水平，才能为糖厂提供优质足量的原料，确保甜菜制糖工业的持续发展。为此，我们编著出版《中国甜菜学》一书。《中国甜菜学》由东北农业大学曲文章教授主编，哈尔滨工业大学糖业研究院崔广臣研究员、中国农业科学院甜菜研究所陈连江研究员、哈尔滨工业大学糖业研究院徐德昌副研究员为副主编，全国著名甜菜专家参编，是我国甜菜科技界集体智慧的结晶。本书融汇了我国甜菜领域科学研究中所取得的新成果和新技术，亦引进了国外近年来所取得的先进技术，因此本书将对我国甜菜糖业的可持续发展产生巨大的推动作用。

　　本书分四编二十四章，各章作者分别为：第一章甜菜起源与分类；第二章甜菜块根生物学；第三章甜菜的生长；第四章甜菜的光合作用由曲文章撰写；第五章甜菜营养生理由曲文章、徐德昌撰写；第六章甜菜水分生理由曲文章、赵图强撰写；第七章气象条件与甜菜产量的形成由曲扬撰写；第八章甜菜生产概况由崔广臣撰写；第九章甜菜旱地栽培由陈连江、韩振津、徐德昌、许群、杨继春、卢秉福撰写；第十章甜菜灌溉栽培由熊念增撰写；第十一章甜菜设施栽培由曲文章、曲扬撰写；第十二章甜菜保藏由曲文章撰写；第十三章甜菜病害的发病机理与防治由邓峰撰写；第十四章甜菜害虫发生规律与防治由刘杰贤撰写；第十五章甜菜化学除草由于学池撰写；第十六章甜菜种质资源由崔平撰写；第十七章甜菜二倍体品种选育由李满红、赵福、白晨撰写；第十八章甜菜多倍体品种选育由孙以楚、凤桐、王复和撰写；第十九章甜菜单粒种品种选育由聂煦昌、王占才、程大友撰写；第二十章甜菜三系选育由聂煦昌撰写；第二十一章应用生物技术创造新材料由张悦琴、崔杰撰写；第二十二章北方甜菜良种繁育由高妙真撰写；第二十三章甜菜露地越冬采种由虞德源撰写；第二十四章甜菜种子加工由占振民撰写。上述作者均付出了辛勤的劳动，为我国甜菜糖业做出了重要贡献！

　　在《中国甜菜学》出版中，承蒙哈尔滨工业大学糖业研究院、中国农业科学院甜菜研究所、内蒙古自治区甜菜制糖工业研究所、内蒙古农业科学院甜菜研究所、甘肃省甜菜糖业研究所、新疆石河子甜菜研究所、江苏省农垦大华种子公司、吉林省甜菜糖业研究所、吉林省洮南甜菜育种研究所、黑龙江瑞雪糖业(集团)有限公司在经费上予以大力支持，谨此致以最诚挚的谢意。向书中所引文献的作者，深致谢忱。

　　由于作者水平所限，书中难免有疏漏和不当之处，敬希读者批评指正。

编者
2003 年 5 月

露地越冬多倍体甜菜采种技术

■虞德源

■摘自《中国甜菜学》(黑龙江人民出版社，2003年，652~657)

1 多倍体甜菜采种适宜区域

1.1 利用气候带提高种子发芽率

甜菜多倍体杂交优势强，产量和质量高。我国甜菜工作者自20世纪50年代以来相继培育十余个多倍体优良品种，但长时期以来不易推开的原因之一是由于北繁采种困难，种子三倍体率和发芽率较低。70年代末江苏农垦东辛农场进行露地越冬多倍体采种尝试，一举获得成功，当年发芽率为85%，杂交率为56.3%，这一事实，及继之南繁大规模采种，启示人们可以从环境着手选择适宜气候带解决甜菜多倍体品种发芽率低的问题。

1.2 80年代江苏创建基地情况

80年代江苏通过对二倍体、四倍体及多倍体甜菜种子发芽率测定，发现苏北沿海所繁殖的多倍体和四倍体种子的发芽率存在和二倍体基本相同的规律。例如测定双丰8号(2X)发芽率为96.4%，双丰1号(4X)为95.3%，双丰305(即为混倍体)为95.2%。江苏沿海的东辛、云台、岗埠、黄海等农场多倍体发芽率常年在85%左右，1984年云台农场170吨双丰305发芽率为89.6%，1989年岗埠农场269吨甜菜301发芽率为92.7%。34°N沿海线如此，33°N沿淮线如此[如淮阴宿迁地区的白马湖、泗阳等农场发芽率均在85%左右，杂交率(三倍体率)50%~58%]。偏南31.5°N近海沿江线也是如此，江心沙农场自1984年试验以来，发芽率未低于85%，杂交率为56.5%。根据上述实践及江苏农垦所处沿海近江(河)特殊位置，在采种上该省农垦由70年代甜菜二倍体基地改为单一的多倍体良繁基地。

1.3 多倍体及亲本种子下代表现情况

大量事实证实，在江苏沿海等地所繁殖的甜菜种子具有种球种仁重、发芽势高、发芽率高、生长势强、杂交率高、含糖率及甜菜纯度高、甜菜褐斑病低的特点。

黑龙江甜菜种子公司测定南北繁多倍体品种(双丰305)的种仁重量占种球重量的百分比表明，南繁比北繁重39.3%(南繁为21.2%，北繁为15.16%)，发芽率提高5%~7%，杂交率提高15%左右；江苏农垦就同一材料南北繁的四倍体甜菜百株重比较，前者比后者增重44%(前者118g，后者82g)，同一材料南北繁种子比较，北方多年多点鉴定甜菜含糖率前者较后者提高0.56度。在提高甜菜纯度方面，东辛农场在1980年甜菜种植上，全部采用自繁多倍体双丰305品种结合用美国大克宁防治褐斑病，开创了4000亩甜菜丝含糖20%以上，纯度88%~91%的历史记录，很好地展示了多倍体育种使用价值的广阔前景；在抗褐斑病上新疆石河子兵团甜菜原种站曾作过测定，南繁双丰305病情指数为10.6%，而当地和国内品种病情指数达54.5%~66.3%。

表 23-23① 南北繁多倍体种子镜检结果对比

项目 单位	品种	倍数值（%）			说　明
		2X	3X	4X	
山东金乡高河	双丰305	12.47	49.42	37.84	南繁3∶1顺序栽植
江苏东辛农场	双丰305	24.5	56.3	18.3	南繁3∶1顺序机播
江苏江心沙农场	苏垦8312	36.0	56.5	7.5	南繁3∶1顺序栽植
黑龙江克山县	双丰303	43.2	34.6	22.2	北繁3∶1窖藏栽植
黑龙江肇州县	双丰303	59.5	32.4	8.1	北繁3∶1窖藏栽植
黑龙江海伦县	双丰303	57.4	27.7	14.9	北繁3∶1窖藏栽植

1.4　关于多倍体种子发芽率提高的原因

为什么江苏沿海等地的甜菜多倍体、四倍体种子发芽率高？这与该区域的空气湿度、温差以及所具备的灌溉条件、栽培措施有关。特别是空气的湿度。近年英国 Bob Fletcher 报道甜菜多倍体采种区空气相对湿度须在75%以上。低于此湿度四倍体花药不裂开，影响授粉和种子产量和质量。欧洲受地中海水体影响，气候湿润，采种以多倍体为主体。美国干旱则以二倍体为主。我国江苏沿海（江）线空气湿度达75%以上（内陆为65%左右），这种气候条件适合多倍体生长发育，故甜菜种株生长苗壮，生育进程一致，开花结实率高，下代种子的生活力强。

表 23-24　同一材料不同地区繁殖种子的下代产量和质量情况 *

项目 品种	繁殖单位	经纬度	亩产（kg）		含糖率（%）	亩产糖量（kg）	
			产量	与对照（%）		产量	与对照%
双丰8号(2X)	江苏东辛	34°27′N　121°E	2450	108	20.11	493	108
双丰8号(2X)	贵州威宁	26°52′N　104°E	2425	107	19.2	465	102
双丰8号(2X)	哈尔滨	45°41′N　126°E	2250	100	20.1	452	100
双丰1号(4X)	江苏东辛	34°27′N　131°E	3564	116	19.2	684	116
双丰1号(4X)	贵州威宁	26°52′N　104°E	2730	89	18.8	513	87
双丰1号(4X)	哈尔滨	45°41′N　126°E	3055	100	19.3	589	100

* 该材料由贵州威宁农科所提供。

1.5　种球直径与甜菜生产力关系

江苏繁殖多倍体品种就内在种性而言是好的，但种球大小、千粒重低于北方窖藏采种，有的年份种球犹如二倍体（表23-25），这是因所处的纬度所致。纬度越高、日照越多、种球就大。纬度越低，日照减少，种球就小，这是正常的生理现象。经试验测定二、四倍体种球并不是越大越好，核心的问题是下代甜菜生产力要高（表23-25、表23-26、表23-27）。

表 23-25　不同年份二三四倍体种子千粒重和种内芽数率比较 *

项目 年份	双丰305号				
	千粒重（g）	1芽	2芽	3芽	4芽
1982	23.25	40.1	40.7	16.0	3.2

---

① 编者注：该表的序号为此文在《中国甜菜学》一书的编号，未做修改。下同。

（续）

项目 年份	双丰 305 号				
	千粒重（g）	1 芽	2 芽	3 芽	4 芽
1983	18.83	33.3	38.6	22.8	5.3

项目 年份	双丰 305 号				
	千粒重（g）	1 芽	2 芽	3 芽	4 芽
1982	30.3	54.4	33.6	10.9	1.1
1983	23.75	35.0	46.9	15.4	2.7

项目 年份	双丰 1 号（4X）号				
	千粒重（g）	1 芽	2 芽	3 芽	4 芽
1982	36.0	39.9	33.4	15.8	10.9
1983	28.0	46.0	40.0	11.0	3.0

* 1982 年 4~6 月日照时数为 677 小时；1983 年 4~6 月日照时数为 587 小时。

表 23-26 二、四倍体不同种球直径与甜菜生产力关系（江苏东辛农场，1983 年）

项目 品种	种球直径 （mm）	亩产 （kg）	含糖率 （%）	亩产糖量 （kg）
黑龙江双丰 1 号（4X）	3.5 以上	1200	18.57	222
黑龙江双丰 1 号（4X）	3.5 以下	1720	19.21	330
黑龙江双丰 1 号（4X）	3.0 以下	1800	19.64	353
江苏繁双丰 1 号（4X）	3.5 以上	1360	19.24	261
江苏繁双丰 1 号（4X）	3.5 以下	1430	19.44	287
江苏繁双丰 1 号（4X）	3.0 以下	1920	19.41	372
黑龙江双丰 8 号（2X）	3.5 以上	1720	19.77	340
黑龙江双丰 8 号（2X）	3.5 以下	1560	16.48	257
黑龙江双丰 8 号（2X）	3.0 以下	1600	20.27	324
江苏繁双丰 8 号（2X）	3.5 以上	1880	19，16	360
江苏繁双丰 8 号（2X）	3.5 以下	1320	20.55	271
江苏繁双丰 8 号（2X）	3.0 以下	1440	19.10	275

表 23-27 二、四倍体及混倍体不同种球直径与甜菜生产力关系（江苏江心沙农场，1989 年）

项目 品种	种球直径 （mm）	产量		含糖率		亩产糖量	
		kg/亩	位次	%	位次	（kg/亩）	与对照（±%）
双丰 401 四倍体	>3.0	561	1	20.64	1	1157.0	100.0
双丰 401 四倍体	2.5~3.0	465	3	20.22	3	940.2	81.2
双丰 401 四倍体	<2.5	527	2	20.24	2	1066.6	92.1
8312 混倍体	>3.0	493	3	20.45	3	1008.1	100.0
8312 混倍体	2.5~3.0	505	2	20.56	2	1038.2	102.9
8312 混倍体	<2.5	583	1	20.78	1	1211.4	120.1

（续）

项目 品种	种球直径 （mm）	产量 kg/亩	产量 位次	含糖率 %	含糖率 位次	亩产糖量 （kg/亩）	亩产糖量 与对照（±%）
8306 二倍体	>3.0	416	3	19.55	3	813.2	100.0
8306 二倍体	2.5~3.0	462	1	19.77	2	817.7	99.4
8306 二倍体	<2.5	419	2	19.88	1	832.9	102.4

2 多倍体甜菜品种采种技术

2.1 80年代多倍体品种制种技术探索

80年代以来在农业部、轻工部的倡导下，我国多倍体甜菜进入一个空前活跃阶段，以甜研、双丰、吉甜、工农、宁甜、苏垦命名的多倍体新品种相继问世并形成可观的制种规模。据当时不完全统计，多倍体甜菜用种覆盖率为整个用种量的70%，从而具有明显的时代用种特征。江苏垦区东辛点当时主要对种子播种形式、不同栽植期以及不同区域的繁殖质量进行试验。其中在品种（双丰305）播种形式上设父母本1：3顺序栽植和父母本1：3机械混播两种，经轻工甜菜糖业质检中心测定前者三倍体率为50%，后者为36.8%。从而肯定了多倍体品种必须将父母本分开按比例进行顺序栽植确保杂交率的做法；在不同栽植期上设冬前栽、秋直播、春栽3种形式，测其下代原料糖分含量分别为18.22%、17.63%、16.99%，从而肯定了冬前栽的做法；在同一材料不同地区繁殖种子的下代产量和质量上，以二倍体（双丰8号）、四倍体（双丰1号）为材料，由贵州威宁农科所承担从江苏东辛、贵州威宁、黑龙江哈尔滨（CK）提供的同一材料。其结果二倍体产量、含糖率、亩产糖量其百分比按上述顺序分别为103%、107%和100%，20.1%，19.2%和20.1%，以及109%、102%和100%。四倍体产量、含糖率、亩产糖量分别为116%、89%和100%，19.2%、18.8%和19.3%以及116%、87%和100%。以上不难看出江苏沿海（河）带不失为最适宜地区。

2.2 90年代多倍体甜菜研究新进展

据不完全统计，90年代多倍体用种量继续呈现上升趋势，约占全国用种量的90%，随着甜菜生产发展，江苏农垦在南通等地区加大对多倍体品种良繁研究的力度。这一时期研究的内容有多倍体父母本最佳配比、不同染色体甜菜根型测定、单收母本和混收父母本测定，利用花期全遇材料提高三倍体率研究以及与东北农业大学合作同一品种南北繁生理指标测定等。其中多倍体最佳配比研究从1：1直到1：7，肯定了1：3与1：4的做法。如苏垦8312，1：2、1：3、1：4三倍体率分别为44.31%、54.02%和50.53%；不同染色体倍数性甜菜根型以二倍体、四倍体、混倍体为材料，分为直根占块根重量%、直根占块根重量变幅%、块根整齐度（5级分）等项进行比较，三项分别为46.9%、61.3%和62.6%，33.3%~55.4%、53.7%~72.6%和59.5%~67.4%，3.0、3.6和3.3级。不难看出根型上四倍体、混倍体优于二倍体；以苏垦8312为例在垦区三个制种点就单收母本与混收（CK）比较，产量上增加7.8%、2.5%和3.2%，含糖率增加0.14度、1.29度和0.78度，亩产糖量增加8.6%、10%和8.2%。从传统混收到单收母本相当于在现有品种基础上又上一个新台阶；利用花期全遇材料使多倍体的三倍体率有了显著提高，去年全国甜菜质检中心和大华甜菜质检中心联合测定发现苏垦8312三倍体率达 54.5% 以上，其中有 2 个组合已达到 66% 至 69% 水平，以至接近国内雄性不育水平；同一品种（甜研 301）南北繁生理指标测定南繁较北繁增产 7.4%，含糖率增加 0.42 度、出苗率提高 5.1%，植株干物质增加 7.6%，光合势提高 4.8%，净光合生产率提高 5%，光能利用率提高 3.5%。这表明南繁甜菜种子同化了有利生态条件，使种子蕴藏较强的生理优势。

3 多倍体甜菜南育南繁与北用

甜菜育种和良繁是两个连续阶段。中华人民共和国成立以来我国采取了北育北繁北用、北育南繁北用、南育南繁北用（江苏农垦先行尝试）3 种良种良繁形式。50~60 年代，我国在甜菜良繁上采用北育北繁，70~80 年代出现了北育南繁与北育北繁 2 种形式，80~90 年代则出现北育北繁、北育南繁与南育南繁 3 种形式。甜菜南育南繁是甜菜南繁深化的结果。江苏农垦受 1964 年上海崇明岛甜菜露地越冬采种的启发，自 1984 年以来在该岛对面的南通地区进行的 10 余年育种工作表明，这一自然生态带依江（长江）傍海（东海），是我国理想的甜菜育种地域之一，特别适合甜菜多倍体生长发育。该地区冬季温和但有一定低温，在不需培土措施下甜菜越冬率、抽薹率、结实率可达 95% 左右。翌年开花期空气相对湿度 75% 以上，有利于甜菜四倍体花药开裂，使甜菜种株授粉充分，发芽势强，发芽率高（常年在 85% 左右）；日较差小的江苏育成的甜菜品种，到北方日较差大的地区使用则产生一定异地优势，这一带具备培育适合不同生态带甜菜品种的优势。经过与甜菜原产地的比较发现这一地区的地理纬度、土壤类型以及甜菜生长发育期气候与其发源地极其相似。近 200 年来地中海甜菜走向了世界，走向了中国，那么，江苏长江口沿岸甜菜同样能走向中国与世界，只是时间而已。在这一地区经过甜菜科学工作者的不懈努力，GS 苏垦 8312 甜菜新品种诞生了，继而又出现了苏东 9201 等甜菜新品系。90 年代以来，特别近 5 年来以长江口为甜菜育种基地，以江苏淮阴地区和新疆伊犁地区作为甜菜制种基地，已在西北地区种植甜菜面积达 600 万亩，约占新疆甜菜种植面积的 70%。多倍体等杂交种业已成为我国甜菜主宰品种，随着人们对跨世纪中国甜菜发展战略的思考，江苏长江口沿岸甜菜南育南繁北用事业方兴未艾，必将唤起越来越多的国内外有识之士的兴趣和重视，必将得到国家有关部门的有力支持与帮助，从而为中国甜菜糖业振兴做出历史性贡献。

参考文献

[1] 谢家驹. 甜菜生产现代化的奋斗目标[J]. 中国甜菜，1979(1).

[2] 谢家驹. 甜菜个体生长发育规律的研究[J]. 中国甜菜，1980(1~2).

[3] 虞德源. 甜菜秋播冬栽露地越冬采种法[J]. 甜菜糖业，1980(2).

[4] 穆同润. 山西省晋南地区的甜菜露地越冬采种[J]. 甜菜糖业，1980(4).

[5] 虞德源. 甜菜褐斑病的抗药性及防治方法[J]. 中国甜菜，1981(3).

[6] 中国甜菜糖业赴法考察团. 法国的甜菜生产与研究[J]. 甜菜糖业，1981(3).

[7] "日"财团法人北农会编，张启荣译. 实用甜菜栽培技术[M]. 哈尔滨：黑龙江科学技术出版社，1981.

[8] 虞德源. 甜菜露地越冬挖顶芽创造丰产枝型的研究[J]. 中国甜菜，1983(3).

[9] 曲文章. 甜菜生理. 吉林省甜菜糖业研究所，1983.

[10] 蔡葆. 苏联甜菜露地越冬采种[J]. 国外农学——甜菜，1983(4).

[11] 陈炳华. 山东省甜菜冬栽露地越冬采种及后代鉴定初报[J]. 中国甜菜，1983(4).

[12] 王祖和，王冠英. 我国甜菜露地越冬采种及其应用效益[J]. 中国甜菜，1984(3).

[13] 中国农业科学院甜菜所. 中国甜菜栽培学[M]. 北京：农业出版社，1984.

[14] 虞德源. 提高多倍体甜菜种性途径的探讨[J]. 甜菜糖业，1985(2).

[15] 王胜贤. 提高宿县地区甜菜露地越冬采种种子产量和质量的途径[J]. 甜菜糖业，1985(4).

[16] 虞德源. 露地越冬采种甜菜早熟栽培技术[J]. 中国甜菜，1986(3).

[17] 曲文章，虞德源，高妙真，等. 露地越冬甜菜种株生育规律的研究[J]. 中国甜菜，1987(4).

[18] 王明发. 几种除草剂在采种甜菜地的应用效果[J]. 中国甜菜，1987(3).

[19] 周子明. 采种甜菜不同移栽方法对植株冬前生长的影响[J]. 中国甜菜，1987(3).

[20] 虞德源. 坚持科研、生产、经营一条龙的联营道路，加速面向全国的甜菜种子基地建设[J]. 甜菜糖业通报，1987(3~4).

[21] 陈炳华. 浅谈甜菜秋栽露地越冬采种高产优质的栽培措施[J]. 中国甜菜，1988(1).

[22] 左延莹，等. 采种甜菜机械脱粒试验简报[J]. 中国甜菜，1988(2).

[23] 周传金. 苏北沿海垦区甜菜叶螟的发生与防治[J]. 中国甜菜，1988(2).

[24] 曲文章. 甜菜个体发育规律的研究[J]. 中国农业科学，1988(2).

[25] 董焕章. 大力发展南繁甜菜种子生产，提高制糖工业宏观经济效益[J]. 甜菜糖业，1988(1).

[26] 张述和，等. 新疆焉耆盆地甜菜露地越冬采种技术的研究[J]. 中国甜菜，1988(3).

[27] 黄毓华，章锦发，虞德源. 江苏制种甜菜冻害研究[J]. 中国农业气象，1989(2).

[28] 李树宝. 积极开展甜菜南繁露地越冬采种[J]. 中国甜菜，1989(1).

[29] 虞德源，等. 露地越冬采种甜菜生育规律及丰产技术的研究[J]. 中国甜菜糖业，1989(1).

[30] 章锦发，黄毓华，虞德源. 甜菜制种适宜播栽期气候生态探讨[J]. 甜菜糖业通报，1989(4).

[31] 虞德源，王鉴远，曲文章，等. 露地越冬甜菜种株开花结实规律及其促进早熟高产的技术措施[J]. 中国甜菜，1989(2).

[32] 高妙真，曲文章，虞德源. 甜菜露地越冬采种种子生产力的研究[J]. 甜菜糖业，1989(2).

[33] 战振民. 露地越冬甜菜种子在黑龙江省的应用与其经济效果[J]. 甜菜糖业，1984(3).

[34] 曲文章，虞德源. 甜菜良种繁育学[M]. 重庆：科技文献出版社重庆分社，1990.

[35] 曲文章，虞德源. 南繁甜菜种子下代块根产量形成生理基础的研究[J]. 甜菜糖业，1990(4).

[36] 章锦发，虞德源. 雨涝对采种甜菜的影响及对策[J]. 中国甜菜，1992(3).

[37] 虞德源. 大面积甜菜制种管理及丰产技术[J]. 农业科技通讯，1993(11).

[38] 李润福，虞德源. 努力建设我国甜菜多倍体良种基地[J]. 中国甜菜，1995(2).

[39] 虞德源. 甜菜新品种苏垦8312的选育[J]. 中国甜菜，1995(5).

[40] 虞德源. 从气候相似到自然条件相似——甜菜育种新思维[M]. 北京：中国农业出版社，1997.

[41] 虞德源. 中国甜菜露地越冬采种[M]. 北京：中国农业科技出版社，1997.

[42] 虞德源，顾维贞. 创好名牌加强服务开创甜菜种子质量的新局面[J]. 中国糖料，1998(4).

[43] 虞德源. 西北荒漠地区甜菜增产潜力的研究[J]. 中国糖料，1999(1).

甜菜种子育繁推一体化的初步实践

■虞德源(江苏省农垦大华种子集团公司)
■原载《中国农垦》1997年第8期

种子育繁推一体化是我国种子产业化的必由之路,江苏垦区甜菜种子的发展道路充分证明了这一点。在市场经济大潮中,江苏农垦不断在培育甜菜品种、狠抓质量、开拓市场上研究突破性措施,使之站住脚跟稳步发展。

江苏农垦是我国最早繁殖甜菜种子的单位之一,已有近30年甜菜制种历史,现已初步建立起自己的甜菜育繁推销体系。20世纪80年代以来江苏农垦系统开始成为我国甜菜主要繁殖基地,其采种份额约为全国的25%。累计为北方甜菜产区提供良种34000余吨(不包括1997年数)推广面积达2400余万亩,相当于全国3年多用种量。经过几年调整,1997年甜菜制种生产又恢复到历史水平,年产甜菜种子将达4000余吨。多年来江苏农垦在长江口南通、海门、江阴等地建立了江苏农垦甜菜育种基地。在白马湖农场建立了江苏省农垦大华甜菜质检中心。在连云港市岗埠农场、徐州铜山县沿湖农场、沛县湖西农场、江苏农垦大华种子徐州有限公司、淮安市白马湖农场、泗阳县泗阳农场、金湖县宝应湖农场建立了7个甜菜制种基地,面向新疆、内蒙古、黑龙江、辽宁、宁夏等省区,并且和32个甜菜产区建立了供种关系。

此外,江苏农垦还取得一批甜菜育种成果:

江苏农垦总公司和东北农业大学联合主持的"露地越冬采种甜菜生育规律与丰产技术研究",获得了1990年农业部科技进步三等奖;江苏农垦总公司育成的甜菜新品种GS苏垦8312,1995年5月由农业部颁布命名,累计推广面积达200余万亩,现已成为新疆等省区突破性较大的甜菜品种;江苏农垦新育成的苏东9201新品系,经新疆等地试验、示范,深受产区欢迎,现已通过农二师鉴定;江苏农垦多年来还为中国农业科学院、中国轻工总会的甜菜育种部门育出的甜研301、甜研302、甜研303、甜研304、双丰305等品种在我国甜菜产区推广做了大量工作,江苏农垦历经十余年努力,在江苏长江口南通等地成功地探索了甜菜南育南繁路子,在江苏所育繁甜菜种子已达5000余吨规模,有力地支持了西北糖业建设。

开拓未来没有突破性措施不行,江苏农垦在形成甜菜育繁推销一体化建设中注重从培育品种、狠抓质量和培育市场上入手。

江苏农垦选择了自育品种和合作制种并存发展的道路。一方面在合作制种上与东北联盟形成了以中国农业科学院甜菜研究所为育种中心、江苏农垦作为良繁中心、黑龙江农垦作为种子加工和用种的合作格局,所繁种子主要供应黑龙江、内蒙古等地。另一方面在自育品种上与西北联盟,随着江苏农垦选育的GS苏垦8312通过国家审定命名,并经过在西北地区多年试验、示范与推广,形成了以江苏农垦长江口地区为甜菜育种中心、江苏淮阴地区白马湖、泗阳、宝应湖农场和新疆伊犁河谷地区为繁种中心,新疆等西北省区作为用种中心的新格局,有力地加速了西北糖业建设的步伐。

江苏农垦一贯重视甜菜种子质量,每年都修订江苏农垦甜菜良种繁育操作规程,并在农场自检的基础上采用公司抽检和用户鉴定办法对基地进行考核检查。在质量意识上始终秉承"夹着尾巴做人干事"的观念,杜绝因思想麻痹疏忽而造成的经济损失。建立忧患意识,警钟长鸣,谨慎从事,使农垦在质量上从总体上始终保持优势。江苏农垦不管在丰年还是欠年,都坚持维护甜菜用户利益,坚持收购标准，确保种子质量。个别单位因工作不慎造成对方的损失，在闻讯之后立即派人访问用户及时纠正。由于注重质量，讲究信誉，树立形象，在甜菜产区给人们留下了深刻印象。

江苏农垦在选择甜菜合作对象上是比较富有历史远见的，在"七五"、"八五"十年间将目标选准新疆等西北省区，并在该地区进行长时间的试验、示范、洽谈、研究，由于精心培育、建立网络、揉成一体，逐渐形成"大华离不开新疆，新疆离不开大华"的生动局面。并根据新疆同志提出的要求在甜菜制种上部分就地合作繁殖和共同开发甜菜三高技术，帮助开办甜菜制种培训班，共同主持新疆灌区甜菜高产、高糖、高出率综合技术研讨会，并根据不断发展的需要形成年会制度，共同磋商和研究有关问题，在共同的事业中凝成友谊、开辟市场，从而建立了长期合作共同开发的战略伙伴关系。

江苏农垦"九五"甜菜体系建设目标是坚定走育繁推销一体化之路，全面加强建设创立名牌，不断完善甜菜基地的体系建设，在国家糖业建设中发挥更大的作用。

培育国家级新品种

（1980—1995）

1	2	3
4		6
5		

1 甜菜播种

2 甜菜调查

3 越冬前甜菜施肥灌溉

4 江心沙农场收获前调查

5 在白马湖农场制种田间与新疆种子公司好友留影

6 江心沙农场杂交组合调查（1984—1992）

1 与农二师同志在苏垦8312田间（1996年8月）

2 在新疆伊犁田间调查苏垦8312（1996年8月）

3 苏垦8312在银川试验地（1987年）

4 残茬晾晒机械脱粒田间损失率仅5%

5 喜获丰收

6 过筛装袋

7 苏垦8312整车待发

8 开往湖光糖厂车队络绎不绝

1		
2	3	
4	5	
6	7	8

甜菜多倍体苏垦 8312 选育报告①

■虞德源(江苏省农垦种子公司)

提要 苏垦 8312 是由双丰 1 号四倍体与 8306 二倍体品系按 3∶1 杂交而成的。

1980—1983 年苏垦 8312 在选配的 12 个组合中根产量、含糖率、抗逆性比其他亲本和组合表现显著。1984—1989 年在西北(新疆、宁夏、甘肃等)、华北(内蒙古巴盟②等地)等省区多次点试验和示范中,表现为丰产性稳定、含糖率高、抗病性强、工艺品质好。它适合在我国西北高原地区生长,是个特殊配合力强的多倍体组合。与当地推广种相比,甜菜亩产为 3911.5kg,比 CK 增加 12.1%;含糖率 17.19%,比 CK 增加 0.81 度;亩产糖量 672.4kg,比 CK 增加 17.6%,为标准性偏丰产型品种。

关键词 多倍体,杂种优势,特殊配合力,西北高原区

我国西北(华北)甜菜产区温光资源丰富,产量和质量潜力极大。如何培育适应该地区产质兼优的甜菜新品种是摆在甜菜育种工作者面前的重要课题。我国东北、西北两大甜菜产区多年来形成各自培育的新品种主要在本地区种植推广的格局。1974—1980 年依据在江苏条件下对国内外 85 份甜菜品种(亲本)试验研究的基础上,发现和分离出一个美国产质兼优的品种材料(编组代号为 8306),经 1980—1983 年株选分离、多倍体组合配置,1984—1989 年全国点次试验示范,根据品种气候相似论原理,走出了江苏面向西北华北甜菜产区的育种良繁的道路。

苏垦 8312 经历了 1984 年在四川、内蒙古进行异地小区鉴定试验,1986—1989 年在东北、华北、西北、中部地区品比试验,1987—1989 年在宁夏银川、河北昌黎等地生产示范,经过 6 年全国布点试验,可以认为该品种适宜在我国干旱、半干旱的新疆、宁夏、甘肃、内蒙古巴盟以及四川等地高原地区栽培种植,其产量、含糖、品质、抗病,优于目前生产上应用的新甜 2 号、新甜 4 号、工农 2 号、工农 5 号、宁甜 301、冀甜 201 等推广品种。1984—1989 年该品种试验、示范、累计面积达 1 万余亩,1990 年示范种植可达 14 万亩,1990 年夏可采收生产种 1200 吨左右,可供 1991 年种植 80 万~100 万亩。

1 选育经过

1974—1980 年在江苏东辛、黄海农场对国内外 85 个品种(亲本)进行品比试验,其中二倍体 42 份,多倍体 33 份,雄性不育 10 份。从中发现一份美国产质兼优抗病材料,编制组合代号为 8306(二倍体)(表 1)。

表 1 1974—1980 年甜菜参试品种及亲本

序号	名称	来源	试验年份
1	双丰 1 号	轻工业部甜菜糖业研究所(二倍体)	1978
2	双丰 5 号	轻工业部甜菜糖业研究所(二倍体)	1976—1978
3	双丰 6 号	轻工业部甜菜糖业研究所(二倍体)	1974—1978

---

① 参加此项工作的还有江苏省农垦总公司王鉴远、顾学明,江心沙农场曹云珠、冯兰萍,银川糖厂徐长警、王成玉,南京农业大学陆作楣等。

② 现为内蒙古巴彦淖尔市,下同(编者注)。

（续）

序号	名称	来　　源	试验年份
4	双丰10号	轻工业部甜菜糖业研究所（二倍体）	1976—1978
5	双丰II号	轻工业部甜菜糖业研究所（二倍体）	1976—1978
6	双丰303	轻工业部甜菜糖业研究所（多倍体）	1976—1978
7	双丰304	轻工业部甜菜糖业研究所（多倍体）	1976—1978
8	双丰305	轻工业部甜菜糖业研究所（多倍体）	1977—1978
9	双丰306	轻工业部甜菜糖业研究所（多倍体）	1977—1978
10	双丰307	轻工业部甜菜糖业研究所（多倍体）	1977—1978
11	甜研3号	中国农业科学院甜菜研究所（二倍体）	1975，1977，1978
12	甜研4号	中国农业科学院甜菜研究所（二倍体）	1975，1977，1978
13	甜研5号	中国农业科学院甜菜研究所（二倍体）	1977—1978
14	1103	中国农业科学院甜菜研究所（二倍体）	1977
15	742	中国农业科学院甜菜研究所（二倍体）	1977
16	M7602	中国农业科学院甜菜研究所（雌雄不育）	1977
17	M7604	中国农业科学院甜菜研究所（雌雄不育）	
18	M7607	中国农业科学院甜菜研究所（雌雄不育）	1977
19	M7610	中国农业科学院甜菜研究所（雌雄不育）	1977
20	7301	中国农业科学院甜菜研究所（多倍体）	1977—1978
21	7302	中国农业科学院甜菜研究所（多倍体）	1977—1978
22	7401	中国农业科学院甜菜研究所（多倍体）	1977
23	7402	中国农业科学院甜菜研究所（多倍体）	1977
24	7403	中国农业科学院甜菜研究所（多倍体）	1977
25	7501	中国农业科学院甜菜研究所（多倍体）	1977—1978
26	7604	中国农业科学院甜菜研究所（多倍体）	1978
27	7605	中国农业科学院甜菜研究所（多倍体）	1978
28	7610	中国农业科学院甜菜研究所（多倍体）	1978
29	范育1号	吉林省范家屯甜菜育种站（二倍体）	1977—1978
30	范育2号	吉林省范家屯甜菜育种站（二倍体）	1977
31	公范1号	吉林省范家屯甜菜育种站（二倍体）	1977—1978
32	洮育1号	吉林省洮南春种站（二倍体）	1974
33	洮育2号	吉林省洮南春种站（二倍体）	1978
34	洮育3号	吉林省洮南春种站（二倍体）	1978
35	内蒙5号	内蒙古自治区农牧科学院（二倍体）	1974、1976
36	内蒙70148	内蒙古自治区太平庄甜菜育种站（二倍体）	1976
37	宁丰301	宁夏银川甜菜试验站（多倍体）	1978
38	2188170	宁夏银川甜菜试验站（不详）	1978
39	2402	宁夏银川甜菜试验站（多倍体）	1978
40	江苏686	江苏省淮阴糖厂（二倍体）	1974—1978

（续）

序号	名称	来源	试验年份
41	70103	江苏省淮阴糖厂（二倍体）	1976
42	70193	江苏省淮阴糖厂（二倍体）	1976
43	70633	江苏省淮阴糖厂（二倍体）	1976
44	688	江苏省淮阴糖厂（二倍体）	1974
45	晋甜1号	山西大同糖厂（二倍体）	1974、1975
46	军垦501	新疆石河子地区农科所（二倍体）	1974
47	六盘山1号	宁夏兰字950部队糖厂育种站（二倍体）	1974
48	卡维塞尔科	联邦德国（多倍体）	1976
49	卡维单粒	联邦德国（多倍体）	1976
50	卡维米加单粒	联邦德国（多倍体）	1976
51	波利梅希尔	瑞典（多倍体）	1976
52	莫诺立克	瑞典（多倍体）	1976
53	维吐姆	瑞典（多倍体）	1976
54	克米莫内	瑞典（多倍体）	1976
55	莫危卡	瑞典（多倍体）	1976
56	莫内登法	瑞典（多倍体）	1976
57	马立克	瑞典（多倍体）	1976
58	捷雪克	瑞典（多倍体）	1976
59	夫罗	瑞典（多倍体）	1976
60	欧彼立	瑞典（多倍体）	1976
61	GW2	美国（二倍体）	1980
62	GW49	美国（二倍体）	1980
63	GW64	美国（二倍体）	1980
64	GW267	美国（二倍体）	1980
65	GW674	美国（二倍体）	1980
66	HYA1	美国（二倍体）	1980
67	HY6	美国（二倍体）	1980
68	HY 21/77	美国（二倍体）	1980
69	HY 22	美国（二倍体）	1980
70	HY 21	美国（二倍体）	1980
71	HY 53	美国（二倍体）	1980
72	663-7	美国（二倍体）	1980
73	MONO HY-A1	美国（雄性不育单粒种）	1980
74	MONO HY-A2	美国（雄性不育单粒种）	1980
75	MONO HY E1	美国（雄性不育单粒种）	1980
76	MONO HY E2	美国（雄性不育单粒种）	1980
77	MONO HY D2	美国（雄性不育单粒种）	1980

（续）

序号	名称	来　源	试验年份
78	Americn1-31405/75	美国(二倍体)	1980
79	FC 701	美国(二倍体)	1980
80	KAMEYITA	联邦德国(多倍体)	1980
81	KAWEMONO	联邦德国(雄性不育单粒多倍体)	1980
82	KAWETANYA	联邦德国(多倍体)	1980
83	KAWEGIGAMONO	联邦德国(雄性不育单粒多倍体)	1980
84	导入2号	日本(二倍体)	1980
85	内蒙4号	内蒙古农科院(二倍体)	1980

1980年冬—1982年对8306进行株选分离，分别形成4个系号。1983年用双丰1号(4X)作母本，8306作父本，按3：1配置成苏垦8312。

1984—1989年分别在黑龙江、内蒙古、宁夏、甘肃、新疆、河北、山东、四川等地进行品种比较试验和生产示范。

1980—1989年对父母本材料进行保存、繁育和改造工作，现农垦已拥有繁殖千吨生产种规模的原种。其中母本双丰1号(4X)经过6代南繁改造，其产量已超过目前北繁的育种水平(表2)。1985年对父本材料进行了一次抗根腐病严格筛选，其抗病性得到进一步加强。

表2　四倍体(CLR)材料对比(江苏农垦，1989年)

项目　品名	产量(kg/亩)		含糖率		亩产糖量(kg/亩)	
	产量	与CK±%	%	与CK±%	产量	与CK±%
双丰401—80	1624	119.5	20.8	-0.1	337	119.0
甜研408—89	1136	83.7	21.1	+0.2	239	84.5
甜研408—88	1494	110	20.7	-0.2	305	108.0
双本401—89(CK)	1358	100	20.9		283	100.0

经方差比较，双丰401—80(即6代南繁改造的双丰1号(4X)亩产糖量与甜研408—89相比极显著，与双丰401—89达显著水平。

2　试验结果

2.1　异地鉴定

苏垦8312 1984年在四川布拖进行异地鉴定，该县海拔2461m，年平均气温10.5℃，试验结果显示：该品种组合株型直立、封垄早、亩产量2340kg，比CK提高4.9%，含糖率17.74%，比CK增加1.61度，亩产糖量830kg，比CK提高15.3%。同年还在内蒙古临河进行品种观察试验，含糖率比CK增加1.07度(表3)。

2.2　品种比较

1986—1989年在黑龙江佳木斯、红兴隆、宁安、林甸、依安，辽宁昌图，内蒙古包头、临河、陕坝、通辽、宁城，河北围场、昌黎，甘肃黄羊镇、酒泉、张掖，宁夏银川、平罗，新疆石河子、呼图壁、昌吉、伊宁、新源、焉耆、阿克苏及四川布拖等地布点试验，现将苏垦8312适宜种植地区品比结果整理成表4，可以确认它是西北高原地区一个有希望的甜菜品种。

2.3 生产试验

1987—1989年在宁夏银川、河北昌黎、新疆石河子、新疆农二师、四川布拖等地进行苏垦8312生产示范（对比）试验，其趋势与试验相吻合，特别是宁夏银川甜菜产区通过3年试验与示范，一致确认它为宁夏引黄灌区的甜菜良种，生产试验表明，苏垦8312亩单产为3446kg，比CK提高7.5%，含糖率17.04%，比CK增加1.16度，亩产糖量586kg，比CK增加14.7%（表5）。

表3　1984年苏垦8312异地鉴定结果

项目　　　试验地点	根产量（kg/亩）			含糖量（%）			产糖量（kg/亩）			注
	8312	CK	比CK±%	8312	CK	比CK±%	kg/亩	CK	比CK±%	
四川布拖	2340	2230	+4.9	17.74	16.13	+1.61	415	360	+15.2	CK双丰305
内蒙古临河	4330			16.27	15.2	+1.07				CK工农3号

表4　苏垦8312在各地试验结果

试验年份	试验地点	根产量（kg/亩）		含糖率（%）		产糖量（kg/亩）		当地对照品种
		8312	比CK±%	8312	比CK±%	8312	比CK±%	
1984	四川布拖	2340	+4.9	17.74	+1.61	415	+15.2	双丰305
1987	河北昌黎	743	+25	13.6	+0.6	101	+28.8	冀甜207
1988	河北围场	2721	+26.06	17.33	-0.16	461	+24.6	冀甜201
1989	河北围场	2207	+22.8	16.08	-0.72	364.5	+17.5	双2-37
1987	内蒙古临河	4212	+3.71	19.07	+0.57	807.5	+5.76	工农5号
1989	内蒙古临河	2714	+8.43	18.8	+0.7	510.2	+12.03	工农5号
1988	内蒙古陕坝	3918.5	+19.3	15.4	+0.4	603.4	+22.4	工农5号
1989	内蒙古陕坝	4240.5	+6.0	15.1	-0.1	640.2	+5.2	工农5号
1988	内蒙古包头	2905		15.55	+1.95	452	+14	包糖2-2
1989	内蒙古包头	2682	+12.5	17.45	-0.07	468	+12	工农1-3-5
1989	内蒙古包头	2736	+21.7	15.6	-1.5	427	+11.2	工农1-3-5
1989	甘肃酒泉	4916	+7.2	19.89	+0.82	974.5	+11.5	504
1989	甘肃永昌	9709	+22.2	16.24	-1.05	1576	+14.8	工农2号
1988	甘肃张掖	5756	+13.2	18.31	+4.01	1054	+45.1	工农2号
1989	甘肃临泽	5600	+16.7	17.8	-0.93	977.9	+10.9	工农2号
1987	黑龙江农垦	2573	+20.6	18.62	-0.6	479	+18.1	双丰8号
1988	宁夏银川	2421	+3.4	16.7	+0.9	404.3	+9.1	宁甜301
1989	宁夏银川	4694	+36.2	14.47	+1.11	679.3	+47.6	宁甜301
1986	新疆和静	4777.3	+12.0	19.33	+1.0	923.4	+18.1	新甜4号
1987	新疆和静	4691	+5.6	19.26	+0.08	903.4	+6.1	新甜4号

（续）

试验年份	试验地点	根产量（kg/亩）		含糖率（%）		产糖量（kg/亩）		当地对照品种
		8312	比CK±%	8312	比CK±%	8312	比CK±%	
1989	新疆阿克苏	6000	+20.4	17.8	+0.6	1069	+24.6	新甜2号
1987	新疆石河子	3302	+3.21	17.24	+0.14	569.2	+3.56	新甜2号
1988	新疆石河子	2815	+0.82	18.0	+2.85	506.7	+19.79	新甜2号
1987	新疆芳草湖	3840	-6.8	17.9	+3.1	687	+12.8	新甜2号
1988	新疆芳草湖	3883	+4.6	17.9	+3.1	695	+26	新甜2号
1989	新疆昌吉	4667	+6.5	15.73	+2.64	734	+27.2	新甜2号
x̄		3911.5	+12.1	17.19	+0.81	672.4	17.6	

表5 有关甜菜产区苏垦8312生产示范情况

项目 年份	生产示范地点	根产量（kg/亩）		含糖率（%）		产糖量（kg/亩）		对照品种	种植面积（亩）
		苏垦8312	与CK±%	苏垦8312	与CK±%	苏垦8312	与CK±%		
1987	宁夏银川黄羊滩农场	2747	+6.08	16.9	+2.0	464	+19.88	宁甜301	267
1988	宁夏银川灵武、南梁农场	3198	+3.5	16.48	+1.66	517	+13.2	宁甜301	2409
1989	宁夏银川								4000
1989	新疆石河子糖厂	3334	+10.35	17.22	+0.58	574	+14.3	石甜1号等	375
1989	新疆农二师	4510	+9.3	17.58	+0.4	792	+11.8	新甜4号	4
1989	河北昌黎糖厂							双2-37	4000
1989	四川布拖糖厂							双丰305	2000
x̄		3446	+7.5	17.04	+1.16	586	+14.7		

3 品种特征特性、栽培要点

3.1 特征特性

苏垦8312特征为幼苗健壮，出苗快且整齐，叶色深绿，叶犁铧形，叶片直立，根叶比适中，后期植株明显高于其他品种，封垄早，根圆锥形，皮黄白色，表皮光滑、青头小、丛、叉根少。

种株整齐，花期相遇，种球千粒重20~27g，发芽率常年在85%以上，高者可达95%，混收种子杂交率即三倍体在56%。

苏垦8312特性为丰产性稳定，最适种植范围在干燥、长日照、低温的高原地区，抗立枯病、根腐病、褐斑病、白粉病，抗盐碱性、耐肥性强，不抗象鼻虫，工艺品质好、高糖、高纯度。为标准性偏丰产型品种。

3.2 栽培要点

在北方原料产区，依据该品种青顶小、丰产性强、几乎埋在地下的特点，在栽培技术上注意深耕、增施基肥及提高施肥水平以利块根下扎发挥增产潜力。依据叶片直立、叶根比适中的特点，为发挥群体增产潜力，可适当密植。据各地试验，行距50~60cm，亩密度5000株，其幅度可在4000~6000株范围内。依据甜菜多倍体生理需水要求，种植区要全部安排在农灌区。依据该品种喜偏碱性土壤，故适合安排在 pH 8.2~8.8 的盐碱土种植。

该品种甜度较高，不抗象鼻虫，故应适当考虑增加播量和库存种子。

在南繁制种区，要选择农灌区生产，基地建在空气湿润的沿海（江、河）地带，制种田块父母本严格按 1∶3 顺序种植，以确保其发芽率和杂交率。

4　结论与讨论

（1）历时 16 年研究实践，我认为一个杂交优势强的品种关键在于双亲的选择。首先是抗病性选择，对于季风著称的中国，甜菜产区皆因褐斑病的广泛发生和流行使其产量和质量蒙受很大的损失。过去东北甜菜区如此，现在西北甜菜区也日趋严重。同时影响产量和质量的还有立枯病、白粉病、根腐病等。苏垦 8312 的组合中由抗褐斑病、白粉病、根腐病等材料组成，故而优势强。从西部区来看，该品种抗褐斑病能力强，一般病情指数要比当地对照种低 22%~24%，白粉病病情指数低 16.7%，抗根腐病能力亦强，亲本的选择尽可能增加新的血缘，我国现有甜菜品种血缘多数停留在 20 世纪 50 年代从欧美引进的亲本上，我从 70 年代美国有希望品种的分离中引进了新的血缘，在母本相同的情况父本新缘则可能是品种突破的关键，亲本的选择还应研究其品种特性及原产地的气候条件。从反查中发现亲本遗传性比较稳定，所育品种适宜种植区相似于原产地的气候条件，它对于确定一个甜菜品种的适宜种植范围具有理论指导意义。

（2）在苏垦 8312 的研制中体会到甜菜多倍体育种选择方法上要拓宽二倍体、四倍体遗传基础，发展多系品种，以增强品种的适应性。因为一个甜菜品种的表现，是品种的基因型、环境、基因型与环境互作的综合反映，是一个比较复杂的群体表现。单系品种群体基因型单一，主要依赖于个体缓冲性，一旦环境发生某种变化（如出现灾害天气或某种病菌生理小种的改变），会给品种适应性带来影响，从而导致品种迅速更替。发展多系品种，即这种多系品种具有基本一致的特征特性，但具有不同的抗性，（或别的特点）使品种群体的抗性具有一定的广谱性，从而提高了群体对多种病害和小种的抵抗能力。鉴于此，苏垦 8312 的育成工作远没结束，在品种推广使用中仍可获得新的提高。

（3）通过 1984—1989 年六年全国布点试验及气候条件分析，苏垦 8312 适合在干旱、长日照、低温的西北高原地区种植，这一属性与其父本的原产地气候条件极为相似，其最适宜地区在新疆、宁夏、甘肃、内蒙古巴盟、山西大同地区，这些地区大体气象条件为年平均气温 7℃（±3℃），年降水量 200mm（±100mm），年日照时数 2900 小时（±100），年相对湿度 55%（±10%），海拔在 1000~2000m，土壤 pH 在 7.5 以上的农灌区。较适宜地区为内蒙古东部宁城等地，河北昌黎、围场，四川布拖等。不适宜地区东北东部湿润地区，如江苏、山东等。

（4）苏垦 8312 在我国干旱、半干旱地区实践的结果为标准性偏丰产型品种，但在各地由于气候生态差异表现也不尽一致。在宁夏产区为丰产兼高糖品种。该品种亩产为 4221kg，比 CK 种提高 14.39%，含糖率 15.97%，比 CK 种增加 1.31 度，亩产糖量 559kg，比 CK 种提高 23.59%。在甘肃产区为抗病兼丰产性品种，该品种亩产 6494kg，比 CK 种提高 14.8%，含糖率 18.06%，比 CK 种增加 0.71 度，亩产糖量 1154.6kg，比 CK 种提高 20.57%。在新疆产区为丰产兼高糖品种，该品种亩产为 4181.9kg，比 CK 种提高 6.9%，含糖率 17.79%，比 CK 种增加 1.45 度，亩产糖量 673.4kg，比 CK 种提高 16.42%。同在新疆因天山之隔，北疆表现为特高糖兼标准型品种。该品种亩产 3640kg，比 CK 种提高 3.11%，含糖率 17.33%，比 CK 种增加 2.06 度，亩产糖量 627kg，比 CK 种提高 17.27%，南疆表现为标准偏丰产型品种。该品种亩产 4994.5kg，比 CK 种提高 11.82%，含糖率 18.49%，比 CK 种增加 0.52 度，亩产糖量 922.1kg，比 CK 种增加 15.15%。内蒙古西部产区为抗病兼标准性品种，该品种亩产 3344kg，比 CK 种提高 10.23%，含糖率 16.72%，比 CK 增加 0.27 度，甜菜纯度 80.67%，比 CK 增加 3.87 度，亩产糖量 558.3kg，比 CK 种提高 11.79%。河北产区为丰产性品种，该品种亩产为 1910kg，比 CK 种提高 24.62%，含糖率 15.67%、比 CK 种减少 0.28 度，亩产糖量 308kg，比 CK 种提高 23.6%。

（5）苏垦 8312 已在西部甜菜区显示一定的品种优势，充分利用这一优势，提高这一地区甜菜制糖区的经济效益是我国西部甜菜产区科技兴糖一项有效的战略措施。新疆石河子糖厂算了一笔账，在同一环境和管理条件下，苏垦 8312 每亩比 CK 多产 64.93kg 糖，其中农业可增加 41.6 元/亩收入，工业多得 78.52 元/亩，日处理规模 3000 吨的糖厂若播种 25 万亩，工农业可各多得 1953 万元和 1040 万元。石河子糖厂如此，那么众多糖厂得益则是十分可观的。按六年 26 点次试验平均数计，苏垦 8312 每亩可以比 CK 种提高 12.1%，含糖率增加 0.81 度，按亩产 3911.5kg 计，则每亩增加甜菜 473.29kg，每亩增加产糖量 35.51kg，如按 100 万亩种植则可增加甜菜 47.32 万吨，增加产糖量 35500 吨。为此建议在新疆石河子、呼图壁、奇台、昌吉、奎屯、新源、焉耆、阿克苏等地，甘肃黄羊镇、酒泉、张掖，宁夏银川、平罗、青铜峡，内蒙古临河、包头、五原、磴口、陕坝、宁城等地，山西大同、运城，河北昌黎、围场，四川布拖等甜菜产区予以大力推广，以促进该地区甜菜糖业的新发展。

参考文献

[1] 虞德源. 对推广双丰 305 多倍体甜菜的几点意见[J]. 甜菜糖业，1984(3).
[2] 陆作楣，陶瑾. 农作物良种繁育及其遗传学基础[J]. 种子，1983(2).
[3] 曲文章，虞德源. 甜菜良种繁育学[M]. 重庆：科技文献出版社重庆分社，1990.

苏垦8312
（1980—1995）

苏垦8312父本冬前长相（秋播）

苏垦8312母本冬前长相（秋播）

苏垦8312制种田（父母本1：3）

苏垦8312甜菜在新疆昌吉糖厂卸车

从选育苏垦8312甜菜探讨引种规律

■虞德源(江苏大华甜菜种子公司)

■舒世珍(中国农业科学院作物品种资源所)

■本文发表在《作物品种资源》(农作物国外引种专辑),1993年增刊

中国甜菜品种资源主要由欧美引入,已从二十几个国家引入500多份资源,其中一部分已直接或间接利用。中国新选育的品种,追溯亲缘,无不与引进的种质资源有关。中国甜菜育种的历史,就是引种利用的历史。因此,研究甜菜引种规律,对指导中国甜菜育种具有重要意义,现仅就苏垦8312品种选育为例,探讨甜菜的引种规律,为今后引种利用提供理论依据与考证。

1 苏垦8312的选育及表现

1974—1980年进行品比试验中,发现双丰1号四倍体和HyE_2二倍体表现突出,翌年进行分系与改造。1983年用改造的双丰1号(4N)作母本,HyE_2作父本,按3∶1配置成苏垦8312。1984—1992年在黑龙江、内蒙古、新疆等省区试验以确定其适宜种植范围。据9年38点(次)试验结果,苏垦8312平均亩产3975kg,比对照提高12.04%;含糖率17.27%,比对照提高0.75%;亩产糖量687kg,比对照提高17.56%。1987—1992年生产(对比)试验,累计面积达50万亩以上。据5年12点次示范结果,苏垦8312平均亩产为3387kg,比对照提高13.4%,含糖率16.1%,比对照提高1.28%,亩产糖量548kg,比对照提高23.9%,最突出的是甜菜含糖率的提高。

苏垦8312幼苗健壮,出苗快且整齐,叶色深绿、叶犁铧形、叶片直立而肥厚,根叶比适中,后期植株高于其他品种,封垄早,叶柄粗短,根圆锥形,皮黄白色且光滑、青头小,叉根丛根少。采种株整齐,制种花期相遇,种球千粒重20~27g,发芽率常年在85%左右,最高可达95%,三倍体杂交率为56%。

丰产性稳定，最适在干燥、长日照、低温、生育期长的高原盐碱地区种植，抗立枯病、根腐病、褐斑病、白粉病，喜盐碱，耐寒，耐旱，工艺品质好，高糖，高纯度。全生育期在 160 天左右，为标准偏高糖型品种。

2 从苏垦 8312 选育探讨引种规律

2.1 地域相似论的验证

苏垦 8312 的母本为双丰 1 号(4X)，它是利用从波兰引进的世界著名抗褐斑病 CLR 材料育成的四倍体，抗褐斑病，适应性广泛，产质量较高。父本 HyE_2 在美国东部地区表现为高抗褐斑病和根腐病，属标准偏高糖品种。

苏垦 8312 选育地点处于我国东部沿海的海洋带，育成品种经多年多点鉴定适合在干旱、半干旱的西北高原盐碱地区，不适合在湿润、半湿润的东北平原地区，对这一现象长期以来百思不解，后经对引进品种资料深入研究及与美国 MonoHy 系统育种家取得联系方解此谜。原来 HyE_2 的育种地点位于美国科罗拉多州丹佛北部，洛杉矶东部 Longmont 处，海拔 1600m，属美国西部山地农区，冬季高寒干燥、夏季炎热少雨，年降水量仅 30~40mm，依靠洛山矶的雪水进行农田灌溉。西北近盐湖城，有次生盐渍化土壤的特征。

表 1　苏垦 8312 推广地区有关气象指标

地名	纬度	海拔（m）	年平均温度（℃）	年积温（℃）	年降水量（mm）	年日照时数（h）	平均相对湿度（%）
甘肃酒泉	39°46′	1477	7.3	3407	82	3045	46
宁夏银川	38°29′	111	8.5	3776	205	3031	59
内蒙磴口	40°21′	1055	6.7	—	148	3185	53
新疆石河子	44°	429	6.7	3657	164	2797	62
新疆伊宁	43°57′	662	8.2	3636	263	2820	66
新疆焉耆	42°05′	1057	7.9	4553	65	3183	56
美国丹佛 CK	39°46′	1610	9.98	3915	397	—	52

· 美国 Hy 系统育种地点年降水量仅 30~40mm，受资料限制借用邻近丹佛站作对照。

不言而喻，甜菜多倍体苏垦 8312 选育是在其母本适应广的前提下，父本决定该品种适于向西部高原方向发展，由于美国科罗拉多州高原山地气候与中国新疆、宁夏、甘肃等地高原环境极其相似，所以这是地域相似论在甜菜引种亲本利用上的一个成功范例（表 1）。

2.2 引种材料生物学特性的利用

历时 19 年实践，我们认为一个甜菜杂交优势强的品种关键是双亲材料的过硬，通过杂交育种基因重组综合双方优良性状，从而形成新的品种。对于季风著称的中国，在亲本选择上选用抗病材料至关重要。苏垦 8312 的亲本选配得当，父母本配合力强，基因型丰富，故杂种优势得到充分发挥，既有抗褐斑病、根腐病、白粉病的基因成分，又表现出群体的抗逆性强。特别体现在抗病上，从而有效延长甜菜功能叶寿命，这对增强光合效率、增加糖分积累和提高块根产量极为有利。

从中国多倍体育种来看，有 1/2 品种的母本是取用波兰 CLR。在母本来源相同的情况下，选择优势强的父本，这是苏垦 8312 之所以能在西北突破的关键所在。

由此看来，对甜菜引种材料的利用，除考虑当地气候、地理、土壤条件及农业措施外，生物本身的遗传特性也是不可忽视的内在因素。

2.3 对引种材料内、外因素的综合分析

作物引种成功与否，受内、外因综合作用，内因即作物遗传本性，有表性也有隐性（潜在性），后者很难了解。必须调查收集其有关资料，并通过多种途径野外观察和栽培，再了解其对不同生态环境与栽培实践的反应，然后才能得出正确结论。外因是环境条件，包括自然生态环境与农业技术措施。如果能充分满足被引种材料生长发育的需要，该作物就能积累适应性，达到驯化利用的目的。

苏垦 8312 品种选育过程，首先对亲本材料进行分离、筛选和提纯，累积了适应性达到驯化的目的，使之比原亲本产量、质量有所提高，然后遵循上述原则，对亲本反复查对，发现该品种适应在盐碱地种植的原因是因为 HyE_2 品种有耐盐碱性遗传基因，属隐性遗传，表面难以发现，只有在野外观察、栽培时才了解其特性。由于此特性与当地自然条件吻合一致，从而决定了该品种能在我国西北高原盐碱地区发展。

总之，我们引种时，既要注意分析被引入材料的原产地生态条件，同时又要注意其本身的生物学特性，然后与引种地区的生态条件进行比较，了解主要生育特点及环境条件，使之首先能生存下来，再不断接受新环境条件得以驯化，最后使之遗传给后代。另外在引种驯化的同时要加以直接利用或间接利用，将可遗传性通过杂交等选育手段不断创造出新的品种来，使引种驯化达到更高阶段。

3 甜菜引种工作的展望

要使我国甜菜品种水平上一台阶，突破口在品种资源（基因库）上，提出以下看法与同行共商榷。

（1）重新审视已引进的品种。对引入品种宜按其特征特性，原产地的气候、地理、土壤基本情况，国内鉴定年份、地点、结论以及已形成品种种植范围进行归类分折，全面评价适应性、稳产性、丰产性等综合表现，还要研究有益性状的遗传特性，表型性状与基因型关系，从中筛选优异资源以创造新品种。

（2）深入研究国外甜菜品种。详细了解各国育种动态、新品种特点、原产地自然地理环境等情况，以避免盲目性、重复性，真正做到有目的、有计划地引种。

（3）对育种地域的建议。引种育种是紧密相关的两个环节。通过长期实践，我们认为，江苏不仅能作为甜菜种子繁育基地，而且在育种上也是个十分相宜的地方。因为江苏依江傍海，甜菜开花期空气湿润，利于授粉，种仁充实，具有培育高发芽率品种的条件。甜菜南育南繁必将使更多人们饶有兴趣。*

＊ 参加此项工作的还有李润福、王鉴远、顾学明、曹云珠、冯兰萍、凌滇秀、蔡瑞华、田凤雨、王成玉、徐长警、金基隆、唐德才、井宗衍、徐振江、孙长明、陈多方、赵江枫、李仲明、曲文章、章锦发、陆作楣等。

本文承蒙南京林业大学汤庚国副教授、江苏农垦总公司华国雄帮助，在此深表感谢。

甜菜新品种苏垦 8312 的选育

■虞德源(江苏大华甜菜种子公司，南京 210008)

■本文发表于《中国甜菜》1995(1)，12~15

提要　苏垦 8312 系利用双丰 1 号四倍体与 MHE$_2$/76F$_2$ 为亲本，经过系统选择、多倍体组合配置、二次组合筛选选育而成，经我国西部地区(新疆、宁夏等 5 省区)区域试验、生产示范鉴定结果表明，苏垦 8312 在块根产量、含糖率和产糖量方面，平均比对照品种分别提高 12.04%、0.75 度和 17.56%，是具有根型好、丰产、抗(耐)病能力较强的标准型品种。

关键词　甜菜品种，亲本选配，杂交优势，南育南繁

利用江苏省依江傍海，空气湿润，温度适中，适宜多倍体甜菜授粉、提高发芽率的优势，同时，选择适合我国华北、西北干旱地区耐盐碱的甜菜亲本材料，培育了高产优质、抗性强的甜菜多倍体新品种苏垦 8312，该品种在 1980—1984 年亲本的系统选择、多倍体组合配置、二次组合筛选、1984—1989 年组合异地多点鉴定和 1990—1993 年参加国家、省区甜菜区试、生产示范的基础上命名并推广应用。苏垦 8312 已在宁夏、陕西通过审定，1991—1993 年国家区试中在新疆，内蒙古的包头、临河地区达标。1994 年经全国农作物品种审定委员会通过审定命名，现已推广 102 万亩。

1　苏垦 8312 亲本来源和选育过程

苏垦 8312 系采用系统选择和杂交优势相结合的育种方法及异地多点鉴定和当地推广品种对比相结合的方法选育而成。

1.1　苏垦 8312 的母本选育

1980 年从原轻工业部甜菜糖业科学研究所引进双丰 1 号四倍体为亲本，从中选出特优单株(20 株)栽植，1981 年夏季混合采种，单株分收，秋播进行第一代系号比较试验，从中入选 10 个单系，培育母根，1982 年夏季分系隔离采种，秋播第二代比较试验，入选 4 个单系，培育母根。

1.2　苏垦 8312 的父本选育

1980 年在江苏东辛农场，对从中国农业科学院品种资源研究所引进的 85 份国外甜菜品种进行春播比较试验，从表现较好的美国 MHE$_2$/76F$_2$ 中(雄性不育单粒杂交种)入选 335 株特优母根栽植，1981 年开花结实 20 株，秋播进行第一代比较试验，入选 11 个单系，培育母根，1982 年夏季分系隔离采种，秋播进行第二代比较试验，入选 5 个单系，培育母根。

1.3　杂交组合配置

1983 年将母系(4 个单系)与父系(5 个单系)按 3∶1 配置多倍体组合 10 个，秋播第一次组合比较试验入选 4 个组合；1984 年秋播，第二次组合比较试验(对照品种双丰 305)。经过 2 年 2 次比较试验结果，入选 8312 组合(产糖量较对照提高 10%~15%)。同年，在四川布拖进行了 3 个组合比较试验，8312 组合入选(对照品种双丰 305)，培育母根扩繁，为确保种性，对父母本品系每年进行择优提纯。

2 苏垦8312区试与生产示范表现及适宜栽培地域

苏垦8312先后经过新疆、内蒙古、宁夏、陕西及河北等省(区)区域试验、生产示范等。

表1 苏垦8312区试与生产示范调查结果

项目	试验地点	年份	块根产量与CK比±%	含糖率比CK(±)	产糖量比CK±%	对照品种CK
区域试验	宁夏	1988—1990	2.96	1.11	10.85	宁甜301
	陕西	1990—1993	15.94	-0.10	15.40	双丰8号
	新疆焉耆	1986—1989	8.00	0.90	13.90	7207
	新疆伊犁	1990—1993	9.30	1.20	17.60	新甜6号
第六届全国区域试验	内蒙古包头	1991—1993	0.60	1.50	9.70	双丰305
	内蒙古临河		9.50	1.30	23.60	工农2号
	新疆和静		4.30	0.90	10.80	7207
	新疆石河子		19.10	0.20	20.10	新甜5号
生产示范	宁夏	1990—1993	13.60	0.90	20.30	宁甜301
	新疆焉耆垦区	1990—1993	12.05	0.80	17.50	7207
	新疆伊犁地区	1991—1993	13.40	1.33	23.40	新甜6号
	新疆芳草湖垦区	1990—1993	28.20	1.37	40.90	新甜2号
	新疆石河子垦区	1989—1992	10.35	0.50	12.46	双丰305
	内蒙古宁城	1990—1992	9.40	0.60	13.50	甜研301
	内蒙古五原糖厂	1990	16.10	0.90	23.70	工农5号
	河北围场	1989—1991	26.06	-0.16	24.80	冀甜201
	河北昌黎	1987—1991	25.00	0.40	28.80	甜201
	陕西旬邑、合阳等	1993	19.70	-0.10	18.90	双丰8号

从表1试验鉴定的结果表明，苏垦8312适宜在新疆地区、宁夏灌区、陕西渭北高原和陕北干旱地区、内蒙古的巴盟地区与包头和宁城、甘肃张掖与酒泉等盐碱地区、河北省的围场与昌黎，以及四川的布拖等相似生态地区栽培。

1988年8月，在宁夏地区试验的10个品种中，双丰305与苏垦8312被列为两个抗褐斑病性强的品种。在宁夏1987—1989年的抗病能力调查中，其他品种根腐病发病率在0.92%~8.3%，而苏垦8312仅为0.9%。1989年7月末至8月中旬(白粉病盛期)在新疆昌吉调查甜菜品种的白粉病发病率结果，其他品种发病病级均为2~4级，苏垦8312为1级，综合性状表现最好。1989年在内蒙古临河地区甜菜晚播的地块上对黄化毒病的抗病力调查，结果双丰305与对照工农5号黄化毒病的发病病级分别为1.4级与1.6级，而苏垦8312为1.3级。1991年7~8月在新疆伊犁对其抗病能力进行调查，结果其他品种发病率为12.4%~28.1%，苏垦8312仅为7.7%。

3 苏垦8312的特征特性与栽培技术

苏垦8312幼苗健壮，出苗快且整齐，叶色深绿，叶犁铧形、肥厚、叶柄粗短、叶丛直立，后期植株较高，封垄早。根为圆锥形、皮黄白色且光滑，青头小，叉根少。采种株整齐，种球千粒重高，发芽率常年在85%左右，最高可达95%。三倍体杂交率为45%～55%。

在北方原料产区，依据该品种根体长、丰产性强的特点，注意深耕，增施基肥及提高施肥水平，以利发挥群体增产潜力。依据叶丛直立、叶根比适中的特点，应合理密植，各地试验皆以每亩5000～5500株为宜，依据该品种营养器官肥大、需水多的特点，在年降水量50～300mm地区全生育期要灌水3～4次，在年降水量400～500mm的雨养农业区，不需灌溉也能正常生长。依据该品种喜盐碱性土壤的特点，在布局上尽可能安排到盐碱地区种植，制种区最好选择农灌区生产，采种基地建在空气湿润的沿海(江、河)地带，制种田父母本严格按1∶3或1∶4比例种植，以确保其发芽率和杂交率。

4 从苏垦8312选育种中的几点体会

4.1 选择适应性广的亲本是育成品种的关键

选育甜菜杂交优势强的品种，必须选择遗传基础丰富、综合抗性强、生态适应性广的种质资源作亲本，通过杂交综合双方优良性状，从而形成优势强的新品种，通过1974—1980年在江苏沿海东辛、黄海农场先后对国内外85个参试品种试验中筛选出我国自育双丰1号四倍体和美国MHE$_2$二倍体为苏垦8312的杂交亲本，前者抗褐斑病、耐湿、耐盐碱、产量和质量高、适应性强、分布范围广，与我国众多品种其母本组成CLR血缘相同。后者根体长、叶丛直立、较抗褐斑病，产量和质量高。苏垦8312由于亲本选配得当，父母本配合力强，基因型丰富、地理远缘，故表现出较强的群体种性和抗逆性，有效地延长了甜菜功能叶寿命，这对提高光合效率、增加糖分积累和提高产量极为有利。

4.2 依据自然条件引种、育种是选育品种的基础

就甜菜而言，从引种国家(地区)的纬度、海拔、气候(温度、降水、日照等)和土壤，尤其是病害相似的自然分布区选择引种对象，成功的把握性较大，波兰在纬度、土壤、病害等方面与我国东部湿润、西部半干旱和干旱地区有相似之处。波兰气候湿润，夏雨集中，褐斑病重，波兰育种家利用野生种杂交选育出世界著名的高抗褐斑病品种CLR，我国东部因受季风影响，以及西部灌区叶部病害严重，褐斑病已成为影响我国甜菜产质量的严重病害，以双丰1号四倍体作母本，具有抗褐斑病遗传背景，适宜在我国不同甜菜发病区广泛种植，以MHE$_2$二倍体作为父本，由于其育种地点位于美国科罗拉多州丹佛北部，洛杉矶东部，冬季高寒干燥，夏季炎热少雨，年降水量30～40mm，依靠洛杉矶雪水进行农田灌溉，其西北为近似次生盐渍化土壤。这些自然条件与我国新疆、宁夏、甘肃、内蒙古等地自然条件极其相似，这是苏垦8312能在我国西部甜菜产区推广的环境条件依据。

4.3 加强选择形成多系是育成品种的前提

甜菜为异交作物，具有丰富的遗传变异性，可通过加强选择、形成多系，拓宽遗传基础，从而保证育成品种的种性。坚持每年对苏垦8312父母本系号进行筛选，不断提纯品系，使之种性不断提高。任一品种的表现，实际是品种的基因型、环境、基因型与环境条件互作的群体综合反映。单系品种群体基因型单一，主要依赖于个体缓冲性，对环境的应变能力弱。多系品种具有基本一致的特性，但同时也有不同的抗性特点，使品种群体抗性具有一定的广谱性，从而提高群体对多种病害和生理小种的抵抗能力，发挥了品种群体的增产水平，延长了新品种的使用年限。可见，加强选择形成多系是提高

甜菜种性的重要措施。

4.4 选择南育适宜生态带是育成品种的保证

甜菜育种与良繁是两个连续阶段。近30年我国采取了北育北繁、北育南繁、南育南繁的3种育种良繁形式。江苏省依江(长江)傍海(东海)的气候生态带是甜菜育种地域十分适宜带,这一地带有利于甜菜多倍体生长发育。冬季气候温和,越冬保苗率在不需培土措施下达到98%以上。翌年开花期间空气相对湿度75%以上,有利于甜菜四倍体花药开裂,使甜菜种株授粉充分、发芽势强、发芽率高。日较差小的江苏育成的甜菜品种,到北方日较差大的地区使用则产生一定异地优势,笔者认为这一带具备培育适合不同生态带甜菜品种的优势。江苏的南通、苏州等地区,有待于进一步开发,成为我国最大的甜菜育繁基地。

参考文献

[1] 西北农学院. 作物育种学[M]. 北京:农业出版社,1979,50-56.

[2] 虞德源. 对推广双丰305多倍体甜菜的几点意见[J]. 甜菜糖业,1984(3):22.

[3] 曲文章,虞德源. 甜菜良种繁育学[M]. 重庆:科技文献出版社重庆分社,1990,310-319.

[4] 赵济. 中国自然地理[M]. 北京:高等教育出版社,1980,140-142.

[5] 刘德生. 世界地理[M]. 北京:高等教育出版社,1988,223.

[6] 王名金,等. 树木引种驯化概论[M]. 南京:江苏科学技术出版社,1990,49.

[7] 虞德源,舒世珍. 从选育苏垦8312探讨甜菜引种规律[J]. 作物品种资源(农作物国外引种专辑,1993年增刊):161-163.

Breeding of New Sugarbeet CV. Suken 8312

Yu Deyuan

(Dahua Sugarbeet Seeds Company, Nanjing, Jiangsu 210008, China)

ABSTRACT: Suken 8312 was developed by systematic selection, polyploid combinations formulation and two times combinations screening with tetraploid shuangfeng -1 and $MHE_2/76F_2$ as parents. The results of regional test and demonstration in the west of China (Xinjiang, Ningxia et al) showed that, the average root yield, sugar content and sugar yield were higher 12.04%, 0.75% and 17.56% rcsp. than CK. It belong to N-type CV. with fine root shape and high root yied and resistant (tolerant) to diseases.

Key Words: Sugarbeet variety, Combining parents heterosis, South breeding and multiplying

苏垦 8312 在风浪中成长起来

■虞德源

一件新事物一个新品种的诞生绝非风平浪静，有时伴随着大风大浪，问题的关键是品种材料和人的意志过硬以及操作规范化。苏垦 8312 甜菜新品种从研制到成长为国家级新品种经过 16 个年头。它经历了研制（1980—1986）、推广（1986—1990）、区试审定（1990—1995）三个阶段。在研制阶段，崭露头角出现在宁夏银川糖区，继而扩大到新疆和静等地区。在收集各地推广成果的基础上，我于 1990 年 4 月以江苏省农垦采种甜菜联营公司名义汇编了甜菜多倍体苏垦 8312 材料专集，有 22 个单位材料共 170 页厚本。此事我向全国甜菜协调组报告过（我本人是该组成员）并提交专集。不料此事引起轩然大波。正当宁夏品种审定会向农业部报告品审该品种，协调组竟专门打电报阻止。省农垦领导专门开会研究此事，提出苏垦 8312 经过三年区试四年示范由宁夏组织自治区科委、种子等部门参加

礁石迎浪

审定，审定地方品种符合种子法。江苏农垦在全国甜菜协调组内会带头生产良种决不坑农，尚有不完善地方会加以完善。宁夏农作物品审会在请示农业部后于 1990 年如期审定苏垦 8312 为自治区品种。但协调组下了禁令不能在其他地区使用，怎么办？我在导师谢家驹先生建议下参加西北甜菜区试，同时在数年内又在陕西通过审定，在一些地区要求下迅速扩大示范面积。但是地方部门保护主义设置重重障碍，我向全国品种审定会反映，1994 年郭恒敏主任和黑龙江农业厅张厅长亲抵宁夏、新疆糖区考察，广泛听取意见，回去后召开品审会全体会议全票审定通过苏垦 8312 为国家级品种。从参试以来 2 个省区通过审定，全国西部区试达标，推广 68 万亩实绩及全国品审会现场考察，苏垦 8312 在经历了风浪后向前挺进，作为一个科学育种者是何等的开心和自豪。

此事若早通过它只能成为地方或部级品种，考验越长等级越高，促使我树立真金不怕火来炼的自信，促使我深入调研悟出育种真谛最终成为国家级品种。有时挫折并不是坏事，它促使我完善顺序。通过苏垦 8312 风波思考发现了生态相似规律，并由农到林终生受益。

1990 年我提供关于苏垦 8312 第一个版本，1993 年第二个版本，1995 年第三个版本，每个版本都有它背后的故事，一步步达到胜利彼岸。

松树精神

2017 年 11 月于苏州

关注西部甜菜发展

（1980—2000）

加速发展新疆甜菜糖业的探讨

■虞德源(江苏省农垦大华种子公司，南京市 210008)

■孙长明(伊犁州农业局，伊宁市 835000)

■本文发表在《新疆灌区甜菜高产高糖高出率综合技术研讨会文章汇编》1996 年 8 月

"九五"期间新疆将跃居全国甜菜产糖业首位，这并非偶然，它取决于党中央国务院的重视，源于新疆独特的资源优势；归功于新疆勤劳实干的人民；得益于兄弟省区通力协作。在庆贺之余，为了自治区甜菜持续、健康快速发展，必须正视存在的问题，着力研究解决的措施。

1 得天独厚的资源优势

1.1 遐名中外

新疆甜菜糖业的崛起，正引起国内外同行的关注和参与，新疆在发展甜菜生产上所具有的光热水土丰富资源的优势令世人羡慕不已。它的资源优势主要表现在≥5℃有效积温多、光合有效辐射强、光照时间长、日较差大、良好灌溉、冻藏时间长、有一定土地垦荒种植潜力以及具有当地丰富的制糖工业所需燃料、石灰石等。这些资源充分满足了甜菜生育期要求，为甜菜的高产、高糖、高效奠定了坚实的自然物质基础。

以日较差为例，新疆的气温日较差比国内同纬度地区都大，年平均日较差南疆多为 13~16℃，北疆多为 12~14℃，华北与东北则在 12℃左右，长江流域及其以南地区不到 10℃。新疆年最大日较差一般都在 25℃左右，这样大的昼夜温差，如水肥条件良好和农技植保措施得当，则农作物高产优质。例如新疆的瓜果之所以含糖量高、品质优异、驰名中外，其中很重要的原因是新疆瓜果是在生长季节中昼夜温差大于 10℃的条件下形成的。对于甜菜来说，白天较热，日光充足，光合作用强，制造有机物质就多。夜间温度较低，呼吸作用弱，消耗物质少，所积累的营养物质就多，因此甜菜含糖量高，这不仅在国内而且在世界甜菜产区也是不多见的。

1.2 光热资源

光热资源是新疆甜菜生产潜力的最大优势。从光资源来看新疆地处欧亚大陆中心，远离海洋，空气干燥，云量较少，晴天多，光资源十分充裕。年总幅射量达 5000~6490MJ/m²，比同纬度的华北和东北地区多 620~840MJ/m²，比长江流域中下游多 1250~2090MJ/m²，除青海外居全国第二。以甜菜生长季(4~9 月)日照时数比较，新疆奇台分别比黑龙江哈尔滨多 24.5%，比吉林吉林市多 30.6%，比山西大同多 14.8%，比内蒙古呼和浩特多 10.2%，比宁夏银川多 7.3%，比甘肃酒泉多 6.9%。详见表 1。

表1　新疆与有关城市 4~9 月份日照时数比较

地名	哈尔滨	吉林	呼和浩特	大同	银川	酒泉	伊宁	塔城	哈巴河	奇台
日照时数(h)	1449	1382	1637	1571	1682	1687	1749	1844	1863	1805

热量是影响作物生长、发育和产量形成的主要因素之一。与同纬度地区比较,新疆甜菜生长季节 4~9 月积温都接近或高于同纬度其他地区。仍以新疆奇台为例,分别比哈尔滨、吉林、大同、呼和浩特高出 8.4%、7.0% 和 8.7%。参看表2。

1.3　水土资源

水分资源是指大自然供应水分的情况,包括大气降水、地表水、地下水和高山冰雪融水。新疆是灌溉农业,虽大气降水少,但水资源充裕,可根据甜菜生理需水进行灌溉。

从土地资源来看,新疆属于开发潜力极大的省区,现有耕地 400 万 hm^2,适宜甜菜种植的有 164 hm^2。预计到 20 世纪末尚可扩大灌溉耕地 26 万 hm^2。主要分布在阿克苏、昌吉、塔城、巴州、阿勒泰等 5 个地区。

1.4　加工优势

从表2中可以看出,欧美甜菜种植地,由于一年四季雨量分布均匀,糖厂基本是随起随加工短期储备。而我国新疆等省区,由于冬季漫长,在保藏上实行以冻藏为主,个别地区实行暖藏。冻藏加工期可以从 10 月至翌年 3 月,加工期 150~210 天。特别是新疆北部地区加工期可达 200 天左右,这是甜菜制糖加工的很大气候优势。

通过对石河子糖厂加工期内逐月甜菜含糖率、菜丝纯度、出糖率的调查发现,整个糖厂榨期甜菜含糖率、菜丝纯度、产糖率相当平稳。特别是 10 月至翌年 2 月,即 150 天内(详见表3),这是新疆甜菜制糖加工优势的一个有力佐证。

表2　新疆与国内外甜菜产区有关气象数据比较

国别地名	海拔(m)	年降水量(mm)	气温(℃)												
			1	2	3	4	5	6	7	8	9	10	11	12	全年
法国巴黎	54	574	2.6	4.0	6.3	9.6	13.4	16.5	18.2	17.7	14.7	10	5.8	3.4	10.2
德国汉诺威	59	640	0.4	0.9	3.1	7.6	12	15	17.3	16.4	13	8.7	3.6	0.9	8.4
丹麦哥本哈根	5	534	0.2	-0.1	1.4	5.4	10.4	14.8	16.7	15.8	13	8.5	4.4	1.4	7.8
波兰华沙	158	567	-3.4	-1.9	1.6	7.2	13.3	16.7	18.2	17	13.1	7.8	2.2	-1.3	7.6
美国盐湖城	1432	416	-1.7	0.6	5.3	10	14.5	20.3	24.7	24	18.2	11.3	4.7	-0.2	11.0
美国圣保罗	278	701	-11	-9.3	-1.7	7.5	14.7	19.8	22.4	20.8	15.9	9.0	0.1	6.8	6.7
中国哈尔滨	171	553	-19.7	-15.4	-5.1	6.1	14.3	20	22.7	21.4	14.3	5.9	-5.8	-15.5	3.6
中国吉林	183	610	-18.4	-14.4	-4	6.7	14.8	19.8	22.8	21.6	14.7	6.9	-4.1	-13.4	4.4
中国呼和浩特	1063	426	-13.5	-9.3	-0.4	7.7	15.2	20	21.8	19.9	13.8	6.5	-3	-11.4	5.6
中国碥口	1055	148	-11	-7.1	0.9	9.4	16.9	22	23.8	21.8	15.8	7.7	-1.7	-9.4	7.4
中国酒泉	1477	82	-10	-6	2.1	9.3	15.7	20.4	22.2	20.8	15.1	7.3	-1.5	-8.1	7.3
中国银川	1111	205	-9.2	-4.0	2.0	10.4	17	21.4	23.5	21.6	16.1	9.0	0.6	-7.0	8.5
中国哈巴河	532	302	-12.9	-10.7	-1.8	8.3	15.0	19.9	21.9	20.5	15.0	6.5	-2.7	-10	5.8

（续）

国别地名	海拔（m）	年降水量（mm）	气温（℃）												
			1	2	3	4	5	6	7	8	9	10	11	12	全年
中国塔城	548	302	−12.9	−10.7	−1.8	8.3	15.0	19.9	21.9	20.5	15.0	6.5	−2.7	−10	5.8
中国伊宁	662	263	−9.9	−6.5	2.9	11.7	16.6	20.4	22.5	21.6	16.9	9.1	0.1	−6.6	8.2
中国奇台	796	180	−18.8	−15.4	−3.4	8.8	16.2	21.4	23.7	21.9	15.4	5.8	−5.7	−15.3	4.5

表3　甜菜加工期逐月甜菜品质及出糖率

项目	含糖率（%）							菜丝纯度（%）							产糖率（%）						
月份	9	10	11	12	1	2	3	9	10	11	12	1	2	3	9	10	11	12	1	2	3
1981—1995	16.3	15.74	16.42	16.4	16.45	16.15	15.9	83.5	83.77	83.82	83.89	83.89	83.95	83.18	11.1	12	12.45	12.37	12.37	11.82	11.22

统计单位：新疆石河子糖厂。

2　迅猛发展的甜菜形势

2.1　效益领先

衡量一个国家（地区）糖业的真实水平应是实际亩产糖量数，它客观地反映了甜菜产量、含糖率、纯度、保藏及工艺提取等综合水平。通过"七五""八五"期间对我国有关甜菜产区亩产糖量统计调查，表明新疆甜菜亩产糖量达269kg，位于全国首位，为全国甜菜产区平均水平的215%，比甘肃、内蒙古、黑龙江分别高出25.1%、73.4%和263%，详见表4。

表4　新疆与有关甜菜产区亩产糖量比较

省区　　年份项目	1985—1994年（kg）			1995—1996年（kg）	
	亩产糖量	年变幅	比CK±%	亩产糖量	比CK±%
新疆	269	160～550	215	268	214
甘肃	215	140～330	172	201	160
内蒙古	155	80～270	124	131	104
黑龙江	102	50～110	81.6	88	70
全国平均	125			125	

2.2　重视甜菜

由于新疆自然资源优势远大于国内其他甜菜省份，在经济作物上甜菜仅次于棉花，为第二大作物，又有较好的灌溉条件和较高的机械耕作水平，因此在相当长的时期内新疆甜菜产量水平仍将高于其他省区；制糖企业和广大农民都能获得好处。尽管在甜菜发展中仍有困难，但稳步增长的格局不会改变。

2.3　大上趋势

根据"九五"新疆制糖工业及甜菜生产规划，至2000年全疆糖厂23座，日加工能力达47500吨，播种面积230万亩。其中地方糖厂15座，日加工能力31250吨，播种面积160万亩；兵团8座，日加工能力 16250 吨，播种面积为 70 万亩。在地区间伊犁州的伊犁、塔城、阿勒泰发展最快。

2.4 农牧结合

新疆发展甜菜糖业，一直得到党中央国务院的重视和正确领导。1956 年国务院决定创立新疆甜菜糖业基地，当时考虑战略布局的主要依据是，新疆自然气候条件适合种植甜菜，又是我国重要的牧业基地。发展糖业既可为国家提供食糖，又能提供大量饲料，转而促进农牧业的发展。正是这种农牧紧密结合的大农业战略思想，形成新疆大农业的良性循环，从而使新疆甜菜事业方兴未艾。

3 存在问题

3.1 糖分下降

甜菜含糖率是甜菜生产中一项重要指标，进入 90 年代以来，新疆甜菜含糖率普遍下降，其中南疆焉耆地区达历年最低值，下滑最大，引起全疆上下深思和关注。60 年代新疆甜菜含糖率为 18.19%。进入 70 年代以来甜菜单产平均为 1174kg、含糖率 17.5%。进入 80 年代甜菜单产平均为 1970kg，比 70 年代提高 67.8%，含糖率 16.5%，下降了 1 度。到了 90 年代甜菜单产平均为 2565kg，比 80 年代提高 30.2%，含糖率比 70 年代下降 2 度，比 80 年代下降 1 度，见表 5。含糖率下降困扰了糖业的发展。石河子资料表明甜菜含糖率每 5 年下降 1.1~1.8 度，菜丝纯度下降 0.6%~2%、工艺损失增加 0.14%~0.54%，产糖率减少 1.21~2.18 个百分点，见表 6。甜菜含糖率下降是一面镜子，它反映新疆在甜菜种植制度、土壤肥力、病虫防治、品种使用、群体密度等方面尚存在一定问题。

表 5　新疆 20 世纪 70~90 年代甜菜产质量情况

年份 ＼ 项目	单产(kg/亩)	含糖率(%)
1970—1980	1174	17.5
1981—1990	1970	16.5
1991—1995	2564	15.5

表 6　石河子甜菜品质、工艺损失与产糖率关系

年份 ＼ 项目	甜菜含糖率(%)	菜丝纯度(%)	工艺损失(%)	产糖率(%)
1981—1985	16.96	84.64	3.76	13.24
1986—1990	15.78	84.02	3.90	12.03
1991—1995	15.10	82.64	4.30	11.06

3.2 病害加重

新疆 20 世纪五六十年代甜菜病虫轻微，干旱年份白粉病较重。随着种植年限增加重蹈一些老种植区的覆辙，一些病虫害猖獗，有的地区多种病虫害同时发生。例如南疆焉耆黄化毒病、褐斑病、白粉病三病齐发。据当地调查，黄化毒病发病率可达 70%~90%，褐斑病重区病情指数达 64，白粉病发病率达 60%，由于病害暴发致使该地区甜菜产量和质量下降，糖厂企业经济亏损，见表 7。

表7 焉耆垦区1991—1995年甜菜产质量及产糖率情况

年份	单产（kg/亩）	含糖率（%）	亩产糖量（kg）	产糖率（%）
1991	2670	16.82	449	12.07
1992	2715	16.52	448	12.39
1993	2870	17.03	488	12.63
1994	3095	14.6	451	10.72
1995	3204	13.3	426	9.84

近年来在新疆暴发的病害主要有褐斑病、黄化毒病、白粉病、根腐病、丛根病，这就要求各产区在轮作、栽培、植保、品种等方面采取综合系列措施，在品种上则要求引进和培育多抗品种。

3.3 品种退化

随着新疆甜菜种植年限增加和病害逐年加重，新疆原有从前苏联种质资源引伸出来的品种已不适应在本地区种植。例如褐斑病已成为新疆的主要病害。在一些种植时间长的地区，因病减产15%~20%，含糖量下降1~2度，在重病区更是下降严重，有的含糖低、木质化，无加工价值。如果继续沿用新疆地区老品种，只能造成更大的减产，近年来新疆各地的实践已证明了这点。甜菜品种抗性最终要追溯到它的亲本抗性。例如原苏联的B—020、P—632和波兰CLR相比，根据我国8个省（区）25个科研单位20年来760项试验综合鉴定，抗褐斑病强度分级分别为10级弱、正9级和5级弱。为什么苏垦8312品种抗褐斑病强，主要是因为它的母本成分为CLR。

3.4 栽培粗放

新疆甜菜产量高于国内其他产区，一方面和多年来不断改进栽培措施有关，这是新疆的主流。另一方面是和新疆气候优势分不开的。往往是后者优势掩饰了前者存在的问题。例如在种植密度上长期以来每亩在4000株左右，比适宜密度要少20%以上。施肥种类偏氮轻磷，氮磷比在1：0.3~0.5以上，与1：0.8~1尚有很大距离。在病虫防治上，例如防治褐斑病仍沿用多菌灵、托布津，很少有人研究抗药性和现有防治效果。在地膜栽培上虽推行了较大面积，但缺乏系列配套技术，以至于出现产量和含糖负相关，反过来制约这项极有推广前途的增产措施。再如究竟新疆良繁体系如何搞，如何实行采种与原料种植分开，如何坚持两条腿走路，目前认识不尽一致，缺少一个好的规划与操作规程。所有这些都有待于改进提高，这个差距也是新疆最大的增产潜力。

4 切实抓好甜菜十项措施

4.1 轮作制度

国内外实践都表明甜菜种植要严格遵循4~5年轮作制，这是因为合理轮作有利恢复地力，可以抑制病菌繁殖，减轻病害。根据调查，重茬地较5年轮作地块褐斑病增加16.8%，迎茬地11.4%；重茬地丛根病发病率较5年轮作增加22.5%，迎茬地增加13.2%；重茬地根腐病较5年轮作地块发病率增加15.2%，迎茬地增加9%。新疆实践也表明，重迎茬给甜菜带来严重减产。如塔城地区因重茬减产10%~35%，含糖量下降1.2~2.8度。重迎茬还会增加感染丛根病的机会，即使一向以有机肥高投入的伊犁奶牛场也难逃厄运。为了新疆甜菜经久不衰，各个甜菜产地必须对此统一规划建立种植制度。

4.2 使用良种

品种是甜菜增产的第一要素，这已成为育种、生产、企业部门的共识。什么样的品种是适合新疆地区的良种，我认为有4条标准。首先是适应性强，适应新疆自然条件(纬度、海拔、气候、土壤、栽培等)，例如我国引进波兰CLR材料，后经中国加倍成CLR(4X)特别适合在干旱盐碱地区种植，在新疆种植的苏垦8312、工农302等品种都有这一成分。其二是抗病性强的品种，当今良种标准就是具有抗病强度。在新疆要有由抗褐斑病、黄化毒病、白粉病、根腐病、霜霉病和丛根病成分组成的品种，至今在国内外品种中没有发现一份全抗品种，但存在抗某一病害或多抗品种。如德国KWS 9103抗丛根病并不抗褐斑病；丹麦HB抗褐斑病和霜霉病；苏垦8312抗褐斑病、白粉病、霜霉病，较抗黄化毒病。其三是特征性状好。如叶丛直立、块根光滑、青头小、含糖高、纯度高。这不仅对农民有利(如合理密度植必须选择叶丛直立的品种)，而且对工厂有利(如根体光滑品质良好的甜菜利于糖厂保藏和加工)。其四是实际产糖率高。选用不同品种其加工效果是不一样的。有的10吨菜出1吨糖，有的8吨菜出1吨，对于一个企业来讲这是不能不讲究的。一个地区选择什么样的品种这是决策者本身的事，但要严格遵循农业生产试验、示范、推广的路子，不能一时心血来潮。

4.3 良种体系

良种选育和繁殖应该是一个完整相联的体系。对于新疆来说可以走异地繁殖和本地繁殖相结合的路子。以苏垦8312为例，鉴于江苏和新疆为合作伙伴关系，江苏农垦专门为新疆等西北区建立万亩繁种带，在那儿繁殖由于水旱轮作远离原料区及江苏优越气候条件所产的种子抗病强。同时选择本地干热风轻的地区，如首先在伊犁河谷进行制种，今后博尔塔拉河谷、额尔齐斯河谷、塔里木盆地西部、天山北麓东部行否待查。

甜菜制种繁殖一个原则就是远离原料区，这已为国内外实践所证实。在新疆繁殖原料区与采种区应相距30~50km，而不是有的同志所提的1~2km，因为那样迟早还是要出大问题的。内蒙古土默特右旗甜菜黄化病大暴发后，内蒙古同志认真总结经验，将采种全部移至非甜菜栽培区，随之该地甜菜黄化病发病率明显下降，由50.1%降低到5%。

随着新疆甜菜品种多样化，江苏新疆将紧密合作、协作、攻关、互利互惠、共创辉煌。

4.4 地膜覆盖

在我国西部地区推广地膜栽培这是由国情决定的，新疆等地早春低温干旱以及一些地区生育期不足，采用覆膜保护措施，可使其产量和质量再迈一个新台阶。地膜覆盖的核心是掌握住甜菜壮龄期与当地光辐射量最强时期吻合一致，这样净同化率高必然带来甜菜大幅度增产，其增产幅度高低决定于栽培因子的综合应用。如轮作倒茬、播种适期、群体密度、优良品种、病虫防治、施肥灌溉、覆膜形式及揭膜时间等。一般来说地膜覆盖要严格4年轮作制，播期3月下旬4月初即掌握整个生育期在180天；群体收获密度在每亩5000~5500株，品种应选择叶丛直立型的；及时防治病虫，特别是蚜虫；要施足有机肥防止早衰；在灌溉上特别要掌握好头水和末水的时间；在新疆地区推行博州的沟播覆膜法其效果可能比其他方式强；揭膜时间放在6月末7月初。

4.5 提早播种

国内外的实践一再表明，甜菜生育期达到 180 天其产量含糖和品质都高。多年来新疆摸索到一种成功的办法，即 3 月末 4 月初气温达到 5℃时，当早春积雪融化即进行顶凌播种。早播甜菜到 5~6 月时正值基本功能叶(11~20 片)，此时处于光辐射量高峰期，二者相遇，达到了黄金时期净同化率高的目的，故而丰产高糖。

4.6 防治病害

新疆病害防治比之虫害更为棘手。其中给甜菜造成损失最大的是褐斑病、黄化毒病、白粉病及丛根病。病害的发生与轮作、施肥、隔离区等休戚相关。病害发生严重的地块往往是重迎茬地区。病害发生重的地块查其地力往往营养比例失调，多半缺磷元素。黄化毒病严重地区十有八九是采种、原料混在一个地区所致。在防治上应采取"综合防治、防重于治"的方针，包括培育引进抗病品种，农业措施和药剂防治。

甜菜病害发生是很迅猛的，以褐斑病为例，在 70 年代，当人们大谈新疆抗褐斑病优势时，谢家驹先生 20 年前发表的《甜菜褐斑病抗病强度分级的研究》一文中写到："新疆石河子地区褐斑病的发生和蔓延决定于病源和灌溉情况。该地五年内病情指数，1960 年属一级病区，1961 年二级、1962 年三级、1963 年五级、1964 年四级。由此可看出一个问题，即在刚试种头三年病害很轻，以后随着面积扩大病源增多，病情就从原来一、二级上升至四、五级了，此情况值得很多新甜菜区警惕"。时过 20 年新疆也成为褐斑病发病较重省区之一。还是以褐斑病为例，新疆的甜菜褐斑病药剂防治现在仍在使用多菌灵、托布津，究竟有多大效果我表示怀疑。我在 70 年代江苏试验示范时，一、二年比对照增产 72.8% 和 63%，三、四年仅 18.3% 和 8%，五年完全失效。建议新疆使用百菌清和有机锡以提高防治效果。

新技术总是层出不穷的，有资料介绍山东大学植物防治研究所新型农药植物病毒防治剂(TS)，以 2000 倍浓度对防治丛根病有效。北京绿野农业技术开发公司丁正熙先生研制的"双、多悬浮剂"(重茬剂 1 号)在苗期灌根对重茬西瓜等作物有效。和品种引进一样，不妨走一走试验的路子。

4.7 群体密度

新疆甜菜种植密度由于长期受"个大、好收、好交"思想禁锢，极大地限制产量和质量的提高，随着禁区冲破，国内外先进经验流入，这一差距就会转化为甜菜产质量的大提高。世界上单产最高的法国，甜菜收获亩株数为 5300~6000 株，邻近的甘肃多年来收获株数多在 5000~6000 株，新疆自身的试验、示范亩密度均在 5000~5500 株为好。因此新疆甜菜要想获得丰产高糖就得下功夫留苗 5500~6000 株，确保收获株在 5000~5500 株。当前一项重要的措施就是缩行增株，改原来 60cm 行距为 45~50cm，株距在 25~30cm。这一措施的推行，则能使甜菜个体与群体在根系吸收和光能利用上更趋于合理。根据塔城地区采用 50cm 行距较 60cm 行距产量提高 10%~17%，含糖量提高 0.5~1.2 度。随着群体增加，为充分提高光合效率，在品种选用时要选用叶丛直立的品种。

4.8 科学施肥

据测定：甜菜对氮、磷、钾的摄取量比一般禾谷类氮多 1 倍、磷多 1.5 倍、钾多 3 倍。随着甜菜种植年限增加，以大量元素氮、磷为例，内蒙古曾作测定，50 年代氮磷比 1：2.63；70 年代 1：0.6；

80年代1∶0.1。又根据多年偏施氮不能配合施用磷钾及其他营养元素的调查发现，50年代每施0.5kg有效氮，可增产73.5~88kg；而70年代仅能增产20.75~46.5kg了。随着目前新疆测土技术开展也得出类似的结论。从调查新疆氮磷比的现状均在1∶0.3~0.5，似应以1∶1为好，有的地区1∶1.5效果会更好些。

根据新疆偏施氮的情况我感到有两个问题需再提及。一是了解氮磷在甜菜不同生育期占总量的百分比，二是适期早追氮肥的效果，详见表7和表8。

表7　氮、磷、钾在甜菜不同生育期占总量的%(前苏联资料)

占总量的% 养分 \ 时期	生育日期						
	50天	70天	95天	115天	130天	150天	155天
氮	20	54	72	91	98	100	91
磷	13	35	50	66	74	98	100
钾	16	46	53	72	73	73	100

表8　不同时间重施氮肥与甜菜产量和质量的关系

	单产		含糖情况				亩产糖量	
	(kg)	60天较90天±%	含糖(%)	60天较90天±%	菜丝纯度(%)	60天较90天±%	(kg)	60天较90天±%
双丰5号(60天)	3200	126.7	15		88	+5.4	480	126
双丰10号(60天)	2600	115.5	17	+2	90	+5	442	131
双丰305号(60天)	3425	131.7	16.8	+2.1	88.4	+3.3	567	148
双丰5号(90天)	2525	100	15		82.6		378	100
双丰10号(90天)	2250	100	15		85		337	100
双丰305号(90天)	2600	100	14.7		85.1		382	100

试验地点：1978年江苏黄海农场。

从表7、表8不难看出氮肥应适期早施以取得丰产高糖高纯度的效果。磷、钾肥可通过种肥追肥及后期根外喷肥以取得很好的使用效果。

4.9　适期收获

甜菜收获不仅要测定含糖率而且应当测定其纯度。所谓纯度，即品质优良率，比值越高则不纯物越少，制糖时收回的糖越多。通过1975—1981年江苏4个不同榨期甜菜含糖、纯度与出糖率的关系说明纯度应是甜菜工作者追求和创造的一项重要指标，见表9。

表9　甜菜含糖、纯度与产糖率关系

榨期	含糖率(%)	菜丝纯度(%)	糖浆纯度(%)	产糖率(%)
1975—1976	14.7	77	84.5	9
1977—1978	19.2	86.7	90.11	12.3
1978—1979	17.9	78.6	86.6	10.5
1980—1981	20.0	89.1	91.8	14.5

测定单位：江苏连云港东辛农场。

据有关测定，春播甜菜生长100天的纯度为65%，110天为68%、120天为71%、130天为74%、140天为77%、150天为80%、160天为83%、170天为86%。在收获期上尽可能使根重、含糖、纯度增长到最大限度，即使提早收获其中甜菜纯度指标最下限也得在80%以上，否则将会给制糖生产带来莫大损失。在新疆糖厂的开榨期除北部早冻地区可在9月下旬外，其余仍以10月上旬为好。

4.10　保藏技术

从表2可以看出新疆与国内外甜菜产区相比由于冬季漫长从而具备冻藏加工的优势。在北疆大部分地区实行冻藏，在南疆主要搞暖藏。前者的关键是充分利用低温，使甜菜在较短的时间内将细胞冻死，停止呼吸，其堆内温度控制在−12℃以下，贮藏末期冻甜菜控制在−6℃。后者适应冬季前期气温高、早春气温回升早的地区。将其甜菜堆内温度控制在±3.5℃，同样成功。新疆额敏糖厂的冻藏、湖光糖厂的暖藏等经验很为宝贵，值得推广。

参考文献

［1］谢家驹. 甜菜技术手册［M］. 内蒙古自治区科学技术协会，内蒙古农牧科学院农业研究所，1964.

［2］谢家驹. 甜菜褐斑病抗病性强度分级的研究［J］. 甜菜糖业，1975(4).

［3］徐德源. 新疆农业气候资源及其区划［M］. 北京：气象出版社，1989.

［4］张天让，陈登科. 土默特地区甜菜产量下降原因调查研究(1985年1月).

［5］曲文章，虞德源. 甜菜良种繁育学［M］. 重庆：科技文献出版社重庆分社，1990.

［6］张守谆. 开发西北甜菜生产前景广阔［J］. 中国糖料，1996(2).

西北荒漠地区甜菜增产潜力的研究

■虞德源(江苏省农垦大华种子集团公司,南京市 210008)

■本文发表于《中国甜菜》1999(1)

提要 本文对我国荒漠干旱地区甜菜分布及生态相似区域进行初步分析,并就挖掘其生产潜力的品种选择、良种良法、育繁地域等问题进行探讨研究。分析研究表明,这是西北糖业建设中一项富有开发价值的课题。

关键词 甜菜,西北荒漠,增产潜力

1 西北荒漠甜菜地区及生态相似范围

1.1 我国荒漠气候土壤地区范围

根据前苏联卓西莫维奇将糖用甜菜划分西欧、滨海、东欧、森林草原以及西伯利亚森林草原和北美气候型 5 个气候型(每一气候又可划分若干生态型)以及按我国干湿等不同地域土壤类型划分,我国主要甜菜产区按行政区划分归纳为,东北三省属湿润、半湿润的森林草原气候土壤类型;内蒙古由半湿润、半干旱和干旱荒漠草原气候土壤类型组成;甘肃、南疆属干旱荒漠气候土壤类型;而北疆、宁夏、山西、陕西等地则属于半干旱、干旱的荒漠草原气候土壤和高山气候土壤类型。按世界气候型及我国干湿地区划分西北荒漠地区主要归属北美型气候型,它由新疆、甘肃、内蒙古西部、宁夏以及山西、陕西等省区组成。它的地域主要包括准噶尔盆地和北缘山地、天山山地、塔里木盆地、阿拉善高原等地。以气候类型划分这一地区属中温带干旱区、荒漠草原气候、暖温带荒漠气候。著名的气象学家对这一地区划分归类为(竺可桢)新疆类、(卢鋆)蒙新荒漠类、(涂长望)内蒙古新疆类、(张宝堃)蒙新区,我倾向竺可桢新疆类的提法。这一地区几乎是世界同纬度降水量最少的地区(全疆降水量按面积计算平均为 147mm,约为华北地区的 1/4,长江流域的 1/7),虽然这一地区甜菜由 20 世纪 60 年代才发展起来,但潜力巨大,近几年来西北地区已超过东北、华北甜菜区,成为我国甜菜产糖量最高的地区,如新疆产糖量已连续 3 年荣登甜菜糖的榜首。

1.2 以新疆伊宁为中心生态相似区

目前新疆甜菜糖占我国甜菜糖 34.3%,而新疆甜菜区主要分布在北疆,北疆的重点在伊犁地区,该地区现有 8 座糖厂,占全疆一半。以伊宁为中心进行生态相似分析对指导西北糖业生产具有现实意义。为挖掘生态资源(通过不同学科交叉融合产生增长,让它 1+1>2),我与中国农业大学资源与环境学院魏淑秋教授合作,利用其生物引种咨询信息系统进行以下分析。以新疆伊宁市为中心与各地气候相似图相似距(0.3)划分可看出(在相似距取用上以 1 级为准,即相似距为 0.3 以下,作物种类、种植制度基本相同,可作为直接引种地区。而 2、3、4 级相似,仅作为间接引种与驯化地区),与伊宁处于 1 级相似的有新疆的精河、塔城、哈巴河、阿勒泰、米泉、乌鲁木齐、拜城、轮台、乌恰、温泉、博乐、托里、富蕴、奇台、达板、和静、托克逊库米什、库尔勒、阿合奇、柯坪、巴楚、喀什、莎车、皮山、和田、于田、民丰、若羌、尉梨铁干里克、哈密、阿克苏;甘肃的敦煌、安西、玉门镇、酒泉、金塔、靖远、张掖、民勤;内蒙古的阿拉善右旗、额济纳旗、阿拉善

左旗、临河、乌拉特中旗、乌拉特后镇、达尔罕茂明安联合旗、二连浩特、苏尼特右旗；宁夏的银川、中宁等地。以新疆伊宁为中心与世界各地气候相似图相似距(0.3)划分可看出，与伊宁处于1级相似的有美国西中部地区内华达州，爱达荷州、华盛顿州、科罗拉多州、犹太州、俄勒冈州及加利福尼亚州的博伊西、盐湖城、丹佛、大章克申、奥克兰等13个城市；有俄罗斯、哈萨克斯坦、乌兹别克斯坦的图尔盖、舍甫琴柯堡、罗斯拉夫、钦拜、塞米巴拉金斯克等9个城市；亚洲伊朗的马尔顺、阿富汗的喀布尔、土耳其的安卡拉、伊斯坦布尔；欧洲的西班牙萨拉戈萨、马德里、法国巴黎；在南半球处于1级相似的还有阿根廷的特雷利乌、门多萨、马金乔等6个城市，澳大利亚的福雷斯特、阿得雷特等5城市以及南非开普敦等3城市。

从与伊宁生态相似的国内外分布市点来看，可初步得出以下几点：①通过相似图勾勒出一个西北适宜甜菜引种和布局范围，例如适合在伊宁种植的甜菜品种同时也适合在新疆、甘肃、内蒙古巴盟、宁夏等50个市县(旗)种植。推而广之也适合在美国、欧洲、亚洲等34个地方种植。②从品种资源角度看，引进美国、东欧及中东地区的品种直接成功率高。③伊宁是我国也是世界甜菜高产高糖区之一，新疆尚有一些地区可开发利用，同时开发类似伊宁地区对21世纪世界同类地区的(尤以南半球甜菜适宜地区)糖业发展具有重要的借鉴作用。

1.3 以甘肃酒泉为中心生态相似区

甘肃与新疆生态相似，其甜菜产量和含糖也相仿。酒泉糖厂是甘肃日处理规模较大的一个糖厂，其原料生产在国内颇有名气。以酒泉为中心进行国内外生态相似比较，对验证以伊宁为中心发展糖业所延伸的观点颇有启迪意义。以甘肃酒泉为中心与各地气候相似图相似距(0.3)划分，可看出与酒泉处于1级相似的甘肃有金塔、张掖、玉门、安西、敦煌、民勤、靖远等市县；新疆有伊宁、精河、温泉、博乐、托里、塔城、吉木乃、哈巴河、富蕴、青河、奇台、米泉、乌鲁木齐、和静、库尔勒、轮台、拜城、哈密、伊吾、尉犁铁干里克、阿克苏、阿合奇、柯坪、巴楚、乌恰、喀什、莎车、皮山、和田、于田、民丰等市县；内蒙古有额济纳旗、阿拉善左旗(临河)、乌拉特后旗、乌拉特中旗、达尔罕茂明安联合旗、二连浩特、苏尼特左旗等市(旗)；宁夏有银川、石嘴山、盐池、中宁等市县。以中国酒泉为中心与世界各地气候相似图以相似距(0.3)划分可看出，与酒泉处于1级相似的有美国西中部地区内华达州、爱达荷州、华盛顿州、犹他州、俄勒冈州、加利福尼亚州的温尼马卡、博伊西、斯波坎、盐湖城、大章克申、梅德福、圣玛丽亚、奥克兰、圣迭戈等12市；有俄罗斯、哈萨克斯坦、乌兹别克斯坦的巴尔喀什、图尔盖、钦拜、舍甫琴柯堡、塞米巴拉金斯克等9市；亚洲伊朗的马尔顺、阿富汗的喀布尔、埃及亚历山大、克什米尔的列城以及欧洲西班牙的萨拉戈萨、马德里等市；还有南半球阿根廷、智利的特雷利乌、内乌肯、德塞阿多港、安托法加斯塔等7市、新西兰的凯塔瓦以及南非的开普敦等市。

从与酒泉生态相似的国内外分布市点来看，可初步得出以下几点：①酒泉与伊宁相似，甘肃与新疆相似，酒泉、伊宁、磴口、银川相似。甘肃、新疆、内蒙古西部、宁夏四地区相似，行政上划分为四个省区。从甜菜生态相似角度看这是我国西部最适甜菜带，其生产比例占我国甜菜糖的60%以上。②从品种资源角度看与伊宁相似，当以美国、东欧的为主。③酒泉原料区宜向西发展，玉门、安西、敦煌、肃北将成为理想甜菜产区，在这个意义上酒泉糖厂将大有作为。④做了伊宁、酒泉为中心与国内外生态相似比较，眉目已清，西北甜菜适宜带的其他地区可从中得到重要启示。

2　西北甜菜增产潜力的几个问题

2.1　适合荒漠地区的甜菜品种研究

甜菜原料是糖厂的第一车间，而甜菜品种又决定原料的命运。在研究西北甜菜增产潜力中品种为第一要素。要培育一个适应性强，丰产优质抗病的甜菜良种要着眼于从甜菜生态大背景处去挖掘品种资源潜力，从精选配置上下功夫培育综合性强的特色品种。我国甜菜品种资源都是从国外引进的。如新疆多半从前苏联引进，而内蒙古等省区则从波兰等国引进。众所周知甜菜育种周期长更换品种难，故一个地区品种资源，由于上述原因往往带有很大的局限性。新疆自育的新甜号、石甜号的亲本品种均来源于前苏联，前苏联由于与新疆同处于内陆荒漠地带，故甜菜适应性广，产量高。鉴于新疆为灌区生产，自 20 世纪 80 年代以来甜菜褐斑病、黄化毒病和丛根病加剧发展，致使产量徘徊，含糖下降，故在品种资源上要有个突破方能适应生产发展。内蒙古甜菜资源多半从波兰的 CLR. P. AB 等品种资源中选材进行系选、杂交、加倍、配组成新品种。所育的品种抗褐斑病，含糖较高，适应性广泛，对内蒙古甜菜生产起了一定推动作用。甘肃、宁夏甜菜育种与内蒙古密切，如甘糖 1 号、工农 2 号等品种进行选育。作者认为波兰品种在含糖抗病上著名于世，但在丰产性上不如美国、前苏联等品种。因此在育种材料来源及方法上都有待于改进。纵观世界内陆荒漠地带的甜菜品种资源，作者以为不断充实美国品种资源实属重要。本文已从以上中国新疆、甘肃与美国西中部生态相似的角度肯定其在甜菜上的战略地位。美国虽在育种上晚于欧洲，但该国注重抗病育种，又从世界各地引进充实自己，一些育成品种对我国西部适应性强。作者于 80 年代初从中国农业科学院国外引种室获得一些美国品种资源，特别开发了 Hy 系统，与波兰 CLR（四倍体）系统结合选育成国家级新品种——GS 苏垦 8312。在品种育种过程中通过不断改进，多缘杂交、品系开发、仔细加工、组合调配，使之适应不同年份与地区，从而延长甜菜的有效使用期。GS 苏垦 8312 其中重要基因为 HYE_2，该品种叶丛直立、叶寿命长，抗褐斑病、曲顶病等，根体长，青头小、耐旱、产量高、含糖量高。其育种地点位于美国科罗拉多州丹佛北部、洛杉矶东部，东部高寒干燥，夏季炎热少雨，年降水量 30~40mm，依靠洛杉矶雪水进行农田灌溉。其西北为近似盐渍化土壤。这些自然条件与我国新疆、甘肃、内蒙古西部、宁夏等西北甜菜适宜带相似，这是 GS 苏垦 8312 之所以能成为新疆等地甜菜主体品种的环境条件依据。

在研究适合荒漠地区甜菜品种时应在追求甜菜综合性能强上下功夫，即甜菜品种产量、品质（含糖、纯度等），抗逆性（抗病、抗旱、抗盐碱等），适应性（品种推广区域等）及杂交率（如普通多倍体的三倍体率）等 5 个方面，这是唯一衡量其价值的标准。当前要克服我国在甜菜品种上所出现的一些片面。如一些单位过分追求数量型，而真正在生产上发挥作用的品种屈指可数。又如在使用品种上顾此失彼，往往注意单一抗性（比如抗丛根病）而忽视其他病害。再如盲目进口与我国生态不相似的国外品种（特别是欧洲品种），致使一些糖厂亏本倒闭。还有一点要提及的，这不仅反映在国外品种上，同样也反映在国内品种上，我国西北部、东北部品种在使用上同样存在差异。我国甜菜品种有含糖高、抗褐斑病、适应性较广的特点，在此基础上针对性强地在生态相似范围内不断充实有利的丰产抗病基因，不断探索新的育种方法（如在多倍体品种培育中，在四倍体亲本选择选用含糖率高、抗性强、花期全遇的材料通过杂优组合大幅度提高产糖量等）。应该说中国甜菜品种的振兴指日可待。

2.2　甜菜良种良法配套应用的前景

要做好甜菜增产文章，良种是上篇为基础，良法是下篇为延续，二者密不可分。根据新疆等地的实际情况，作者认为有下列问题值得研究：光辐射量的分布、甜菜适期早播、甜菜群体密度、氮肥早施效应等。

2.2.1　光辐射量的分布

甜菜增产的关键是提高甜菜叶片的光能利用率，即净同化率 NAR。净同化率的提高要求甜菜具有最大的叶面积，且叶片正处于功能最强的壮龄期（甜菜第 11~30 片为基本功能叶），在此时期正是当地光辐射量最强的时期，这两个时期的配合称为"黄金时期的净同化率 NAR"。

根据谢家驹、陈多方先生对内蒙古、新疆的研究，光辐射量的高峰期在 5 月份及其后的两个月（表 1）。在良法上将甜菜生育期提前，尽可能的将最大叶面积和壮龄期出现在 5、6、7 月份，达到"黄金时期"。特别是诸多环境因子（如播期、密度、品种、灌溉、病虫害防治、营养肥料等）实行最佳配合，其配合数量最适，时间最长，增产效益亦就最高。

表 1　新疆不同地区、月份光辐射（$MJ/cm^2 \cdot$ 月）

地点	4 月	5 月	6 月	7 月	8 月
伊宁	276.3	347.5	360.1	376.8	330.8
塔城	280.5	355.9	372.6	372.6	334.9
阿勒泰	281.7	355.9	372.6	368.4	322.4
库尔勒	306.4	385.2	401.9	401.9	372.6
乌鲁木齐	263.8	330.8	339.1	347.5	314.0

2.2.2　甜菜适期早播

国内外的实践一再表明，甜菜生育期要达到 180 天其产量和品质均高。多年来新疆等地摸索到一套成功办法，即 3 月末 4 月初气温达到 5℃时，当早春融化即进行顶凌播种。在地膜运用上采用沟播覆膜法（此法在地膜下形成微型"温室效应"，刚出土的幼苗在温暖湿润最佳的生育环境中，膜下的空气成为缓慢流动传热的缓冲层）。早播甜菜到 5~6 月时正值基本功能叶第 11~20 片形成期，此时处于光辐射量高峰期，二者相遇，从而达到黄金时期净光合同化率高的目的。

2.2.3　甜菜群体密度

西北甜菜种植密度由于长期来受"个大、好收、好交"思想禁锢，极大限制产量和质量的提高，随着禁区冲破，观念更新，国内外先进经验流入，以及自身试验示范展开，群体密度渐趋合理。世界甜菜最高的法国收获株数为每亩 6000 株以上。甘肃多年来亩收获株数均在 5000~6000 株。现在新疆等地甜菜群体密度仅在每亩 4000~4500 株。根据高妙真等人研究，甜菜根重与含糖率呈极显著负相关（$r = -0.796$），但 500~1000g 重块根为根产量与含糖率兼优型。从甜菜丰产高糖出发主要增产潜力不在个体在群体。作为西北甜菜适宜亩群体种植密度在 5500~6000 株，当前重要的措施为缩行增株、增加深度和适宜品种。要改 60cm 行距为 45~50cm，株距 25~27cm（法国为 20cm），单株营养面积在 1000~1250cm²，这一措施推行，则能使甜菜个体与群体的根系吸收和光能利用更趋合理。同时要深翻土壤，使疏松层达到 25~30cm，因一般根长为 24~27cm。据新疆塔城地区改 60cm 为 50cm 后产量提高 10%~17%，含糖提高 0.5~1.2 度。在品种株型上要改匍匐的为直立的，叶丛直立的品种（如 GS 苏垦 8312、苏东 9201 等）适宜密植，光能截获率高，故而甜菜群体光合效应强。

2.2.4　氮肥早施效应

甜菜施氮时间极为重要。适期早施可使甜菜达到丰产高糖高纯度，晚施氮肥致使甜菜徒长低产低糖低纯度。早施氮肥，一般在苗龄 45～50 天（即甜菜第 11 片基本功能叶开始形成）。追氮后促使茎叶繁茂，一定绿叶面积的持续时间与 6、7 月份光辐射高峰期相遇，从而达到黄金时期同化率高的目的。反之晚施氮肥，如在苗龄 90 天，绿叶持续时间则与 7、8 月光辐射相遇，由于 8 月光辐射高峰期已过，净光合同化率（NAR）下降，甜菜产量和质量就低。作者早在 20 年前曾在江苏沿海黄海农场做过这方面试验，所揭示的规律至今仍起作用（见表 2）。从表 3 中可以看出特别是多倍体品种，如当年使用的双丰 305 品种，苗龄 60 天施氮比 90 天处理的产量提高 31.7%，含糖提高 2.1 度，菜丝纯度提高 3.3%，亩产糖量提高 48%。

2.3 不同地域甜菜繁种的评述

培育品种要以良繁为保证。根据我国甜菜制种实际情况在繁种上应走露地越冬和窖藏越冬相结合的道路，同时在良繁中要加强规划，建好基地进行计划生产。

江苏农垦大华种子集团公司通过多年探索创新，开辟了甜菜南育南繁北用的道路，在长江入海口南通沿岸地区建立育种基地，在江苏淮阴地区的白马湖、泗阳、宝应湖农场建立繁种基地，将育种良繁供种融为一体，确保甜菜品种真实性。多年来以批量化生产有力地支援了新疆等西北糖业基地的建设。在此地域繁殖的种子优势在于因与原料区相隔千山万水无病毒感染，为净化基地。同时甜菜进行秋栽和冬前栽，这一种植形式经测定下代原料产质量呈上升趋势（直播形式下代原料产量略有下降趋势，而春栽下代原料含糖率呈下降趋势）。但实践也表明，由于受地球变暖影响，甜菜制种局部年份有产量不稳的一面，因此它的供种不应成为唯一形式。新疆伊犁河谷是目前我国西部最好的甜菜窖藏越冬地域之一。充足光照和良好灌溉甜菜种子色好种大，产量高、成本低。所不理想的因同处原料区易感染病毒，还有稍一不慎农民将原料母根混栽其内再加之全部冬贮春栽。上述方面在一定程度上降低了甜菜的内在质量水平。前几年新疆焉耆地区出现的甜菜病害暴发糖分陡降以及尼勒克等地掺种横行就是一例。为甜菜制种健康发展，无论南北繁均只有定点、集中、规范生产，尽可能在生产、隔离条件好的农垦、兵团建立专一基地，唯此才能确保品种的遗传和播种品质。在繁种比例上南繁比例应大于北繁。北繁之间应减少调种以降低病毒感染的几率。考虑到受气候波动影响，用种单位应有一定的种子储量以备不测。

表 2 不同品种不同时间重施氮肥与甜菜产量和质量关系

天数、品名（处理）		单产		品质				亩产糖量	
		kg	60 天较 90 天±%	含糖（%）	60 天较 90 天±%	菜丝纯度（%）	60 天较 90 天±%	kg	60 天较 90 天±%
60 天	双丰 5 号	3200	126.7	15		88	+5.4	480	126
	双丰 10 号	2600	115.5	17	+2	90	+5	442	131
	双丰 305	3425	131.7	16.8	+2.1	88.4	+3.3	567	148
90 天（CK）	双丰 5 号	2525	100	15		82.6		378	100
	双丰 10 号	2250	100	15		85		337	100
	双丰 305	2600	100	14.7		85.1		382	100

参考文献

［1］曲文章，虞德源. 甜菜良种繁育学［M］. 重庆：科技文献出版社重庆分社，1990，310-319.

［2］虞德源，舒世珍. 从选育苏垦8312探讨甜菜引种规律［J］. 作物品种资源（农作物国外引种专辑）1993，161-163.

［3］虞德源. 中国甜菜露地越冬采种［A］. 中国首届国际甜菜学术交流会论文集［C］. 北京：中国农业科技出版社，1997，101-105.

［4］高妙真. 根重和含糖率关系的研究［A］. 中国首届国际甜菜学术交流会论文集［C］. 北京：中国农业科技出版社，1997，210.

［5］虞德源，孙长明. 加速发展新疆甜菜糖业的探讨［A］. 新疆灌溉甜菜高产高糖高出率综合研讨会文章汇编［C］. 1996.

［6］谢家驹. 甜菜地膜栽培增产机理的综合论述［A］. 新疆灌溉甜菜高产高糖高出率综合技术研讨会文章汇编［A］. 1996.

［7］西北师范学院地理系，地图出版社. 中国自然地理图集［M］. 北京：地图出版社，1984.

甜菜专家聚梨城交流高产高糖技术

■记者　蒙立国

■本文原载《兵团日报》1998年9月10日

本报库尔勒讯(记者蒙立国)　8月24日至27日,梨城库尔勒迎来了一批特殊客人,他们不逛城市,不进梨园,而是抱着浓厚的兴趣走进团场、乡村的甜菜地。

这批客人是区内外数十名甜菜制种、繁育、种植专家。他们此次相聚库尔勒,是专题进行新疆甜菜高产高糖良种良法配套技术交流的。

一本汇集着37篇甜菜种植、管理、良种繁育等方面内容的论文集,成了交流会上的抢手货。人们称它"从各个侧面展示了甜菜生产、制糖工艺的研究成果及经验总结,全面反映了自治区、兵团甜菜行业的理论与实践"。

8月26日,在二十一团、二十二团、焉耆县一块块甜菜地里,人们了解到苏垦8312、新甜号等甜菜不但具有较强的抗病性能,而且含糖高出其他品种,亩单产在5吨或5吨以上。

在一块块病死的甜菜地里,专家们还指出了甜菜种子、种植、管理上存在的问题,并提出改进办法。

兵团甜菜大面积高产雄冠全国——农二师7万多亩甜菜平均单产创纪录

■本文原载《兵团日报》1998年9月16日

本报库尔勒讯(记者蒙立国) 兵团甜菜平均单产2.685吨,比全国平均单产高出1.3吨;农二师7万多亩甜菜平均单产4吨,创全国甜菜大面积平均单产纪录。

这一喜讯,是不久前在库尔勒召开的有关会议上,国家轻工局、国家农业部农技推广中心的专家发布的。

在农二师二十一团一连、良繁连近2000亩的甜菜地旁,来自区内外的数十名甜菜专家喜上眉梢:这块地种植的是苏垦8312,预计平均单产在5吨以上。二十一团领导介绍说,去年该团甜菜平均单产达4.85吨。

一片赞叹声中,国家农业部农技推广中心农艺师稽莉莉告诉记者,如此大的面积,夺得这么高的产量,在我国甜菜种植史上是独一无二的。

据了解,目前我国甜菜平均单产只有1.2吨,远远低于兵团的单产水平。

据了解,近几年,兵团采用地膜栽培、选用良种、均苗密植、深翻深耕、高垄细灌新技术,使甜菜平均单产以年均递增1.6%的速度不断提高。

目前,兵团甜菜播种面积达60多万亩,播种面积仅次于棉花、油料,甜菜年产值(包括副产品产值)达4.7亿元。

并非是首丰收歌——对新疆甜菜生产的思考(上)

■记者 蒙立国

■本文原载《兵团日报》1998年10月21日

是喜是忧？一个重重的问号画在绿洲的土地上——兵团60多万亩甜菜平均单产达2.685吨，比全国1.2吨平均生产水平高出1.3吨。

农二师7万多亩甜菜平均单产4吨，创全国甜菜大面积平均单产纪录。

然而在兵团甜菜单产大面积增产的同时，甜菜的含糖量却在下降。据资料记载，60年代兵团甜菜含糖量平均达18.4%，70年代平均达17.57%，80年代达16.36%，进入90年代后下降到14%。

这是兵团甜菜种植史上实实在在的变化：产量在提高，甜菜的含糖量却在年年下降。兵团甜菜含糖出现了这种情况，自治区种植甜菜的单位也出现了这样的局面。

对此，有关人士提出，这一问题的出现，恰恰暴露出新疆甜菜种植管理存在的诸多问题，最集中表现在不进行合理轮作倒茬，不注重培肥地力，先进的甜菜生产管理技术未得到普遍认识等等。

新疆具有独特的自然资源，光热丰富，非常适宜甜菜生长和糖分的积累。新疆也抓住这一优势，大力发展甜菜生产，其种植面积及产量也由1982年名居全国第5位，跃居到目前的首位。

兵团是自治区甜菜生产的重要基地，从1959年至今，播种面积年均递增4.7%，单产年递增速度达到1.6%。甜菜产值(包括副产品产值)达到4.7亿元，占全兵团种植业产值的4%。

在这些成绩面前，我国著名的甜菜制种专家、江苏农垦大华种子集团公司总农艺师虞德源指出，总体上看，兵团甜菜种植面积和单产在逐年增加，其含糖量和管理水平，与全国相比，只是中上等水平。因此，应用甜菜高产高糖良种良法配套种植技术，应是主攻方向。

甜菜生产在非植棉团场，成了这些单位的主栽品种，也是主要经济作物。在这些单位采访，听到最多的话是，甜菜产量如何高，却很少听到人们去谈论含糖量的问题。

如何使甜菜走向丰产型与高糖型相结合的道路，有关专家指出，务必切实解决处理好这么几个问题。

第一，认识上的不足。很多生产甜菜的单位认为甜菜效益没有棉花效益好，没有从大局出发，是造成甜菜单产没有大幅度提高，甜菜含糖量下降的主要原因。

第二，没有足够重视甜菜的品种、生产管理，给甜菜生产带来了不应有的损失，致使先进的甜菜生产管理技术未被普遍认识，造成甜菜产区病虫害日益严重，含糖量逐年下降。

虞德源向记者介绍说，走甜菜丰产型高糖型的道路，合理密植是关键性技术措施，每亩密度达到5000至5500株，再有科学的管理措施，亩产量和含糖量分别可提高1吨和1度糖。

他通过多年的调查发现，新疆和兵团甜菜生产单位，目前每亩密度是在4000到4500株。他说这是产量不能大幅度提高，含糖量下降的主要原因。

虞德源提出的这些问题，得到区内外甜菜专家的一致赞同，也引起了甜菜种植单位的高度重视。

前不久自治区在库尔勒召开的新疆甜菜高产高糖良种良法配套技术交流会上，几十名区内外甜菜专家，为提高新疆的甜菜质量，对甜菜增产增糖提出了具体可行的办法。

专家们呼吁，新疆的甜菜生产并非是一首丰收歌，如不加强技术管理，引进优良品种，围绕高产、高糖基地建设，发挥工农业经济优势，实现规模经营，积极推广新技术，糖料生产将会出现一个可悲的局面。

今年 8 月底，记者在库尔勒部分甜菜种植单位看到，大片大片的甜菜在生长期就已死亡。

专家们告诉记者，这是不进行合理轮作倒茬，不注重培肥地力造成的结果。也是部分地区甜菜产量、含糖量较低的主要原因。

新疆种植甜菜有着得天独厚的自然条件，新疆的甜菜本不该有如此局面。作为我国甜菜糖料生产及种子生产的主栽区，新疆的甜菜生产应该早早唱出一首真正的丰收歌。

市场的呼唤——对新疆甜菜生产的思考(下)

■记者 蒙立国

■本文原载《兵团日报》1998 年 10 月 23 日

高产高糖才能有好的效益。这也是提高新疆甜菜生产的唯一道路。

每年都要花巨资请区内外专家到新疆指导甜菜生产的兵团种子公司经理闫旭成告诉记者,如果在甜菜生产上只作产量这篇文章,而忽略了含糖量,就不能真正提高甜菜生产的经济效益,因此需要两条腿齐步跑才能达到目的。

一份资料表明,如果甜菜的含糖量下降到 13%左右,就失去了加工的价值。

单产和含糖量同步提高,会是一个什么样的结局呢?

兵团计委经济师周霖算了这样一笔账:

农二师近 8 万亩甜菜,单产 4 吨,总产量 31 万吨,含糖接近 16%,产值 8000 多万元。对于一位职工来讲,种 1 亩甜菜按收购价每吨 280 元计算,产值千元以上,除去亩成本 400 到 500 元,亩收入 500 元,承包 50 亩地,收入 2.5 万元。

如果全兵团甜菜平均单产由目前的 2.685 吨,提高到农二师现在的亩产 4 吨,含糖量接近 16%的水平,可增加甜菜 90 万吨,产值 2.5 亿元,多产糖 10 万吨,产值 4.5 亿元,合计多收入 7 亿元。

从中我们不难看出,甜菜生产只要能做到高产高糖并重就可以产生出很高的经济效益。

正因为此,兵团正在努力进行 200 万吨高产、高糖甜菜基地的建设:到本世纪末,通过土地开发,增加科技含量,单产达到 4 吨,含糖率稳定在 16.5%以上。

——1996 年至 1997 年,在 6 个师 18 个团场进行高产、高糖甜菜基地建设,累计完成投资 3.24 多亿元;

——对农八师八一制糖厂引进法国甜菜品种及栽培技术项目,总投资达 180 万元;

——1998 年兵团甜菜面积达到 77 万亩,比基地建设之初的 1995 年增加 30 万亩,总产量预计可达到 210 万到 220 万吨,比 1995 年增加 100 万吨;

——在甜菜高产、高糖综合配套技术开发研究上,甜菜基本建设、品种引进及推广等项目上总投资 8.2 亿元,其中兵团自筹资金就高达 1.49 亿多元,约占总投资的 45%。

……

兵团甜菜生产正向着一个高起点进军,这也是市场的呼唤。

过去曾称雄糖业的东北等地区出现了萎缩,甜菜原料生产及种子生产西移战略,将新疆甜菜生产向前狠狠地推了一掌。

"新疆本应挑起全国甜菜生产的大梁,兵团更应是挑大梁的主力军"。我国著名的甜菜专家虞德源这样评价说。

新疆的光热资源,给种植甜菜创造了有利的条件,新疆处在多个周边国家的地缘优势,给制糖生产、糖业市场的发展带来了广阔的前景。

新疆甜菜市场的大发展,前景的确十分看好——

据资料显示:我国食糖年消费量约 750 万吨,人均 6.4kg,而世界人均消费量为 21.3kg,发达国家人均 40 多公斤。我国食糖人均消费只有世界平均水平的 1/3。

我国糖业的现状，向新疆呼唤。要有一个高速快步发展的新疆甜菜糖业。

采访中，有关人士多次指出，兵团有着人才优势和土地资源等方面的优势。发展好甜菜生产和制糖加工，已具备了条件，只要在加快品种引进、培育推广、种子产业化、甜菜机械化进程等方面发展，必定会产生巨大的经济效益和社会效益。

南北甜菜协作活动有声有色

1　双丰305鉴评会（1985年5月东辛农场）

2　专家对品种组合深感兴趣

3　专家在云台农场考察，右一为方清教授

4　专家在云台农场考察，中间为黑龙江省战振民研究员

5　专家在东辛农场考察，右二为东北农业大学董一忱教授

6　农业部专家在东辛农场考察，中为中国甜菜研究所冯玉麟所长（1988年6月）

7　全国专家聚集徐州沿湖农场甜菜采种现场会（1989年6月）

1	2
	3
4	5
6	7

1	2
3	5
4	

1　在鉴评会上，左起王鉴远、虞德源、曲文章、曹雄（缺杨启凡）

2　在银川糖厂与王成玉、徐长警合影（1990年）

3　孙长明处长在伊犁田间调查

4　宋志超介绍苏东9201和苏垦8312（1996年）

5　苏垦8312在内蒙古临河国家区试达标（1992年）

▶ 农二师示范田
（1996年）

▶ 田间介绍苏垦8312
（1998年）

▼ 地头考察苏垦8312
（1996年）

大量撰写甜菜文章

（1980—2003）

《甜菜良种繁育学》序言

食糖是我国人民生活必需品之一，制糖原料主要是甘蔗和甜菜。我国幅员辽阔，物产丰富，在南方地区种植甘蔗，在北方地区栽培甜菜，是世界上能同时栽培两种糖料作物的少数国家之一。

甜菜主要分布在我国东北、华北和西北地区，在农业生产上占有重要地位，因为甜菜既可作为制糖原料，同时甜菜茎叶和制糖后的副产品甜菜渣，又是家畜很好的饲料。种植甜菜经济收益较高，又能促进畜牧业的发展，实现农牧结合，使农业生产持续增长，故在我国农业现代化上具有重要地位。1949年前我国糖厂较少，甜菜面积亦小，中华人民共和国成立后甜菜制糖工业才大发展，目前我国食糖总产量跃居世界第六位。

栽培甜菜需要采用良种，目前我国各地已建立有十余个甜菜科学研究所，进行甜菜良种选育工作，中华人民共和国成立以来已育成甜菜优良品种几十个，目前国内已全部采用国产品种。推广甜菜良种能为国家增产大量食糖，为农民和糖厂增加很多经济效益，但是，甜菜是一个高度异花授粉作物，在良种繁育过程中容易变异，退化很快，不能多代重复繁殖。针对甜菜的生物学特性，经科学家长期研究，制定了严格的科学的良种繁育制度和先进的栽培技术措施，以保证甜菜在良种繁育过程中能保持其优良种性，并提高种子质量、降低生产成本和发挥杂种优势效益。

我国将进入九十年代，随着甜菜糖业的发展，我国甜菜生产已大量采用多倍体品种，并利用甜菜雄性不育特性来培育具有高度杂种优势的品种，同时开始推广单果型品种，甜菜育种和良种繁育已进入一个新时代。

为了适应我国甜菜糖业发展的需要，曲文章和虞德源二位同志合作编著的我国甜菜良种繁育学术著作及时出版了。二位同志经过多年的甜菜良繁科学研究，总结北方和南方两地的实践经验，参考国内外大量资料，取其精华，精心编著成书，洋洋数十万言，是我国近年来不可多得的甜菜学术性著作，对推动我国甜菜良繁事业向新的技术高峰前进，在我国甜菜良种繁育史上，树立了一个新的里程碑。

曲文章同志在东北农学院执教多年，学识渊博，基础深厚，尤其对甜菜生物学基础理论造诣很深，对我国北方甜菜良种繁育技术，具有独到的见解。尤其黑龙江省是我国繁殖甜菜种子的大省区，实行窖藏越冬采种已有悠远历史，曲文章同志亲自实验，结合多年总结考察的结果，将我国北方甜菜窖藏采种的经验，上升为科学理论，对指导我国北方甜菜采种生产具有重要意义。

虞德源同志从事江苏农垦系统甜菜种子生产已有十余年，下辖数十处国营农场进行甜菜露地越冬采种，亲自进行科学实验，系统的总结生产实践经验，将我国南方的甜菜露地越冬采种，提高到一个新的科学水平，目前已带动了广大糖农，形成了以徐州为中心的苏鲁皖豫甜菜南方采种带，创造性地制定了一套适合我国国情的甜菜露地越冬高产、优质、低成本的模式栽培技术，编写成书广为流传，对指导我国南方甜菜采种生产具有重要意义。

值此宝贵的甜菜科学著作付印出版之际，我相信国内甜菜科技工作者，农业技术人员，以及广大的甜菜糖农必定十分欢迎，对推广我国农业先进技术，提高科学水平，为推动我国甜菜糖业现代化建设作出重大贡献，是为序。

谢家驹识

1990 年 3 月

《中国甜菜露地越冬采种论文集》

目　　录

编者的话

我国露地越冬采种甜菜经历了试验—示范—推广三大阶段已有三十年历史，在科研、生产上已取得了一定成果，由轻工业部制糖处主持的"甜菜露地越冬采种新技术成果的推广应用"，由江苏省农垦采种甜菜联营公司、东北农学院主持的"露地越冬采种甜菜生育规律及丰产技术研究"分别获得了1985年国家科技进步三等奖和1990年农业科技进步三等奖。目前在我国苏鲁皖地区已形成大规模生产繁种基地，其采种约占我国甜菜用种量70%以上。

为反映我国甜菜露地越冬采种事业的历程，使"六五"、"七五"期间甜菜科技成果尽快形成生产力，转变成良好的经济社会效益，我们编制了甜菜露地越冬采种文献目录，从中入选72篇文章作为代表作，以此作为继往开来的借鉴，认真总结历史经验，深入研究和解决新出现的问题，加深对规律性认识，这对我们搞好我国甜菜采种事业的"八五"计划和"十年规划"，对于解决生产实际问题有着重要意义。谨以此献给我国甜菜露地越冬采种事业的创造者，献给广大甜菜科技生产工作者，献给关心我们甜菜事业的朋友们。

在编辑过程中承蒙《中国甜菜》《甜菜糖业》《甜菜糖业通报》《甜菜糖业科技动态》等编辑部大力支持，江苏淮阴育种站提供了部分采种文献目录，东北农学院曲文章副教授、山西大同糖厂姚徒义总农艺师、江苏省气象研究所黄毓华副所长、章锦发工程师提出很好建议，内蒙古农科院谢家驹研究员作了具体指导，在此一并表示诚挚谢意。

由于编者水平有限，时间仓促，难免有疏漏甚至错误之处，敬希广大读者批评指正。

"中国甜菜露地越冬采种论文集"编辑组

1991 年 4 月

甜菜露地越冬采种文献目录

编号	题 目	作者(单位)	刊名	发表日期
1	甜菜露地越冬调查研究	刘升庭,王文兴		1961
2	甜菜种子露地越冬	A.B 杜布罗特沃尔乐娃,谷寺峰译	甜菜科学技术参考资料	1963,3 期
3	不同播种时期对甜菜露地越冬采种影响的初步观察	姚徒义,穆同润	甜菜科学技术参考资料	1963,5 期
4	甜菜露地越冬种株的营养特性	E.A 托卡里,张宽臣译	甜菜科学技术参考资料	1963,3 期
5	甜菜露地越冬采种对后代品质的影响	王健,姚徒义,穆同润	甜菜科学技术参考资料	1963,6 期
6	甜菜露地越冬采种	n·T·KAP·AFPOB 等著,姚徒义译		1963,7
*7	中央轻工业部组织甜菜露地越冬考察组赴山西、河南、安徽、江苏省进行实地考察	子翔	甜菜糖业科技资料(甜菜分册)	1964,4
8	露地越冬采种下的糖甜菜生理学与解剖学特性	A.C 奥卡年科等,张守仁译,权玉民校	甜菜科学参考资料	1964,6 期
9	糖甜菜种子繁育的新措施	AM. 柯兹活夫斯基著,孙以楚译	甜菜科学参考资料	1964,6 期
10	甜菜种子露地越冬栽培的试验结果	AM. 柯兹活夫斯基著,孙以楚译	甜菜科学参考资料	1964,6 期
11	甜菜露地越冬采种	胡文信译,张守仁校	甜菜科学参考资料	1964,6
12	山西省临猗县王鉴公社王鉴大队第一小队甜菜原地越冬采种经验	姚徒义,穆同润,穆岱望		1964,7
13	1963—1964 年度运城农业学校甜菜原地越冬采种试验总结	山西大同糖厂运城农校		1964,9
14	1963—1964 年晋南地区的甜菜原地越冬采种	姚徒义,穆同润		1964,10
15	甜菜露地越冬采种	中国农科院甜菜研究所	甜菜栽培	1964
16	甜菜露地越冬采种及其应用价值初步研究	刘升庭,胡文信,陈井文,吕绍军,梁荣昌	中国农科院甜菜研究所科学研究年报	1964
17	1963—1964 年甜菜(母根)露地越冬及采种试验研究总结	黑龙江省甜菜糖业研究所		1964
18	糖甜菜露地越冬采种法	M.T 卡拉耶罗夫等,胡文信译,张守仁校		1964,13 期
19	露地越冬采种和健壮母根培育	J.T. EAEU,KAR 秦惠珍译,赵永贵校	甜菜科学参考资料	1964,13 期
20	就山西省几年来甜菜露地越冬试验谈甜菜露地越冬采种在我国的发展前途	山西大同糖厂,王祖和,杜恩尚,穆同润	甜菜糖业科技资料(甜菜分册)	1965,1 期
21	山西省甜菜露地越冬采种试验研究及生产示范(1959—1964 年)	山西大同糖厂甜菜育种场	甜菜糖业科技资料(甜菜分册)	1965,2 期
22	江苏省淮阴地区 1963—1964 年甜菜露地越冬采种研究	江苏省淮阴糖厂	甜菜糖业科技资料(甜菜分册)	1965,3 期
23	甜菜的原地越冬采种	姚徒义,穆同润	山西农业科学	1965,4 期

（续）

编号	题　目	作者（单位）	刊名	发表日期
24	甜菜原地越冬采种的体会	姚徒义，穆同润	甜菜糖业科技资料（甜菜分册）	1965，6期
25	1965年露地越冬甜菜种子后代鉴定试验总结	山西大同糖厂		1965
26	甜菜露地越冬采种对种子播种品质及品种品质的影响	UA舒金科著，姚徒义译	甜菜科学参考资料	1965，11期
27	原地越冬采种甜菜的霜霉病	恩·伊.西尼钦纳著，姚徒义译	甜菜科技通讯	1966，1期
28	山西省甜菜种子繁殖技术革新的情况介绍	山西省轻化工业厅，农业厅	甜菜糖业科技资料（甜菜分册）	1966，1期
29	1960—1965年晋南甜菜露地越冬采种试验情况报告	大同糖厂晋南采种站	甜菜科技通讯	1966，2期
30	甜菜露地越冬采种调查研究总结	中国农业科学院甜菜研究所良繁组	甜菜科技通讯	1966，2期
31	1966年黑龙江省甜菜露地越冬试验总结	黑龙江省佳木斯糖厂		1966，12
32	甜菜露地越冬采种是加快繁殖生产种子的新途径	轻工业部甜菜糖业科学研究所		1966
33	露地越冬种子后代鉴定大面积对比试验总结	黑龙江省绥化县甜菜站		1969，10
34	甜菜露地越冬采种栽培技术要点	陕西省轻工研究所		1970，9
35	甜菜露地越冬采种后代品质鉴定试验总结	吉林省洮南甜菜育种站		1970，12
36	1970—1971年度甜菜露地越冬采种情况简介	运城糖厂革委会		1972，1
37	甜菜冬栽采种	大同糖厂革委会晋南甜菜采种站	甜菜糖业	1972，2期
38	甜菜露地越冬采种	《甜菜分册》编写组	甜菜手册	1973
39	露地越冬采种法	黑龙江省甜菜糖业科学研究所等单位	中部地区甜菜栽培	1973
40	甜菜露地越冬采种技术	运城地区工字办		1975
41	赴法国、比利时甜菜糖业技术考察报告	赴法国、比利时甜菜糖业技术考察组	甜菜糖业	1977，1期
42	甜菜露地越冬采种	全国甜菜糖业科技情报站	国内外夏播秋播采种甜菜等情况	1977，10
43	湖南省洞庭湖区留种甜菜抽薹开花的调节控制	上海植物生理研究所激素室开花生理组，湖南省国营汨罗江农场生产科	甜菜科技	1978，1期
44	我区甜菜露地越冬采种	安徽省宿县甜菜育种试验站	甜菜科技	1978，4期
45	1978年甜菜采种技术总结	运城地区糖厂		1978，12
46	河北省甜菜露地越冬采种	子翔	甜菜糖业（甜菜分册）	1979，2
47	甜菜露地越冬采种试验报告	田际良，荆基胜	甘肃农业科技	1979，4期
48	关于甜菜露地越冬秋种冬栽采种的研究	虞德源		1979
49	甜菜北育南繁的研究	韩松堂，聂绪昌	甜菜糖业	1980，1期
50	甜菜秋播冬栽露地越冬采种法	虞德源	甜菜糖业	1980，2期
51	山西省晋南地区甜菜露地越冬采种	穆同润	甜菜糖业	1980，4期
52	谈谈甜菜露地越冬采种	穆同润		1980，6
53	利用我国不同的自然区域加速甜菜研究工作的设想	王祖和		1980，10
54	发挥优势建立甜菜留种基地	杨启凡，虞德源	农垦系统专家座谈会资料选编	1980，12

（续）

编号	题 目	作者(单位)	刊名	发表日期
55	谈谈甜菜良种的提纯复壮	李绍堂	甜菜糖业分册(吉林轻工)	1981，2期
56	赴法国考察甜菜育种的观感	聂绪昌	甜菜糖业	1981，3期
57	法国的甜菜生产与研究	中国甜菜糖业赴法国考察团	甜菜糖业	1981，3期
58	苏、皖、豫、鲁的甜菜采种	陈登科	内蒙古甜菜糖业科技	1982，9期
59	中部地区的甜菜越冬采种	陈登科	甜菜糖业	1982，1期
60	十三年甜菜露地越冬采种的几个技术问题的探讨	江苏省淮阴甜菜育种站		1982，6
61	甜菜露地越冬采种学术座谈会《纪要》	第一届甜菜露地越冬采种学术座谈会		1982，6
62	1981—1982年甜菜母根冬栽露地越冬采种试验总结	山东省一轻厅制糖研究室		1982，9
63	日本甜菜栽培考察报告	谢家驹	内蒙古农科院甜菜研究所	1982，12
64	丹麦甜菜育种和甜菜生产考察报告	中国赴丹麦甜菜考察组	甜菜糖业	1982，增刊
65	山东省甜菜冬栽露地越冬采种试验初报	陈炳华	中国甜菜	1983，1期
66	美国的甜菜良种繁育	孙正庭译	甜菜糖业参考资料	1983，1期
67	苏联甜菜良种繁育	孙正庭译	甜菜糖业参考资料	1983，1期
68	对我国甜菜种子事业发展几点意见	欧阳子		1983，2
69	甜菜露地越冬挖顶芽创造丰产枝型的研究	虞德源	中国甜菜	1983，3期
70	陕西省关中地区甜菜露地越冬采种发展情况	陕西省轻工业科研所甜菜育种试验站		1983，4
71	苏联甜菜露地越冬采种	蔡葆译	中国甜菜	1983，4期
72	目前我国甜菜露地越冬采种的现状及问题	欧阳子	甜菜糖业	1983，4期
73	浅论我区甜菜露地越冬采种	井德武	甜菜糖业	1983，4期
74	我省露地越冬采种技术调查试验报告	陕西省轻工业科研所甜菜育种试验站		1983，4
75	我省使用露地南繁甜菜种子的基本情况	战振民		1983，4
76	甜菜露地越冬采种协会首届会议纪要	甜菜露地越冬采种协会		1983，8
77	中原地区甜菜露地越冬采种的考察	解英玉，李宗海	甜菜糖业科技动态	1983，8期
78	我国甜菜露地越冬采种及其应用效益	王祖和，王冠英	中国甜菜	1984，3期
79	露地越冬甜菜种子在黑龙江省的应用与其经济效果	战振民	甜菜糖业	1984，3期
80	山东省甜菜冬栽露地越冬采种	陈炳华，孙传第	甜菜糖业分册	1984，3期
81	对推广双丰305多倍体甜菜的几点意见	虞德源	甜菜糖业分册	1984，3期
82	关于江苏、山东等四省甜菜露地越冬采种	王国有，张志彬	甜菜糖业通报	1984，4期
83	甜菜露地越冬采种协会第二届技术座谈会会议纪要	甜菜露地越冬协会		1984，5
84	甜菜露地越冬采种协会第三届技术座谈会会议纪要	甜菜露地越冬协会		1984，6
85	我国甜菜露地越冬采种的研究与推广应用	刘升庭，胡文信，吕绍君	中国甜菜	1985，1期
86	略谈日本甜菜育种	郑华平	中国甜菜	1985，1期
87	提高多倍体甜菜种性途径的探讨	虞德源	甜菜糖业	1985，2期

（续）

编号	题　目	作者（单位）	刊名	发表日期
88	陕西省甜菜露地越冬采种技术的调查试验	刘仲彦	甜菜糖业	1985，2 期
89	安徽省甜菜露地越冬采种概况	王胜贤	甜菜糖业通报	1985，3 期
90	提高宿县地区甜菜露地越冬采种种子产量和质量的途径	王胜贤	甜菜糖业	1985，7 期
91	第四届甜菜露地越冬采种技术协作会年会纪要	甜菜露地越冬采种技术协作会		1985，5
92	陕西省甜菜露地越冬采种技术方案宣传提纲	陕西省轻工业科学研究所		1985，8
93	赴波兰甜菜考察报告	轻工业部赴波兰甜菜考察组	中国甜菜	1986，1 期
94	甜菜露地越冬采种地膜覆盖试验总结	王胜贤	甜菜糖业通报	1986，1 期
95	露地越冬采种甜菜早熟栽培技术	虞德源	中国甜菜	1986，3 期
96	坚持科研生产经营一条龙的经营道路，加速面向全国甜菜种子繁育基地的建设	虞德源	甜菜糖业通报	1986，3~4 期
97	地膜覆盖栽培对采种甜菜生育和产量影响	颜国安	中国甜菜	1986，4 期
98	甜菜新品种甜研 301 露地越冬采种技术鉴定意见	中国农科院甜菜所		1986，5
99	江苏农垦局举办甜菜采种技术培训班中提出的技术管理措施	唐子正	甜菜糖业科技动态	1986，113 期
100	充分利用我国中部地区自然优势，开发对国外繁育甜菜种子的可能性	于振兴，刘元福	甜菜糖业	1987，1 期
101	几种除草剂在采种甜菜地的应用效果	王明发	中国甜菜	1987，3 期
102	采种甜菜不同移栽方法对植株冬前生长的影响	周子明	中国甜菜	1987，3 期
103	露地直播甜菜采种技术的探讨	金扬，冯全高	甜菜糖业	1987，4 期
104	美国甜菜育种	李满红 译	甜菜糖业科技动态	1987，20 期
105	江苏农垦召开首届露地越冬采种甜菜研讨会	虞德源	甜菜糖业科技动态	1987，118 期
106	露地越冬甜菜种株生育规律的研究	曲文章，虞德源，高妙贞，冯兰萍	中国甜菜	1987，4 期
107	大力发展南繁甜菜种子生产，提高制糖工业宏观经济效益	董焕章	甜菜糖业	1988，1 期
108	苏北沿海垦区甜菜叶螟的发生与防治	周传金	中国甜菜	1988，2 期
109	新疆焉耆盆地甜菜露地越冬采种技术的研究	张述和，陈保婴，井宗珩，万敬忠，丁尔熊	中国甜菜	1988，3 期
110	甜菜露地越冬采种应按合理气候带进行生产	农业部甜菜专家顾问组		1988，12
111	对我区甜菜种子生产发展的几点建议	祁永成	甜菜糖业科技动态	1988，123 期
112	抓好糖厂育种的良繁工作之我见	张祖墨	甜菜糖业科技动态	1988，124 期
113	关于露地越冬采种甜菜冻害的初步研究	宋育良，蔡长祥，杜怀白，蔡发科，武心文	中国甜菜	1989，1 期
114	积极开展甜菜南繁露地越冬采种	李树宝	中国甜菜	1989，1 期
115	露地越冬采种甜菜高产优质的几项措施	陈炳华，刘效为，张振法，阎志国，张清国	中国甜菜	1989，1 期

（续）

编号	题 目	作者（单位）	刊名	发表日期
116	丹麦的甜菜育种与种子培育	饶春富	中国甜菜	1989，1期
117	甜菜露地越冬采种种子生产力的研究	高妙真，曲文章，虞德源	甜菜糖业	1989，2期
118	露地越冬甜菜种株开花结实规律及促进早熟高产的技术措施	虞德源，王鉴远，曲文章，冯兰萍	中国甜菜	1989，2期
119	甜菜原种北繁检糖与南繁不检糖比较试验	张志民	甜菜糖业通报	1989，2
120	苏北沿海筒喙象初步观察	周传金	中国甜菜	1989，3期
121	海绵盒式甜菜发芽试验	奕敬富	甜菜糖业	1989，3期
122	江苏制种甜菜适宜播栽期气候生态讨论	章锦发，黄毓华，虞德源	甜菜糖业通报	1989，3~4
123	采种甜菜高产栽培数学模型及优化组合方案的研究	高平，朱绍林	中国甜菜	1989，4期
124	淮河下游露地越冬采种甜菜栽培技术的研究	胥福宏，张锡芳	中国甜菜	1989，4期
125	江苏采种甜菜越冬气候及防冻技术的探讨	章锦发，黄毓华，王鉴远，虞德源，吴浩方	中国甜菜	1989，4期
126	江苏制种甜菜冻害调查研究	黄毓华，章锦发，虞德源	中国农业气象	1989，5期
127	露地越冬采种甜菜生育规律及丰产技术的研究	虞德源，曲文章，杨启凡，曹雄，王鉴远	甜菜糖业	1989，5~6期
128	谈谈甜菜采种的南繁问题	智振官	甜菜糖业科技动态	1989，138期
129	从气候生态优势看露地越冬采种甜菜最佳区域选择	章锦发，黄毓华，虞德源，顾学明		1989
130	谈谈研究论文的基本格式和要求	陆作楣		1989
131	甘肃省甜菜良种繁育技术的发展	王复和	甜菜糖业	1990，1期
132	采种甜菜露地越冬耐冻力的探讨	奕敬富	甜菜糖业通报	1990，1期
133	甜菜种子发芽率变动规律及影响因子初探	钱希	中国甜菜	1990，3期
134	晚播采种甜菜的肥料运筹	刘宝玉，武心文，蔡长祥，杜怀白	中国甜菜	1990，3期
135	甜菜露地越冬采种开花结实规律的应用	颜国安	中国甜菜	1990，4期
136	鲁南甜菜越冬种株开花习性的初步观察	陈炳华等	甜菜糖业通报	1990，3期
137	南繁采种甜菜因土栽培的技术研究与应用效果	宋育良，张义栋	甜菜糖业	1990，4期
138	南繁甜菜种子下代块根产量形成生理基础的研究	高妙贞，虞德源，王凤，曲文章	甜菜糖业	1990，4期
139	影响南繁甜菜种子发芽率的因素探讨	宋育良，杜怀白，蔡发科	中国甜菜	1990，4期
140	全国甜菜种子协调组成员、章程和纪要			1990.7
141	甜菜种子合理有效繁殖指南	克·特罗吉斯 李炳奎 译	联邦德国 KWS 种子公司	1990，10
142	现代甜菜育种的目标和方法	C·J 鲍利克 著 李炳奎 译	联邦德国 KWS 种子公司	1990，10
143	甜菜的主要病害及其实际危害和防治的可能性	C·J 鲍利克 著 李炳奎 译	联邦德国 KWS 种子公司	1990，10
144	露地越冬采种甜菜的回顾与展望	江苏省农垦采种甜菜联营公司		1990，10
145	南繁甜菜块根气候生态与产质量关系的研究	黄毓华，章锦发，虞德源，冯兰萍，李文红		1990

（续）

编号	题 目	作者（单位）	刊名	发表日期
146	江苏沿江地区气候条件对采种甜菜生长发育的影响	冯兰萍		1990
147	多效唑在南繁甜菜采种上应用效果初报	杜怀白，徐洪明		1990
148	南繁采种甜菜发芽方法的研究	武心文，徐洪明，丁紫冠，杜怀白		1990
149	南繁采种甜菜化控研究	徐洪明，杜怀白，武月香		1990
150	江苏沿江地区采种甜菜优化农艺措施产量函数模型分析	蔡瑞华，顾鸿飞，凌滇秀，汤国辛		1990
151	淮北初夏雨涝对采种甜菜影响及对策	章锦发，黄毓华，虞德源，王鉴远，顾学明		1991
152	南繁采种甜菜收购检验技术	丁紫冠		1991
153	康拜因分段收获采种甜菜的初步实践	钱希，王化良，颜国安		1991
154	黄海农场采种甜菜产量演变规律研究	钱希		1991
155	试论主要栽培技术与管理对采种甜菜产质量的影响	杨振明，刘长明，李德利		1991
156	甜菜多倍体苏垦 8312 的研究报告	虞德源		1991
157	甜菜多倍体苏垦 8312 在宁夏甜菜原料区试验示范总结	王成玉，徐长警，马义武		1991

甜菜多倍体苏垦 8312 材料汇编

目　录

甜菜多倍体苏垦 8312 材料汇编

江苏省农垦采种甜菜联营公司
一九九〇年四月

新疆灌区甜菜高产高糖高出率综合技术
研讨会文章汇编

前　言

　　新疆维吾尔自治区，是我国最大的一个省区，幅员辽阔、物产丰富，中华人民共和国成立后，在党中央领导下各族人民齐心协力，发展交通兴修水利，开垦荒原建设工厂，工农牧业蒸蒸日上。特别是改革开放以来，充分利用新疆耕地多水利好、光热资源丰富的优越条件，发展甜菜糖业，从无到有、从小到大，先后已建设有 18 座现代化糖厂，每年种植甜菜面积达 100 万亩，年产糖量达 34 万吨，超过许多产糖老区。"九五"期间糖厂增至 23 座，年种植面积达 230 万亩，年产糖量 80 万吨，跃居甜菜糖省区的首位，将对国家糖业作出巨大贡献。

　　新疆发展甜菜糖业，一直得到党中央国务院的重视和正确领导。回顾在 1956 年国务院决定创建新疆甜菜糖业基地，当时考虑的战略布局主要依据是，新疆自然气候条件适合种植甜菜，新疆又是我国重要牧业基地。发展甜菜糖业，既可提供国民所需食糖（先做到本区自给，有余时再运销其他地方），又能提供大量饲料，转而更促进牧业发展。1957 年 3 月轻工业部根据国务院指示，指派谢家驹等同志组成专家工作组，先后在新疆半年余，以石河子垦区为中心，南至焉耆开都河流域，北至新源伊犁河流域，分区勘察并制订发展规划，当时生产建设兵团政委张仲瀚亲自讨论方案至深夜，后经自治区领导接见并定案。现经几代人的努力，新疆已初步建成一个现代化的甜菜糖业基地。

　　发展甜菜糖业以种子为先锋，新疆各方面对此十分重视并作出了范例。江苏省农垦大华种子公司，率先与新疆维吾尔自治区有关方面进行了省区间兄弟协作，以多倍体良种苏垦 8312 在有关甜菜区试种，获得了高产高糖高出率的成绩，并迅速得到推广。既发挥了江苏甜菜采种露地越冬的优点，又发挥了新疆温差大、日照长适宜甜菜栽培的优势。随着社会主义市场经济的深入发展，相信今后沿海省区与内陆省区间的互利互助协作，一定会有一个更大的发展。

　　这次会议在久负盛名的新疆唐布拉召开有很深刻的含义，唐布拉东侧山梁上有几块硕大无比的岩块，恰似玉玺印章。它象征着这次新疆灌区甜菜高产高糖高出率综合技术研讨会将是新疆甜菜糖业历史上的一次空前盛会，将为推动新疆甜菜事业快速、健康、持续发展树立一个新的里程碑。

　　会议已收到学术论文、经验总结 60 余篇，与会者紧紧环绕甜菜高产高糖高效目标，从回顾展望，良种育繁，布局安排，栽培措施，病虫防治，工艺措施和国外考察角度，努力探索在甜菜科研、生产、效益方面创国内一流水平的思路和措施，这是十分难能可贵的。为了供更多同志学习参考和长久保存，特将各论文资料汇编成册，相信对今后新疆甜菜糖业的发展，乃至全国甜菜界定能发挥促进作用。

谢家驹、虞德源谨识

1996 年 8 月 24 日

于新疆农 4 师 79 团

新疆灌区甜菜"三高"综合技术研讨会留影（前排右 5 为作者）

目　录

我的导师谢家驹先生

谢家驹生平简介

    谢家驹，研究员，1920年生于江苏江阴市。抗日战争期间流亡到内地，在成都华西大学农学系毕业后，又进国立四川大学农学园艺系毕业。新中国成立前在杭州国立浙江大学农学院任助教3年。新中国成立后在北京中央轻工业部糖业处负责制糖原料甘蔗和甜菜的生产计划、规划、调研工作。1952年当时政务院决定开发华北、西北甜菜业新区，抽调技术干部支援边疆建设，将谢家驹调往国营包头糖厂，筹建甜菜试验场，负责甜菜科研和技术工作，从此扎根内蒙古，埋头甜菜科研糖业建设达43年。由于支边卓有成就，1979年《人民日报》专文刊载其业绩，誉为"当代昭君"。1983年国家民委、科委、人事部联合授予他"为少数民族地区长期从事科技做出贡献"奖状。1991年国务院颁发给他"科学研究突出贡献"奖，享受政府特殊津贴。由于谢家驹先生在甜菜实践和科技理论上的卓越成就，先后被聘任为农业部第二届（1985—1987年）、第三届（1988—1990）科技委员、轻工业部制糖技术委员，农业部专家顾问组一届、二届、三届成员等职。1981年为内蒙古农业科学院甜菜所首任所长，为内蒙古甜菜创业奠基人之一，功绩卓著，先后被自治区选为内蒙古人大常委会六届（1983—1987）常委、七届（1988—1992）常委，内蒙古政协四届常委。1994年以74岁高龄离休，定居江阴，2001年5月15日因癌症离世。

    谢家驹先生，品德高尚，热心授技，为内蒙古以及我国甜菜糖业作出杰出贡献，为中国知识分子楷模。同时热爱家乡，为指导我国甜菜露地越冬作出历史性贡献。

谢家驹先生在江阴青阳甜菜采种田间（1997年）

我和谢老深厚友谊

■虞德源

我和谢老是1975年在内蒙古五原召开的全国第三届甜菜协作会上相识的。他发现我是苏州人，他是无锡人，在甜菜界北方人居多，见到家乡人特别亲切。他看我年轻勤奋，有闯劲，有意培养我。从此后我们书信不断，至今我仍保存他给我的几十封信成为友谊象征。我们交往无话不谈，他家子女多，但视我和全家为一家人。近朱者赤，不知不觉他的许多优良品质传承给我。我的成长始终有他的影子。除了会议见面外，在交通不便的当时，内蒙古和江苏相距甚远。到了他家累得洗澡后呼呼大睡，醒时衣服已干净，可口家乡饭菜已备好，然后将工作研究一番。我们一起深谈忘记了时间。我印象特别深的是他经常讲及人类社会是智慧的社会，一切要用智慧去解决。为此要用心读书，加强修养。他有预见的眼光要我全力以赴我国甜菜露地越冬事业。以后我主持的课题获农业部科技进步三等奖。在我处于逆境时，他总是启发分析原因直面现实变阻力为动力。记得正当我培育的甜菜品种苏垦8312取得迅速进展却遇到同行一些人当头一棒被禁使用时，谢老要我纳入全国区试，并争取两个省区通过。5年过去，它被农业部品审会审定为国家级品种。在著书立说上，他要我慎密构思后一气呵成。我记得和曲文章教授合著《甜菜良种繁育学》一书构思二年多而写作仅花半个月。他离休后我们见面就比较频繁，一块儿进行甜菜育种后发现他做不动，因累跪在地上仍坚持试验后，我坚决取消。他洞察当时形势要我转到园林花木上来，他本来是园艺专业。说干就干，我从甜菜转到花木谢老是推手。正当我快退休时，谢老患肝癌不幸病重去世。我们全家都去看望他。省农垦要我代表单位和全家致悼词(悼词另附)。谢老病重时还嘱咐他家人拿出积蓄给家乡筑了一条路。

我与甜菜前辈谢家驹先生(评审会上)

谢老赠送的花盛开各地

【在谢家驹先生追悼会上的发言】（悼词）

谢老：

今天我以沉痛而惜别的心情，代表江苏省农垦集团公司，代表全家为您送行道别。您虽离我们而去，但是我们永远怀念您。您是新中国糖业的缔造者，特别是西部甜菜的开拓者。内蒙古和新疆都留下了您的足迹。中国的露地越冬甜菜采种，凝聚了您的智慧和心血，在甜菜发展鼎盛期间，江苏采种成为主产区是您指导的结果。九十年代后期您根据国家发展规划要我把主要精力放在园林花木发展上来，江苏农垦过去甜菜辉煌和今天花木崛起是您的思想哺育的结果。正是植根在事业发展基础上，您和我们农垦、全家形成了深厚友谊。记得在一九七五年内蒙古五原召开的全国第三次协作会议上，您向我提出了富有人生哲理的发问?！"人生有几个几十年，我建议您投身祖国甜菜事业，我们保持密切联系，首先把江苏发展起来"。我们师生关系就这样建立起来了。您病重期间还对我说，我们几十年是缘分。您还嘱咐我为园林花木再干三十年。我从一个普通技术员成长为一个享受国务院特殊津贴的研究员。饮水思源全是您培养的结果。您的谆谆教诲我们永生不忘。

谢老，在您身上集中了新中国第一代科学家的优秀品质和过人智慧。敏捷的思想方法，严谨的科学态度，不懈追求的事业精神，勤俭朴素的生活方式，勇于创新的人生价值以及培养年轻人的博大胸怀。这是您留给我们最可贵的精神财富。

敬爱的谢老您将同祖国山河同在，您开辟的道路我们将永远走下去。

虞德源
2001 年 5 月 15 日于南京

山河同在

1	2
3	5
4	

1 赴澳大利亚种子培训考察
　布里斯班绿化（1997年）

2 早春冒雪赴新疆考察
　（1998年）

3 大力种植乔木树种

4 引种成功欧亚火棘

5 引种成功金钱松

园林生涯历史回眸

(1997—2017)

■虞德源

人生有几个几十年？对于二十年前所作的人生抉择，从国家需要探索者的角度还是值的。我从农作物衍生到林作物探索植物共性的规律，以促进生态文明社会进步。我反复问自己为什么要做、具体做了什么、为什么不一条道走到底而自出难题由农到林。这要从当时的历史背景去看。首先我们这代人已胜利地完成国家交给"吃糖立足于国内自己解决"的历史任务。此时有 3 个契机要我挑战自己开辟未来。一是国家制定全国生态环境建设规划，环境问题已作为国策提出。那时农村出现土地荒，政府出台政策希望城里人去租赁承包。二是 1996 年，赴澳大利亚种子培训亲见该国美丽绿化环境，反观我们与发达国家存在的差距。该国提出的"要对同代、后代，乃至其他物种负责，创造人类总体优良环境"的伦理主张深入人心。三是源于我长期耕耘农业甜菜探索成功生态相似论的坚实植物实践基础。从此开始白手起家，义无反顾从事周期长难度大的物种多样性的园林树种的研究推广工作。

这二十年我从实际出发做了以下三件事：

1. 列题研究建立基地：环绕生态研究物种多样性。时年 56 岁的我与中国科学院植物研究所、江苏省农林厅同行一起主持了江苏省科委"野生新优花木(卉)引种驯化及应用研究"课题，在江苏农垦、北京基点进行，历时 4 年，于 2001 年(时年 60 岁)通过省级鉴定，同年荣获全国第五届花博会银奖。这给了我从事此业很大的决心。退休之后我接受北京建议选择交通相对方便的南京郊区成立南京六合新优花木种苗场，从九省二市以及美国、法国、日本等国收集国内外数百个野生新优品种及材料进行引种试验，从中筛选一大批品种充实到全省及上海市等地区，一度物种多样性尤以乡土树种走在全省前列。2004 年 5 月国家林业局授予种苗场为"全国特色种苗基地"。实践表明要取得话语权就得静下心来亲自动手深入实际总结经验。

2. 发表通俗实用文章：作为知识分子动手固然重要，而动笔更彰显其价值。作为善于实践敏于思考的我曾任《中国花卉报》特约通讯员，在报刊上发表了一定数量的科普文章。1999 年在《资源市场与综合利用》杂志上发表《围绕国家生态环境规划，做好江苏农垦绿化产业大文章》。2001 年在《中国花卉园艺》杂志发表《发展都市林业，建设中国山水园林新城市》一文。2005 年在《中国花卉报》刊登《园林植物引种中的问题》《科学规划植物景观》等文章。2006 年在杭州《技术与市场、园林工程》杂志发表、《运用生态相似理论打造绿色之都》一文。2016 年在《现代园林》杂志发表《生态相似论与农林植物应用》一文。在此期间，在《中国花卉报》上对黄山栾树、圆冠榆、绣线菊等十余种植物进行报道，还接受中央电视台对无毛紫露草的专题采访。

3. 多做善事捐赠社会：树木植物生长需要数十年乃至更长。我试验研究以乔灌木为主得出结论一般要在 10 年以上，这就产生树木无限人生有限的矛盾。生态建设需要一代、数代人连续努力方能奏效。正如榜样力量河北塞罕坝机械林场三代人为诠释"绿水青山就是金山银山"绿色理念，牢记使命，艰苦奋斗，将昔日"黄沙蔽日，飞鸟无栖"沙漠荒地变为"河的源头、云的故乡、林的海洋、鸟的乐园"，建设了 112 万亩的人工林海。如今每年为京津地区输送净水 1.37 亿立方米，释放氧气 55 万吨，成为守卫京津的重要生态屏障。近年来我已将基地 18000 余株(丛)植物无私奉献给了苏北泗阳(贫困县、苏北最美乡村、全国园林城市)各大公园，南京市六合区人民政府(革命老区)，苏州市第三中学校，苏州市平江中学，苏州市高等职业学校。特别是种在校园里，既美化环境又是物种多样性的示范点，这是非常有意义的生态文化的薪火传承。

2017 年 11 月写于苏州

环绕生态列题研究

(1997—2001)

江苏农垦生态园林特色花木培训班纪要

■虞德源

为适应我国园林绿化产业发展培养人才的需要，江苏农垦大华种子集团公司和南京林业大学森林环境学院紧密合作，于1999年4月15~20日在南京林业大学举办一期生态园林特色花木培训班，参加此期培训班的有来自江苏、新疆的科研机构、生产部门19个单位27人。森林环境学院选派树木组、园林组、造林组、生物组及病理组的优秀老师进行精心讲课，此期培训班是该校历届人数最少、授课最多、参加人员技术级别最高的一次培训班。办班单位克服各种困难取得圆满成功。现纪要如下：

1 基本情况

1.1 围绕国策做好文章

该期培训班紧紧扣住我国党和政府将环境保护和经济建设、城乡建设一样加以同步规划、实施和发展的基本国策，在生态保护、开发上大做园林绿化的大文章这一主题。根据杰出科学家钱学森的提议，我国正在实施走向21世纪的社会主义园林山水城市这一前无古人又创新世界的绿化大产业。又适逢中央扩大内需，调整产业大发展机遇，这些大背景新形势，为农垦和林大合作开发园林绿化产业注入了新的活力。

1.2 突出重点进行短训

生态园林特色花木这一课程足以要一个学生用几年时间方能加以消化，现要在短短5天时间内结业，不突出重点不行。根据生态园林绿化和农垦自身特点的需要，在短训期间突出了主要观赏花木的分类及繁殖这一重点，重点讲解和实习了植物中银杏科、松科、杉科、木兰科、樟科、蔷薇科、木犀科、忍冬科、杜英科等数十种主要花木的形态识别及繁殖技术。在突出重点的前提下简要介绍了造林技术及花木植保知识。

1.3 目标明确学风良好

由于该期培训班学习任务繁重，全体学员感到压力大，不敢有半点懈怠(其中包括有经验的分类专家亲自指点下就能避免弯路找到要开发成功的引种开发对象)，以及结合农垦从外省引种的基础，经过分类、筛选初步认为以下乔、灌、藤、地被品种大有开发前途，如银杏、金钱松、白皮松、华山松、黄枝油杉、铁坚油杉、墨西哥落羽杉、中山杉、紫树、杜英、榉树、琅琊榆、红茴香、秤锤树、浙江桂、浙江楠、蜡瓣花、大叶冬青、下江忍冬、白鹃梅、夏蜡梅、樟叶槭、珊瑚朴、天目木兰、枫香、楸树、巨紫荆、垂丝紫荆、黄山栾树、杂交马褂木、浙江柿、南京椴、琼花荚蒾、月桂、天目木姜子、海棠、枇杷、花楸、黄刺玫、棣棠、早樱、福建柏、流苏、连翘、七里香、金银木、五宝金银花、浙江七子花、红花檵木、七叶树、木瓜、鹅毛竹、丛生竹、紫竹、'佛顶珠'桂花、广玉兰、白玉兰、喜树、重阳木、洋漆树、贵州械、光皮蜡、锦带花、欧洲绣球、'金山'绣线菊、'金焰'绣线菊、伞房决明、紫露草、富贵草、'金娃娃'萱草、花叶爬山虎、玉竹、竹柏、一串蓝、高山积雪、硫华菊等。当前尤以要加快对中山杉、黄山栾树、紫树、杜英、黄枝油杉、杂交马褂木、琼花荚蒾、伞房决明、丛生竹、紫露草、'金娃娃'萱草等品种的开发力度。

2 集中力量抓好苗圃

在交流讨论中师生们共同认为我国农业正面临新的发展时期。大农业已将农作物和林木的籽粒，果实和根、茎、苗、芽、食用菌菌种等繁殖或者种植材料捏合在一块，统称种子。为有目标有计划有步骤开发好这一潜在产业，必须集中力量抓好苗圃基础建设。一个单位(农场)连起码的苗圃基础设施都没有就不可能有未来的开发位置。现已有一些单位着手建温室搭阴棚搞扦插。这方面搞得比较好的单位有南通农场农科所、新洋农场绿化所、岗埠农场农服中心、泗阳农场农服中心、三河农场林业站、白马湖农场绿化队等。新疆兵团种子公司表示，他们要加快步伐后来居上，抓好基础设施建设，开发几个对新疆影响大的花木品种。

3 待研问题

3.1 领导重视至关重要

在学习交流中学员们一致认为对稻、麦、棉、油、糖作物农垦同志比较熟悉，而对园林花木则是陌生事物，开发好很不容易。这不仅需要具体业务技术人员钻研业务而且各级领导也要重视熟悉，内行甚至钻进去成为这方面专家更是必要，否则使己昏昏则他人昭昭，怎么工作，因此为着驾驭必须学习。参加办班的南云台林场陈培杭场长和常阴沙农场钮志华副场长体会甚深。

3.2 产学研合作的前景

这期培训班将江苏农垦和南京林业大学紧密结合在一起。南京林业大学是我国林业教学的重点院校，对华东、华中、华南地区的农林业科研、教学、开发既是实验基地又有着重要的发言权。特别是森林环境学院(办班期间经上级批准同时挂风景园林学院牌子)集中了育种、分类、栽培、植保、开发等多方面专家，有很强的教学、开发能力。江苏农垦是我省农业土地规模、机械、农田、生产、科研素质较高的农业企业，它将在全省率先实现农业现代化。可以这样认为围绕国家生态保护做好园林绿化是农业现代化中的一个重要内容。农垦林大紧密结合必将对我省我国园林绿化作出重要贡献。通过办班契机今后合作开发可进一步细化。

3.3 因地制宜各有特色

江苏农垦各农场、林场条件、基础、实力不一样，在开发中要因地制宜各具特色。有的场点综合条件好步伐可快些，开发内容可宽些。有的则可突出某一方面。农垦多点发展可相互启发，同时因进程不一也可以加以调剂以形成整体对外态势。

江苏农垦生态园林特色花木培训班
一九九九年五月十四日

汤庚国主讲
（树木分类及技术）

丁彦芬主讲
（繁殖技术）

虞德源主讲
（花木多样性）

江苏农垦"都市林业"考察提纲

1. 探索主题

确立"都市林业"新理念，开发"特色花木"新产业。

2. 选择城市

选择"都市林业"的倡导者上海市和全国闻名的风景城市杭州市。

3. 何谓特色

一个景观二个开发三个定位四个层次。即中国特色的城市森林景观；野生、新优花木同时开发；常绿、彩色、珍稀三个定位；乔木、灌木、藤本、地被四个层次。

4. 考察路线

上海市的世纪公园、世纪大道、特大型绿地、环城绿带及新优花木基地，浙江杭州植物园、萧山花木基地及临安西天目山及苏北虞姬花木之乡（附景点介绍）。

上海"蓝绿交响曲"特大型绿地

上海市计划在延安中路建成近年来上海市中心建设面积最大的公共绿地。它位于黄浦区、卢湾区、静安区三区交界处，上海"申"字高架道路的中心结合点。面积23万 m²，共19幅绿地组成。为在市中心营造与国际大都市相适应的绿化环境氛围，上海市政府决定在此拆屋建绿，"花钱买环境"，使其与邻近的人民公园、淮海公园、复兴公园一起成为中心城区的"绿肺"。在科学决策上对绿地总体规划进行了国际招标。目前采用的是被称为"蓝绿交响曲"的加拿大蒙特利尔设计方案。该方案首次将国际先进的"蓝绿"理念引入国内。"蓝绿交响曲"由始绿园、感觉园、岩石园、疏林野草地、自然生态园、梦之园等"篇章"组成。使代表蓝色的水和代表绿色的植物，在绿地中交融成趣。它既有密林，又有草坪，创造性地运用生态理念将植物和水结合起来，形成上海的新"绿肺"。绿化种植以高大乔木为主，通过常绿与落叶乔木、针叶与阔叶乔木的合理配置，形成既有郁闭密林，又有疏木草地、乔木、竹林、花灌木、地被植物相结合的人工生态群落。同时，绿地中将融入上海民间文化和历史内涵，使绿地与周围高楼大厦、高架道路相互呼应，体现海派特色。目前第一期工程已于2000年6月竣工。

绿都花海——上海浦东世纪公园

浦东世纪公园位于陆家嘴花木行政区世纪大道终端，采用英国设计方案，占地面积140.3hm²，面积是上海动物园的两倍，总投资10亿元。经过4年建设，园内堆筑了200万 m³、上万吨的石山，挖掘了27万 m² 水面，种植了10万株乔木、20万株灌木和40万 m² 草坪，修建了10多公里道路，形成了一个阡陌纵横、丘陵起伏、乔木常绿、湖水清澈的自然景观。目前，世纪公园以大面积的森林、草坪、湖泊为主，辟有乡土田园区、平台区、湖滨区、疏林草坪区、鸟类保护区、国际花园区和小型高尔夫球场等7个景区及露天音乐广场、会晤广场、儿童游乐场，并建有高柱喷泉、音乐喷泉、大型浮雕、世纪花钟、林间溪流等园林景点。由国家建设部和上海市政府共同主办的第三届中国国际园林花卉博览会将于9月23日至10月30日在本园举行。花博会的主题为"绿都花海——人、城市、自然"。

我国首条景观为主的世纪大道

4月18日，位于上海浦东陆家嘴中心城区的世纪大道彩旗飞舞，鼓乐喧天，世纪大道正式宣告开通。世纪大道从东方明珠电视塔至浦东世纪公园，全长 5km。在国际指标上采取法国设计方案。世纪大道的横断面大胆采用非对称布局，路宽 100m，绿化景观人行道就占了 69m，中间是宽 31m、四上四下的车道。北侧人行道分别辟出 8 个 180m 长、20m 宽的面积，构成"中华植物园"。这 8 个植物园分别以玉兰、樱花、茶花、水杉、紫荆等 8 大类中国花木为主，辅以近百种灌木和 20 多种乔木，总量达 8 万多株。世纪大道是我国第一条以景观为主、交通为辅的道路。设计师独具匠心地在世纪大道的沿途景观上设置了以时间为主题的雕塑和小品，使整条世纪大道成为世界上唯一以时间为主题的城市雕塑展示场。

摩天楼群中的陆家嘴"绿肺"

7 年前的"陆家嘴中心地区国际规划咨询会议"上，来自不同国家和地区的 20 多位专家对一个问题达成共识：21 世纪中心城市的主题是"人与自然的和谐"。如今人们目睹了由几十幢摩天大楼包围下的陆家嘴绿色盆地。当日本房地产巨团森仁先生得知在短短一年时间内就在开发区的核心位置建成大型绿地时激动地致信，"我要脱帽致敬，你们明智地借鉴了世界上发达经济城市的经验"。

为书写城市绿化新篇章，上海市花"天价"造绿，用 30 亿元换得一个 10 万 m^2 的城市中心绿地。如今 10 万 m^2 的中心绿地以地被为主，水景相辅，草坪、水面、喷泉形成中心绿地的大气势。有 65000m^2 的地被，配以种植乔灌林带，有春天的垂柳、玉兰、银杏，夏天的柳杉、雪松、白玉兰，秋天的红枫，冬天的常绿针叶、阔叶树种等，形成立体感的绿化层次。中心绿地安装了自动喷淋装置，喷嘴可作 360°喷射，雾时间可给绿茵茵的草坪洒满晶莹的水珠，青翠欲滴。美中不足的是该设计没有摆脱疏林草坪单一模式，缺少森林景观。

跨世纪的"绿色项链"——环城绿带

阔步迈向新世纪的上海，有一个美丽的绿色梦想，这个绿色梦想就是全长 97km 的外环绿带（由黄浦江一分为二，其中浦西 28.98km^2，浦东 43.43km^2。规划为"长藤结瓜"，即沿外环线道路一条宽 500m 的环状绿带为"长藤"，沿途再结合规划的楔形绿地，在用地条件较好的地方适度放宽，布置了 10 个大型的主体公园，即为"瓜"）。这条气势恢宏的绿带将成为环绕上海的一道绿色长城，被人们诗化地形容为 21 世纪上海城市一条迷人的"绿色项链"。如今驻足于雄伟壮观的徐浦大桥堍，极目向东眺望，但见宽阔的外环线南侧，一条同样宽阔的百米绿带透着层层绿感向远处不断延伸。步入 100m 宽，全长 6.5km 的林带（第一期工程），沿着林带中央一条蜿蜒的混凝土小道漫步其间，两侧种植的香樟、意杨、青桐整齐挺拔，由慈孝竹、雪松、杨柳等组成的园林小品情趣盎然；亭台水榭、假山石桥与清澈的小河流水映衬生辉……此时此刻你是否感悟到"都市林业"的真正含义?! 你是否意识到一个潜在的农垦生长点?!

富有特色的上海新优花木基地

为丰富生物多样性，提高城市景观质量，上海市园林科研所、上海申植园林科技发展有限公司近年来从荷兰、日本、美国、法国等国和北京等地引进具有观赏价值的新优品种 300 余个。大多数品种的观赏性状及适应性在上海地区表现均佳，而且一些品种已在园林绿地中应用。南京等地与上海在气候生态处于一级相似，故江苏农垦近年来已与上述单位建立业务交流关系，从今年起每年购进一批新品种进行扩繁。上海引进的新优品种以花灌木为主，还有藤本、地被类植物。这些品种不仅多且配为系列，如锦带系列、木槿系列、八仙花系列、蔓长春花系列、绣线菊系列、火棘系列、溲疏系列、醉鱼草系列、玉簪系列、萱草系列、月季系列、紫薇系列、常春藤系列、卫矛系列、南蛇藤系列等，本次考察将参观上海植物园申植基地和上海园林邬桥基地等。

森林资源的重要发源地——西天目山

浙江地形可概括为"七山一水二分田"，素有东南植物宝库之称。特别是天目山素有"天然植物园"之称，植物资源之丰富为浙江省之冠。由于该地与沪宁在气候生态上十分相似，故在引种上具有十分重要的价值。西天目山位于浙江西北部，隶属杭州临安市，为驰名的古老名山。山上生长着雄伟古奇的参天大树，尤以大、高、古、多、稀"五绝"而著称。柳杉以"大"称绝，大柳杉1300余株，胸径2m以上的有19株。金钱松以"高"称绝，最高一株56m，为世界最高大。银杏以"古"称绝，有一古银杏干株萌生为"五世同堂"。生物种类以"多"称绝，高等植物达1900种之多，种子植物为1530种，其中木本植物近800种。珍稀植物云集，以"稀"称绝。以天目命名或特有的植物达40种。属于国家保护的植物有33种，如天目木姜子、临安槭、黄山花楸、交让木、木荷等。

考察天目山固然是领略自然恩赐的美丽风光，同时是通过垂直分布的植物种类实地体验对引种有重要的启发意义。未来的"都市林业"的种子来源单搞植物园已无济于事，而更多的要进军山区。今天天目山，明天黄山、神农架、大别山、峨眉山、梵净山……是必然去处。不仅如此，要在那些地方建立长期引供种关系。

全国绿化苗木著名基地——萧山市

浙江萧山市花木种植面积为52500亩，全年总产值达3.8亿元，年销售总收入达3.1亿元，农民年收入达9600元。远销全国各地并出口韩国、日本等国。花木是萧山市农业重要支柱。全市有10家科技含量高、专业化经营有特色的花木生产示范企业，还建有3个固定配套的花木市场，并形成1000多人组成的专业营销队伍，全市花木从业人员达35000多人。

萧山花木发展重要经验是确立绿化苗木为主，适当增加观赏花卉生产。加快品种更新，掌握种苗优势，抢占市场。同时加大投入，加强培训、提高从业人员素质，提高产品档次，加快产业升级。

萧山人搞苗木是出名的精明。以金叶女贞为例，该成果是北京搞出来的，萧山人抢先入手，以迅雷不及掩耳之势一下子发了大财。

萧山苗木市场各有分工，有对杭州的，有对上海的，也有对各地的。搞苗木大都为私人承包。此次考察走访重点是杭州之江园林绿化艺术有限公司虞国冬总经理，目前他承包了1300亩，经过10余年奋斗实际资产已达3000万元以上。相信他的事迹会是此次考察的重要收获。

西湖风景区明珠——杭州植物园

杭州植物园是我国著名植物园之一，又地处国家级风景名胜区，是西湖区的重要组成部分。该园创建于1956年，占地3420亩，园内建有植物分类区、经济植物区、观赏植物区、竹类植物区等专类园。建园以来已列入浙江植物资源的46.5%，其他省区的25.6%，国外引种的27.9%。取得80余项获奖成果，包括全国科学大会奖。毛泽东、朱德、刘少奇、邓小平、朱镕基等中央领导人曾视察指导。

此次考察重点参观该园木本植物，特别是木兰科一类乔木（该科向以花大色艳或香味浓郁著称于世，是重要的园林花木，同时又是珍贵的用材、药用和香料植物）。看了椤树、黑壳楠、天目木兰、灰毛含笑、乐昌含笑、黄心夜合、平伐含笑、毛心红豆、花榈木、木荷、南酸枣等给人启发触动。

植物园是什么，它是一所最好的具有生物极其多样性的野生植物活的基因库。是每一个都市林业的种植开发者必去的课堂。

北京林业大学孙晓翔教授曾指出，一座城市理想的绿地面积应占总用地面积50%以上。园林绿化包括五方面内容。

（1）保卫城市在发生天灾人祸时的安全，建造避灾防灾绿地。

（2）净化城市空气、水体、土壤以保护居民的健康。

（3）改善城市空气流通，减低城市热岛效应，为居民创建舒适的城市小气候。

（4）用植物造景和绿化文化消除钢筋混凝土丛林的视觉污染，提高城市景观的美学质量。

（5）建造以植物造景为主的公园，以丰富城市居民的精神生活。

杭州越来越美，此间杭州植物园功不可没。未来的"都市林业"难道农垦不应占有重要位置？！

走访苏北沭阳虞姬花木之乡

沭阳颜集镇是"霸王别姬"虞姬的故乡，该镇花木种植已有400余年历史。全镇土地面积为43000亩。现花木面积为30000亩（1997年才3000亩），花木年产值2.8亿元，占其农业产值的80%；平均每亩产值为9100元。花木年销售收入2.5亿元，占农业总收入的85%；全镇花木从业人员35000人，其中技术人员5000人，销售队伍1500人。

该镇和浙江萧山一样花木以绿化苗木树种为主，主要销往山东、河北、河南、天津、北京及西北地区。

一进入虞姬花木之乡便有浓厚的养花种树的氛围。车在路上行，人在花中游。人们走花路念花经发花财奔小康。干部个个"拈花惹草"，群众更是玩花弄草。他们抓规模、上档次，创名牌、闯市场。镇政府不满足现状，奋战两年将原来的粮食镇百分之百的成为林业镇。尤其是干部积极钻研业务，平均每年要外请教授培训15~16次。举办各类培训班。掌握电脑实现信息现代化。近年来加大引进新品种的比例。今年新品种20%，明年40%。大搞试验示范基地。成立虞姬园林集团公司，在上海、北京、青岛、石家庄等58个大、中城市设立销售窗口和花木市场，其中有23个专销市场。

在产业结构调整的今天，我们要走出农垦，看看周边地方上的思路举措。在花木上北学颜集、南学萧山，找出差距，奋起直追。鉴此集团公司农业发展部8月23日组织毗邻沭阳的青伊湖、泗阳、三河、白马湖农场的场领导和专业干部前往参观，不看不知道，一看吓一跳，对于我们来说不仅要学他们的规模做法，更重要的是颜集人的敬业务实精神。他们的做法得到省委领导的首肯，在其到任的第九天即专门去颜集镇走访调研。

撰稿人：虞德源
2001年10月于南京

大树王国天目山

■虞德源

■2001 年 10 月 17 日

山行雾茫登天目，
灵山雄奇树葱茏。
大树华盖柳杉林，
冲天大树金钱松。
五世同堂野银杏，
浩然正气黄山松。
高大古稀多称绝，
植物开发必去处。

与大树王合影

天目山上金钱松

野生新优花卉（木）引种情况表

野生新优花卉（木）引种情况表

序号	学名	类型	科属	引进年月	引进方式	引进数量	引进地点	种植地点	表现情况	进入阶段
1	无毛紫露草	地被	鸭跖草科紫露草属	1997.11 1998.4	种苗	1000株 20000株	中国科学院植物研究所	南通、泗阳等地	优良	一定规模生产、示范
2	富贵草	地被	黄杨科富贵草属	1997.11	种苗	80穴	中国科学院植物研究所	南通等地	一般	中试阶段
3	花叶爬山虎	地被	葡萄科爬山虎属	1997.11	种苗	320株	中国科学院植物研究所	南通等地	一般	中试阶段
4	红掌	盆花	天南星科烛台属	1997.11	种苗	1500株	中国科学院植物研究所	南通、白马湖等地	差	不适合江苏
5	金焰绣线菊	地被	蔷薇科绣线菊属	1998.4	种苗	268株	北京植物园	南通等地	优良	生产示范
6	金山绣线菊	地被	蔷薇科绣线菊属	1998.4	种苗	800株	北京植物园	南通等地	优良	生产示范
7	紫叶小檗	地被	小檗科小檗属	1998.4	种苗	400株	北京植物园	南通等地	一般	
8	北京玉竹	地被	百合科黄精属	1998.4	种苗	19株	中国科学院植物研究所	南通、白马湖等地	一般	
9	仙茅	地被	石蒜科仙茅属	1998.4	种苗	14株	中国科学院植物研究所	南通、白马湖等地	一般	
10	小叶棕竹	灌木	棕榈科棕竹属	1998.3	种子	10kg	广西柳州	白马湖、泗阳等地	一般	不适合江苏
11	大叶棕竹	灌木	棕榈科棕竹属	1998.3	种子	10kg	广西柳州	泗阳等地	一般	不适合江苏
12	假槟榔	乔木	棕榈科假槟榔属	1998.3	种子	5kg	广西柳州	白马湖、泗阳等地	优良	适合沿江温室种植
13	鱼尾葵	乔木	棕榈科鱼尾葵属	1998.3	种子	10kg	广西柳州	白马湖、泗阳等地	一般	不适合江苏
14	伞房决明	灌木	豆科决明属	1998.4	种子	5kg	杭州植物园	南通等地	优良	生产示范
15	阴香	乔木	樟科樟属	1998.4	种苗	6000株	广西柳州	南通、泗阳等地	一般	无法越冬
16	小叶榕	乔木	桑科榕属	1998.4	种苗	320株	广西柳州	南通等地	一般	无法越冬
17	薄叶山矾	乔木	山矾科山矾属	1998.4	种苗	120株	广西柳州	南通等地	极差	无法越冬
18	水蒲桃	乔木	桃金娘科蒲桃属	1998.4	种苗	60株	广西柳州	南通等地	一般	无法越冬
19	金花石笔木	灌木	山茶科山茶属	1998.4	种子	5kg	广西柳州	南通等地	差	无法越冬
20	广宁石笔木	灌木	山茶科山茶属	1998.4	种子	5kg	广西柳州	南通等地	较好	需保护越冬
21	宛田红花油茶	灌木	山茶科山茶属	1998.4	种子	5kg	广西柳州	南通等地	较好	需保护越冬

（续）

序号	学名	类型	科属	引进年月	引进方式	引进数量	引进地点	种植地点	表现情况	进入阶段
22	瑶山山槟榔	灌木	棕榈科山槟榔属	1998.4	种子	5kg	广西柳州	白马湖、南通等地	一般	无法越冬
23	紫金牛	灌木	紫金牛科紫金牛属	1998.4	种子	2kg	广西柳州	白马湖、南通等地	一般	生长势弱
24	花叶锦带	灌木	忍冬科锦带花属	1998.4	种苗	200株	北京植物园	泗阳、南通等地	优良	生产示范
25	红王子锦带	灌木	忍冬科锦带花属	1998.4 2000.12	种苗	20株 3000株	北京植物园 上海	江苏农垦各地	优良	生产示范
26	火棘	灌木	蔷薇科火棘属	1998.4	种苗	600株	贵州科学院	南通、白马湖等地	优良	生产示范
27	南天竹	常绿灌木	小檗科南天竹属	1998.4	种苗	1000株	贵州科学院	南通、白马湖等地	优良	生产示范
28	四季桂	常绿灌木	木犀科木犀属	1998.4	种苗	500株	贵州科学院	南通、白马湖等地	一般	
29	萱草	地被	百合科萱草属	1998.5	种苗	200株	杭州植物园	南通	较好	
30	野洋漆	小乔木	漆树科漆树属	1999.3 2000.3	种苗	8kg 10kg	贵州科学院	南京、南通等地	优良	生产示范
31	垂丝紫荆	小乔木	豆科紫荆属	1999.3	种苗	120株	贵州科学院	泗阳等地	优良	生产示范
32	贵州王竹	地被	百合科黄精属	1999.3	种苗	100kg(重)	贵州科学院	泗阳等地	一般	
33	栝楼	藤蔓	葫芦科栝楼属	1999.3	种子	100g	贵州科学院	泗阳等地	差	
34	南五味子	藤本	木兰科五味子属	1999.3	种苗	8株	贵州科学院	南通等地	一般	
35	贵州椴	常绿小乔木	椴树科椴属	1999.3	种苗	3株	贵州科学院	南京	较好	
36	红翅椴	常绿小乔木	椴树科椴属	1998.3	种苗	10株	贵州科学院	南京、南通等地	较好	
37	宽瓣合笑	常绿小乔木	木兰科含笑属	1998.3	种苗	10株	贵州科学院	南京等地	较好	
38	虞美人	地被	罂粟科罂粟属	1998.10	种子	50g	新疆伊宁	南京、南通	一般	
39	欧洲绣球	灌木	忍冬科荚蒾属	1998.4	种苗	50株	中国科学院植物研究所	南京、南通等地	优良	
40	蟛蜞菊	地被	菊科蟛蜞菊属	1998.4 2000.10	种苗	50株	广西柳州	南京、南通	较好	无法越冬
41	竹柏	常绿小乔木	罗汉松科罗汉松属	1998.4	种苗	3000株	广西柳州	白马湖、南通等地	极差	
42	青冈栎	小乔木	壳斗科栎属	1998.12	种苗	2000株	南京林业大学	南通、白马湖	差	

（续）

序号	学名	类型	科属	引进年月	引进方式	引进数量	引进地点	种植地点	表现情况	进入阶段
43	石栎	小乔木	壳斗科柯属	1998.12	种苗	1500株	南京林业大学	南通、白马湖	差	
44	七叶树	小乔木	七叶树科七叶树属	1998.12	种苗	200株	南京林业大学	南通、泗阳等地	优良	
45	胡颓子	灌木	胡颓子科胡颓子属	1998.12	种苗	400株	南京林业大学	南通、泗阳等地	优良	
46	琼花	灌木	忍冬科荚蒾属	1998.12	种苗	300株	南京林业大学	南通、泗阳等地	较好	
47	荚蒾	灌木	忍冬科荚蒾属	1998.12	种苗	300株	南京林业大学	南通、泗阳等地	较好	
48	紫藤	藤本	豆科紫藤属	1998.12	种苗	400株	南京林业大学	南通、白马湖等地	优良	
49	青桐	乔木	梧桐科梧桐属	1998.12	种苗	200株	南京林业大学	南通、白马湖等地	较好	
50	朴树	乔木	榆科朴属	1998.12	种苗	1000株	南京林业大学	南通、白马湖等地	较好	
51	木瓜	灌木	蔷薇科木瓜属	1998.12	种苗	200株	南京林业大学	南通、白马湖等地	较好	
52	榉树	乔木	榆科榉属	1998.12	种苗	4000株	南京林业大学	南通、白马湖等地	优良	
53	琅玡榆	乔木	榆科榆属	1998.12	种苗	5000株	南京林业大学	南通、白马湖等地	较好	
54	醉翁榆	乔木	榆科榆属	1998.12	种苗	5000株	南京林业大学	南通、白马湖等地	较好	
55	紫楠	常绿乔木	樟科楠属	1998.12	种苗	1000株	南京林业大学	南通、白马湖等地	差	
56	'金娃娃'萱草	地被	百合科萱草属	1999.4 2001.3	种苗	1000株 1000株	北京 上海	泗阳等地	优良	
57	观赏蓖麻	灌木	大戟科蓖麻属	1999.4	种子	2000株	新疆石河子、伊宁	南京、南通等地	优良	
58	黄山栾树	常绿乔木	无患子科栾树属	1998.12 1999—2001	种苗 种子	7000株 400kg	南京林业大学	南通、白马湖等地	优良	大规模生产示范
59	溲疏	灌木	虎耳草科溲疏属	1998.12	种苗	20株	南京林业大学	南通、白马湖等地	较好	
60	金钱松	乔木	松科金钱松属	2000.12	种子	5kg	南京中山植物园	白马湖、南京	较好	
61	落羽杉	乔木	松科落羽杉属	2000.12	种子	5kg	南京中山植物园	白马湖、南京	优良	
62	天竺桂	常绿乔木	樟科樟属	2001.3	种子	130kg	江西等地	南通、南京等地	优良	
63	银木	常绿乔木	樟科樟属	2001.3	苗木	3000株	上海	南京等地	较好	
64	天目木姜子	乔木	樟科木姜子属	2001.3	种子	50kg	浙江天目山	南通、南京、白马湖等地	优良	
65	杂交鹅掌楸	乔木	木兰科鹅掌楸属	2000.4	苗木	2000株	南京林业大学	新洋等地	优良	

（续）

序号	学名	类型	科属	引进年月	引进方式	引进数量	引进地点	种植地点	表现情况	进入阶段
66	厚朴	常绿乔木	木兰科木兰属	2001.3	种子	10kg	江西等地	南通、泗阳、白马湖等地	优良	
67	宝华玉兰	小乔木	木兰科木兰属	2001.3	种子	5kg	南京中山植物园	南通、泗阳、白马湖等地	优良	
68	天目玉兰	小乔木	木兰科木兰属	2000.4 2001.3	种子	1kg	南京中山植物园	南京等地	优良	
69	望春玉兰	小乔木	木兰科木兰属	2001.3	种子	1kg	南京中山植物园	南京等地	优良	
70	白玉兰	乔木	木兰科木兰属	2001.3	种子	2kg	南京中山植物园	南通、泗阳等地	较好	
71	深山含笑	常绿乔木	木兰科含笑属	1998.12	苗木	50株	南京林业大学	南通等地	较好	
72	新含笑	常绿乔木	木兰科含笑属	2001.3	苗木	300株	上海	南京等地	较好	
73	红栲	乔木	壳斗科栲属	2000.4	种子	260粒	美国东部沿海	南京等地	优良	
74	鸡爪槭	乔木	槭树科槭属	2000.12	种子	3kg	河南	南京等地	优良	
75	青榨槭	乔木	槭树科槭属	2000.12	种子	3kg	南京中山植物园	南京等地	优良	
76	元宝槭	乔木	槭树科槭属	2001.3	种子	1kg	四川	南京等地	优良	
77	建始槭	乔木	槭树科槭属	2001.3	种子	2kg	南京中山植物园	南京等地	优良	
78	南酸枣	乔木	漆树科南酸枣属	2000.3 2001.3	种子	50kg	南京中山植物园	南通、泗阳、白马湖等地	优良	
79	黄连木	乔木	漆树科黄连木属	2000.3 2001.3	种子	30kg	河南	南通、泗阳、白马湖等地	优良	
80	毛梾	乔木	山茱萸科梾木属	2001.3	种子	20kg	河南	南通、泗阳、白马湖等地	较好	
81	香港四照花	常绿乔木	山茱萸科四照花属	2001.3	种子	20kg	江西	南通、泗阳、白马湖等地	较好	
82	秃瓣杜英	常绿乔木	杜英科杜英属	2000.3 2001.3	种子	10kg	杭州植物园	南京、南通等地	优良	
83	枫香	乔木	金缕梅科枫香属	2000.3	种子	2kg	南京中山植物园	南京等地	优良	
84	新疆野苹果	小乔木	蔷薇科苹果属	2000.3 2001.3	种子	20kg	新疆巩留、新源	南京、南通等地	优良	
85	银荆树	常绿乔木	豆科金合欢属	2001.3	苗木	3000株	吴江苗圃	南通等地	优良	

（续）

序号	学名	类型	科科属	引进年月	引进方式	引进数量	引进地点	种植地点	表现情况	进入阶段
86	双荚决明	小乔木	豆科决明属	2000.3	种子	10g	成都植物园	南京等地	优良	
87	双荚槐	灌木	豆科决明属	2000.3 2001.3	种子	50kg	广西柳州	南京、南通、白马湖、泗阳等地	优良	
88	珊瑚朴	乔木	榆科朴属	2000.3	种子	0.5kg	南京林业大学	南京等地	优良	
89	黑弹树	乔木	榆科朴属	2001.3	种苗	100株	盱眙	三河等地	较好	
90	重阳木	乔木	大戟科秋枫属	2001.3	种苗	100kg	河南	南通、白马湖、新洋等地	优良	
91	大叶冬青	常绿乔木	冬青科冬青属	2000.3	种苗	2000株	南京林业大学	南通等地	优良	
92	喜树	乔木	蓝果树科喜树属	1998.12	种苗	2000株	南京林业大学	南通等地	优良	
93	银鹊树	乔木	省沽油科银鹊树属	2000.3 2001.3	种子	35kg	河南	南通、白马湖、泗阳等地	优良	
94	山桐子	乔木	大风子科山桐子属	2001.3	种子	20kg	河南	南通、白马湖、泗阳等地	较好	
95	鹅耳枥	乔木	桦木科鹅耳枥属	2001.3	种子	15kg	河南	南通、白马湖、泗阳等地	较好	
96	美国山核桃	乔木	胡桃科山核桃属	2000.3 2001.3	种子	60kg	南京中山植物园	南通、白马湖、泗阳等地	优良	
97	无患子	乔木	无患子科无患子属	2001.3	种子	20kg	湖北	南通、白马湖、泗阳等地	优良	
98	浙江柿	乔木	柿科柿属	1997.3 2001.3	种子	6kg	浙江临安	南通、白马湖、泗阳等地	优良	
99	厚皮香	常绿小乔木	山茶科厚皮香属	2001.3	种子	10kg	江西	南通、白马湖等地	较好	
100	交让木	常绿小乔木	虎皮楠科虎皮楠属	2001.3	种子	0.5kg	浙江临安	南京等地	较好	
101	虎皮楠	常绿小乔木	虎皮楠科虎皮楠属	2001.3	种子	5kg	江西	南通等地	较好	
102	海滨木槿	灌木	锦葵科木槿属	2000.12	种苗	20株	上海植物园	南通、南京等地	较好	
103	玫瑰木槿	灌木	锦葵科木槿属	2001.3	种苗	300株	上海市园林科学研究所	南通、白马湖等地	优良	
104	下江忍冬	灌木	忍冬科忍冬属	2000.10	种苗	1000株	南京中山植物园	南京等地	优良	
105	苦糖果	灌木	忍冬科忍冬属	2001.3	种苗	100株	盱眙	三河、南京	较好	
106	雪柳	灌木	木犀科雪柳属	2000.3	种子	1kg	南京林业大学	南京等地	优良	
107	秤锤树	灌木	安息香科秤锤树属	2000.3	种子 种苗	5kg 1000株	南京中山植物园	南京等地	较好	

（续）

序号	学名	类型	科属	引进年月	引进方式	引进数量	引进地点	种植地点	表现情况	进入阶段
108	马银花	常绿灌木	杜鹃花科杜鹃花属	2000.12	种子	200g	浙江临安	南京等地	较好	
109	丁香八仙花	灌木	虎耳草科八仙花属	2001.3	种苗	1000 株	上海市园林科学研究所	南通、白马湖等地	较好	
110	'俏橘红'火棘	常绿灌木	蔷薇科火棘属	2001.3	种苗	500 株	上海市园林科学研究所	南通、白马湖等地	较好	
111	'斯蒂奥'火棘	常绿灌木	蔷薇科火棘属	2001.3	种苗	500 株	上海市园林科学研究所	南通、白马湖等地	较好	
112	博落回	草本	罂粟科博落回属	2001.3	种子	10kg	浙江临安	白马湖等地	优良	
113	西番莲	藤本	西番莲科西番莲属	2000.12	种苗	500 株	上海植物园	南京、南通、泗阳等地	优良	
114	腺萼南蛇藤	藤本	卫矛科南蛇藤属	2000.12	种苗	500 株	上海植物园	南京、白马湖、南通等地	优良	
115	中华常春藤	藤本	五加科常春藤属	2000.12	种苗	50 株	上海植物园	南京等地	较好	
116	金叶小檗	地被	小檗科小檗属	2000.4	种苗	100 株	南京园林	南京等地	优良	
117	铍绿长春藤	地被	五加科常春藤属	2000.12	种苗	200 株	上海植物园	南京、白马湖、泗阳等地	较好	
118	水生溲疏	地被	虎耳草科溲疏属	2001.3	种苗	800 株	上海市园林科学研究所	南京、白马湖、南通等地	较好	
119	粉花溲疏	地被	虎耳草科溲疏属	2001.3	种苗	800 株	上海市园林科学研究所	南京、白马湖、南通等地	较好	
120	喷泉玉簪	地被	百合科玉簪属	2001.3	种苗	400 株	上海市园林科学研究所	南京、白马湖等地	较好	
121	希望玉簪	地被	百合科玉簪属	2001.3	种苗	400 株	上海市园林科学研究所	南京、白马湖等地	较好	
122	金叶玉簪	地被	百合科玉簪属	2001.3	种苗	400 株	上海市园林科学研究所	南京、白马湖等地	较好	
123	甜心玉簪	地被	百合科玉簪属	2001.3	种苗	400 株	上海市园林科学研究所	南京、白马湖等地	较好	
124	金钟连翘	灌木	木犀科连翘属	2000.4	种苗	2000 株	南京中山植物园	新洋等地	优良	
125	矮生紫薇	灌木	千屈菜科紫薇属	2000.4	种苗	100 株	南京园林	南京等地	优良	
126	诸葛菜	地被	十字花科诸葛菜属	2001.3	种子	1kg	南京中山植物园	白马湖、南通等地	较好	
127	福禄考	地被	花葱科福禄考属	2000.3	种苗	150 株	中国科学院植物研究所	南京、南京、白马	较好	
128	花叶蔓长春花	常绿藤本	夹竹桃科长春花属	2001.3	种苗	1000 株	上海市园林科学研究所	南通、新洋等地	较好	
129	女贞亮绿忍冬	常绿地被	忍冬科忍冬属	2001.3	种苗	300 株	上海市园林科学研究所	白马湖、新洋等地	较好	
130	速生爬行卫矛	常绿地被	卫矛科卫矛属	2001.3	种苗	500 株	上海市园林科学研究所	白马湖、新洋等地	较好	
131	亚菊	地被	菊科亚菊属	2001.3	种苗	400 株	上海市园林科学研究所	白马湖、南通等地	较好	
132	枇杷	常绿乔木	蔷薇科枇杷属	2001.3	种子	250kg	安徽歙县	南通、新洋、云台等地	较好	

江苏垦区发展特色花木的机遇、思路及内容刍议

■虞德源(江苏省农垦大华种子集团公司)

■原文载《江苏农垦科技》1998年第10期

江苏农垦最大的资本是拥有105万亩耕地,中华人民共和国成立以来农垦人在不同时期生产适销对口的农产品,促进了农垦经济发展和繁荣。随着社会主义市场经济的深入发展,不断调整农业种植结构已成为农垦经济上新台阶的突出问题。就土地资源而言江苏农垦耕地面积仅相当于一个县,为全国耕地面积的1/6000。江苏农垦农业经济增长确定粮棉为主导地位不可动摇,而种子和蔬菜、瓜果、花木等特种作物的开发则是新的经济增长点。我认为垦区有计划地发展特色花木是一个很好的项目,只要抓住机遇、理清思路、积极规划、典型引路就能使垦区在跨世纪征途中为国家作出贡献,为农垦创好效益。

1 发展特色花木是时代进步赋予我们的历史机遇

1.1 世界特色花木发展的概况

自20世纪80年代以来,花木事业在全世界作为一种新兴和最具活力的产业迅速崛起。其市场在欧洲经久不衰,美洲持续发展,亚洲方兴未艾。在世界潮流中由于全球生态环保意识不断增强,世人更趋于以园林标准进行立体绿化开发,特别是发达国家钟情于野生资源的开发。现代城乡(镇、场)的园林绿化已不满足于少数植物所组成的单调绿化带,更倾向利用多种类的植物特别是野生花木创造趋于自然的生态系统,使人们从枯燥的城市回归自然。在美国、德国、日本、丹麦和澳大利亚城乡园林绿化注重乔灌草的立体开发及古树名树在城镇布景,当古松、古柏与现代大厦融为一体,当森林搬进城市,使生活环境更接近大自然。为开发贴近自然的野生花木,在美国成立了野生花卉研究所,英国成立了研究保护野花协会。澳大利亚西部开发了野花产业,如黄色的袋鼠爪、大红色的瓶刷子花,还有雪蓝花、项链花、面包花等以异国情调、澳洲风韵受到世人普遍好评。当今世界充分保护、利用和开发野生花木资源,积极引进新品种已成为社会可持续发展的重要内容。

1.2 中国特色花木发展的潜在优势

中国地域辽阔,植物种类繁多,高等植物总数3万余种,占世界10.5%,仅次于马来西亚、巴西,位于第三位。其中5成以上属特有种,在世界上享有"园林之母"之称。如英国爱丁堡皇家植物园就有中国原产的活植物1500多种。美国加州70%,荷兰40%的资源均来自中国。中华人民共和国成立以来中国野生植物资源保护事业已取得令世人瞩目的成就,在世界上占重要地位。在世界植物园中,美国200个、前苏联115个、中国110个。我国植物园引种18000余种,占国内植物种类65%,其中濒危珍稀植物332种,占全国濒危珍稀植物总数的85%。自然保护区574个,其面积占国土的5.4%,已建400余处珍稀植物繁育保护区,1.3万公顷种子园,1000多种珍稀濒危植物得到保护与繁殖。其中中国科学院植物研究所凭借多学科优势,组织多方面专家开展野生花卉的引种驯化工作,引种野生观赏植物700余种,隶属123科,并基本掌握了全国野生花卉资源的地理分布,在北京香山中试场建立野生花卉资源库,目前已与江苏省农垦大华种子集团公司等单位携手合作开

发。上海、武汉、黄山、杭州、深圳、青岛、庐山、神农架等地植物园及保护区不仅筛选保存了大量野生种，而且引进大量新优品种。如黄山200个、河南674个、神农架1253个、青岛416个等。青岛崂山曾引种200余种野花绿化全市。又如武汉植物园拥有众多的植物资源，光树木园就有800余种乔灌木。庐山植物园引栽世界各地品种达3400余种。

1.3 发展特色花木是我国经济发展的现实需要

经济建设和生态保护本是相辅相成的。长时期来由于我国过于强调经济建设而忽视生态环境保护，一定程度上致使中国发展步入恶性循环的怪圈。进入20世纪90年代以来全国生态环境不断恶化，每年水土流失达50亿吨。植被的破坏导致荒漠化的肆虐，每年荒漠化面积相当于"两个半香港"大。酸雨区迅速扩大，中国已成为全球第三个酸雨区，形成范围占国土11.9%，特别涉及经济发达地区，如沪宁线。洪涝灾害连年不断。触目惊心的历史教训使每个中国人痛定思痛，是由于伐树毁林、植被破坏、水土流失、生态失衡加剧了自然灾害。就拿长江流域来讲50年代植被面积为20%以上，80年代以来已经减至不足5%。为了中国人的生存和发展必须与经济建设一样，同等重视生态环境保护与建设，国家已明文规定将生态保护与控制人口、节约土地一样，列为中国的基本国策。历史教训唤醒了整个中华民族，一个全民族的保护植被、植树绿化运动必将在我国大地蓬勃兴起。江苏农垦依据自然优势抓住时代机遇发展特色花木产业，在跨世纪文明建设中一定会作出重要贡献。

2 发展思路

每项事业都需反复调研、悟中提高加以构思立意，从实际出发我以为农垦发展特色花木进行绿化的思路为"生态保护、园林绿化、系列开发、建好基地、走出特色、创好效益"。生态保护现已成为我国的基本国策，也应是绿化事业的主题。这一主题不仅对当前而且会成为21世纪中国经济社会的热点。形成这一全民意识就会变为全民行动，就会变单纯的生态保护为生态保护和建设，只要认准这一主题就能做好农业增长点的文章；园林绿化指的是以园林标准进行规划设计，用精品花木装扮城市、乡镇和农场。园林绿化的风格当以东方为主，江南特色。随着城乡灰色水泥森林道路矗起和展开，要借鉴国外加大绿色森林和通道的覆盖率；系列开发指的是对绿化产品进行立体开发，即乔木、灌木、地被、水面不同层次开发挖掘以适应其城乡、道路、宅(校、厂)区对绿化美化的全面需要；建好基地即很好利用农垦体制优势与自然保护区迁地保护相结合，精心落实系列绿化产品的计划，将重点放在垦区南京、淮阴和南通基点的实施上；走出特色即要克服目前过多集中在传统名花和洋花，导致千城一面的单调局面，而将各地区植物多样性与该地区的民族文化风情相结合，创新开拓中国特色的城乡绿化之路；创好效益指的是企业经济效益和社会生态效益双丰收。凡是有特色的产品因其档次高、前景大、用途广必然会得到社会的公认和回报。

我主张所开拓的花木事业以野生为特色，这是因为我国为植物资源世界第三大国，而江苏又位于植物资源特别丰富的华东，野生资源土生土长适应性强，如引进的紫露草越冬安全、花期长达4~5个月，繁殖容易，观赏性强。又如宽瓣含笑，观赏价值高，而且能在40~−10℃环境生存；野生花卉中有不少珍稀濒危种，野生花木的开发利用是一种积极意义的保护，可以变国家少数部门保护为更大范围的一种全民保护开发，在新的历史时期将是探索我国野生资源保护的一条重要途径；野生花木中不乏大量的药用植物，有选择的开发利用不仅可以美化环境，而且通过花卉的挥发芳香成分有益城乡人民健康，同时药材本身可为该地区带来可观的经济效益；在山野郊外的奇花异木最能表现大自然的美，它们往往仅为牛羊所欣赏和啃吃，只要转变观念必将给人们带来可观的精神和物质财富；开拓野生花木事业还因为在我国植物种源中有一半以上属我国特有种，发展它既能提高民族地位，又能作为今后与世界交流的植物资源，这对充实与丰富我国花木资源有很大的促进作用。

3 开发内容和市场前景

3.1 开发内容

按照园林标准进行立体开发可有以下内容，即行道乔木、花灌木类、地被植物、攀援植物、鲜切花类、盆栽花卉、药用花卉、珍稀植物、绿篱植物、竹类植物、水面植物及奇石盆景等。首先是为道路建设和绿化布景服务的乔木类的筛选和开发，是特色花木要做的一篇大文章，种类有栾树、大花含笑、红花木莲、阴香、山矾(七里香)、小洋漆等。其次是点缀城乡、四季有景的花灌木类的筛选和开发，这类花木有很好的开发前景，种类有欧洲绣球、伞房决明、石楠、欧荚蒾等；净化美化环境的地被植物有富贵草、荚果蕨、金山绣线菊、金焰绣线菊、紫露草、虞美人等；作为绿色屏障和可塑景观的绿篱植物，如红豆杉、椤木、金叶女贞等；用于装扮墙面、篱笆、灯柱、栏桥、立交桥、屋顶绿化、落叶乔木以及园林绿化的攀援花木是城乡绿化很有特色的景观，种类有薜荔、扶芳藤、常春藤、常绿油麻藤、血秤锤、栝楼等；具有南国韵味的竹子风光值得街景庭院开发，种类有金香玉、矢竹、罗汉竹、方竹、阔叶箬竹、算盘竹、凤尾竹等；花药兼用的植物有姜花、水飞蓟、仙茅等；水面植物有荷花、睡莲等；切花、观叶类盆花有玉竹、凤尾蕨、花叶爬山虎、火鹤等；珍稀濒危植物有夏蜡梅、黄枝油杉、天竺桂、浙江紫楠等；还有涉及广西、贵州、安徽、山东诸地丰富奇石资源可连同上述资源一并开发，树石结合本身就是一道亮丽的风景线。

3.2 市场前景

根据 2000—2015 年中国精神文明奋斗目标及建设园林化城镇进程，中国城市建设、道路建设及城乡住宅建设对花木特别是有特色的野生及新优苗木的需求将持续增长。就江苏而言，全省绿地总量不足，44 个城市中 11 个绿化率不足 10%，有 8 个城市人均绿地不足 $3m^2$(要求每人平均 $10m^2$)。绿化精品少，有特色的少，公路、城镇更是薄弱环节，森林绿化覆盖率仅 11.7%(江苏农垦为 13.2%)，低于全国 13.9% 的平均水平，更低于世界 26% 的平均水平(世界一些先进国家，如美国为 32%，瑞典53.4%，加拿大为 59%)。全省尚有 3 万 km^2 二级以上水土流失区和水力侵蚀区。目前江苏及华东地区花卉市场生产一定数量苗木，如江苏的吴县、如皋，浙江的绍兴、宁波，江西的井冈山地区，山东的潍坊、莱州，福建的漳州、厦门、福州，安徽合肥及上海的嘉定、崇明、浦东等地市场，上述地区主要绿化产品为盆景、切花、草坪及苗木，以野生为特色的系列产品目前尚属待开发，因此具有一定的开发前景，根据市场培育与开发本项目可以南京为第一市场，上海为第二市场，兼顾苏州、南通、无锡、盐城、淮阴等中型城市以及与本地区具有显著相似性的其他城市。

江苏农垦近几年来在开发野生和新优花木上作了一些有益的探索。近年来，利用北京、杭州、广西、贵州、新疆等地资源积极进行引种试验并取得一些进展。1997 年与中国科学院植物研究所建立联手开发的合作伙伴关系，并在南通农场、白马湖农场及农垦花木公司进行繁殖试验。同年"野生及新优花木的引种驯化及应用的研究"课题取得江苏省科委正式立项，这标志此项目已列入江苏特种经济发展的议事日程，当前需要积极试点，加大基地开发的步伐。大华公司和中国科学院植物研究所重点合作的紫露草、富贵草、花叶爬山虎、绣线菊、荚果蕨等发展势头良好，同时与贵州科学院、广西柳州林业局、杭州植物园等单位对野生乔灌草木引种取得了积极进展，目前阴香、木莲、贵州槭、伞房决明、玉竹、萱草长势喜人。在巩固上述成果的基础上，近年将扩大与安徽、湖北、四川、上海等省市植物系统的合作，以迈出更大的开发步伐。

获奖情况

第五届花卉博览会获银奖证书

作者在花博会上（2001年广州）

广州花博会巧遇毛新宇先生

立足南京引种试验

(2001—2017)

南京六合新优花木种苗场

南京六合新优花木种苗场基地位于六合区新集镇的接待村、童祝村；横梁镇灵岩山南坡和竹镇仇庄，占地面积 500 余亩。基地根据生态相似原理，从与南京相似的苏、浙、皖、川、贵等省和上海市以及美国、日本、法国等国引进和繁殖诸多野生新优花木(卉)品种，充分利用六合区内不同区位资源优势，建立花木(卉)种质资源圃及相应的示范苗木基地。

基地有野生新优花木(卉)种质资源计 62 科 126 属 263 个品种。其中，国内品种约占 59%，国外品种约占 41%；常绿树种约占 33%，彩叶树种约占 24%，国家保护树种、珍稀树种占 10%，其他占 33%；其中乔木比例为 35%，灌木 25%，藤本 5%，地被 35%。

在此基础上，重点筛选常绿、速生、彩叶、药用及抗逆性强(耐寒、耐湿、抗污染等)的乔灌木，常绿、耐寒、观赏性强的藤本植物和多年生地被植物(矮生木本植物和宿根花卉)。

基地还本着引进一批、储备一批、推出一批的原则，每年重点向市场推出 10~20 个适合栽植、应用、推广的新品种，以物种多样性推动城市生态化向纵深发展。并且实行引种、示范、繁殖一体化，以繁为主的方针，积极面向市场。

由本基地开发的野生新优花木(卉)的引种驯化及应用研究荣获 2001 年第五届全国花卉博览会银奖，基地被国家林业局授予"全国特色种苗基地"称号。

基地始于 1998 年小试，终于 2017 年。基地以试验为目的，其成功经验失败教训作为一种历史，值得借鉴。

资源科属

柏科	1 属 1 种	
	柏木属	芷柏
松科	2 属 2 种	
	(1)金钱松属	金钱松
	(2)松属	喜马拉雅乔松
杉科	1 属 1 种	
	落羽杉属	落羽杉
槭树科	1 属 1 种	
	槭属	元宝槭、五裂槭、天台阔叶槭、茶条槭、大叶槭、桐状槭、樟叶槭、青榨槭、建始槭、鸡爪槭、羽叶槭、血皮槭、毛果槭、天目槭、红翅槭、临安槭、加拿大糖槭、三角枫、金边复叶槭、秋焰槭、红花槭
樟科	6 属 18 种	
	(1)樟属	天竺桂、银木、猴樟

（续）

	（2）木姜子属	天目木姜子、豹皮樟
	（3）山胡椒属	黑壳楠、香叶树、红果钓樟
	（4）润楠属	红楠、华东楠、刨花楠、香楠、润楠
	（5）新木姜子属	鸭公树
	（6）楠属	楠木、桢楠、浙江楠、紫楠
山茱萸科	3属10种	
	（1）山茱萸属	灯台树、花叶灯台树、光皮树、山茱萸、黄阔边红瑞木、金边红瑞木
	（2）毛梾属	毛梾、小叶毛梾
	（3）四照花属	四照花、香港四照花
豆科	6属16种	
	（1）决明属	伞房决明、双荚决明、双荚槐
	（2）紫荆属	垂丝紫荆、巨紫荆、南欧紫荆、加拿大紫荆
	（3）紫藤属	紫藤、多花长穗紫藤
	（4）鸡血藤属	鸡血藤
	（5）红豆树属	花榈木、红豆树
	（6）油麻藤属	常绿油麻藤
	金雀儿属	邱金雀儿、红花金雀儿、黄花金雀儿
木兰科	6属23种	
	（1）木兰亚属	广玉兰、山玉兰、厚朴、凹叶厚朴
	（2）玉兰亚属	光叶木兰、宝华木兰、天目木兰、紫玉兰、望春木兰、黄山木兰、白玉兰、武当木兰
	（3）含笑属	新含笑、乐昌含笑、云山白兰、黄心夜合、峨眉含笑、多花含笑、红花玉兰
	（4）木莲属	乐东木兰、红花木莲
	（5）拟单性木兰属	乐东拟单性木兰
	（6）鹅掌楸属	杂交鹅掌楸
漆树科	5属6种	
	（1）漆树属	野洋漆
	（2）南酸枣属	南酸枣
	（3）黄连木属	黄连木
	（4）黄栌属	黄栌、红黄栌
	（5）盐肤木属	盐肤木
七叶树科	1属2种	
	七叶树属	七叶树、红花七叶树
杜英科	2属2种	
	杜英属	秃瓣杜英
	猴欢喜属	猴欢喜
金缕梅科	1属2种	
	枫香树属	枫香、北美枫香

（续）

蔷薇科	13属30种	
	（1）苹果属	新疆野苹果、湖北海棠、顶峰海棠
	（2）石楠属	石楠、光叶石楠、费氏石楠
	（3）珍珠梅属	珍珠梅
	（4）绣线菊属	金山绣线菊、金焰绣线菊、喷雪花、玫瑰绣线菊、菱叶绣线菊、珍珠绣线菊
	（5）山楂属	阿勒泰黄果山楂、紫果山楂、红果山楂
	（6）枇杷属	枇杷
	（7）李属	重瓣郁李、重瓣山樱花
	（8）蔷薇属	德国5号月季、铺地月季
	（9）火棘属	宝塔火棘、贴墙火棘、铺地火棘、黄果火棘
	（10）风箱果属	金叶风箱果
	（11）樱属	宝华樱花、庐山山樱花
	（12）白鹃梅属	白鹃梅
	（13）木瓜属	木瓜
小檗科	2属4种	
	（1）小檗属	豪猪刺、金叶小檗、达尔文小檗
	（2）十大功劳属	十大功劳
含羞草科	1属2种	
	金合欢属	银荆、合欢
马鞭草科	1属1种	
	紫珠属	紫珠
榆科	1属3种	
	朴属	珊瑚朴、黄果朴、小叶朴
大戟科	3属3种	
	（1）重阳木属	重阳木
	（2）油桐属	油桐
	（3）蓖麻属	红蓖麻
蓝果树科	1属1种	
	喜树属	喜树
省沽油科	1属1种	
	银鹊树属	银鹊树
伯乐树科	1属1种	
	伯乐树属	伯乐树
卫矛科	1属3种	
	卫矛属	丝棉木、紧密卫矛、欧洲卫矛
藜科	1属1种	
	滨藜属	蓝滨藜叶分药花
大风子科	1属1种	
	山桐子属	山桐子

（续）

胡桃科	2属2种	
	（1）山核桃属	美国山核桃
	（2）核桃属	美国黑核桃
柿科	1属4种	
	柿属	美洲柿、浙江柿、延平柿、君迁子
山茶科	1属1种	
	厚皮香属	华南厚皮香
虎皮楠科	1属2种	
	虎皮楠属	虎皮楠、交让木
壳斗科	3属4种	
	（1）栎属	红栎、乌岗栎、沼生栎
	（2）石栎属	东南石栎
	（3）栲属	苦槠
木犀科	6属7种	
	（1）连翘属	金钟连翘
	（2）木犀属	佛顶珠桂花
	（3）白蜡属	白枪杆、对节白蜡
	（4）流苏属	流苏
	（5）雪柳属	雪柳
	（6）丁香属	四季丁香
梧桐科	1属1种	
	梭罗树属	梭罗树
冬青科	1属1种	
	冬青属	大叶冬青
鼠李科	2属2种	
	（1）美洲茶属	美洲茶
	（2）枳椇属	拐枣
无患子科	2属2种	
	（1）无患子属	无患子
	（2）栾树属	黄山栾树
金丝桃科	1属2种	
	金丝桃属	红果金丝桃、三色金丝桃
锦葵科	1属4种	
	木槿属	芙蓉花、玫瑰木槿、海滨木槿、日本木槿
忍冬科	5属23种	
	（1）荚蒾属	木绣球、苦糖果、琼花、荚蒾、欧洲绣球、雪山绣球、香荚蒾、白欧洲绣球、夏日雪片、粉团、拉纳粉团、枇杷叶荚蒾
	（2）锦带花属	水马桑、红王子锦带、美国花叶锦带、双色锦带、荷兰花叶锦带、紫叶锦带、小锦带
	（3）接骨木属	金叶接骨木
	（4）六道木属	粉花六道木
	（5）忍冬属	下江忍冬、亮绿忍冬

（续）

桦木科	1 属 1 种	
	桤木属	桤木
千屈菜科	1 属 4 种	
	紫薇属	浙江紫薇、矮生紫薇、大花紫薇、紫罗兰紫薇
安息香科	1 属 1 种	
	秤锤树属	秤锤树
茜草科	2 属 3 种	
	(1) 水团花属	水冬瓜、水杨梅
	(2) 香果树属	香果树
蜡梅科	1 属 1 种	
	夏蜡梅属	夏蜡梅
菊科	4 属 4 种	
	(1) 亚菊属	亚菊
	(2) 天人菊属	天人菊
	(3) 紫锥花属	松果菊
	(4) 金光菊属	黑心菊
葫芦科	3 属 3 种	
	(1) 绞股蓝属	甜味绞股蓝
	(2) 木鳖子属	木鳖子
	(3) 栝楼属	栝楼
虎耳草科	1 属 1 种	
	八仙花属	日本八仙花
罂粟科	1 属 1 种	
	博落回属	博落回
败酱科	1 属 1 种	
	败酱属	黄花败酱草
西番莲科	1 属 1 种	
	西番莲属	西番莲
紫葳科	2 属 2 种	
	(1) 楸树属	黄金树
	(2) 凌霄花属	黄花美洲凌霄花
椴树科	1 属 3 种	
	椴树属	波拉班特银毛椴、阔叶椴、欧洲心叶椴
五加科	2 属 5 种	
	(1) 常春藤属	中华常春藤、绿皱、常春藤、耐寒常春藤
	(2) 八角金盘属	熊掌木
花荵科	1 属 1 种	
	福禄考属	福禄考

（续）

玄参科	1 属 1 种	
	钓钟柳属	钓钟柳
石竹科	1 属 2 种	
	石竹属	美国多色石竹、毛缕
鸢尾科	1 属 3 种	
	鸢尾属	德国鸢尾、蝴蝶花、玉蝉花
桔梗科	1 属 1 种	
	桔梗属	桔梗
唇形科	1 属 1 种	
	藿香属	藿香
鸭跖草科	1 属 1 种	
	紫露草属	无毛紫露草
夹竹桃科	1 属 1 种	
	长春花属	花叶蔓长春花
百合科	4 属 5 种	
	（1）火炬花属	火炬花
	（2）萱草属	'金娃娃' 萱草、系列萱草
	（3）玉簪属	美国玉簪
	（4）麦冬属	矮麦冬
猕猴桃科	1 属 1 种	
	猕猴桃属	深山木天蓼
柽柳科	1 属 4 种	
	柽柳属	非洲柽柳、粉红红柳、深红红柳、园艺柽柳
山梅花科	2 属 2 种	
	（1）山梅花属	白岩山梅花
	（2）溲疏属	矮生溲疏
报春花科	1 属 1 种	
	珍珠菜属	金叶过路黄
毛茛科	1 属 1 种	
	铁线莲属	铁线莲

探索新优树种实践活动

■虞德源

■2015年9月20日写于苏州

我长期以来潜心研究自然生态相似理论并深入农林实践总结经验。多年来为丰富城市绿化物种多样性，在引进国内外新优植物方面大胆试验探索，现就适合沪宁及有关华中地区提出推荐树种及其系列仅供同行参考。

1 探索新优树种实践活动

20世纪90年代以来，我国城市绿化的鲜明特色是强调绿量及生物多样性，其核心就是增多新优树种植物的比例，这表明社会在进步。中国工程院已故资深院士陈俊愉教授提出，我国一般城市常用的园林植物应在400~1000种，广州、厦门等南亚热带城市常用的园林绿化植物应在1400~2100种，上海市常用绿化园林植物种类由原来的500种扩大到800种。而我国多数城市低于上海水平。在这一形势推动下，我选择所在城市南京为中心展开工作，南京属华中地区北部的常绿落叶混交林南北过渡带。它与苏、皖、豫、贵、陕、鲁、川、浙、沪等9省一市182城市处1、2级相似水平。最佳带在北纬30°~35°，东经110°~122°。从行政省份与苏鄂皖沪最相似。国外与美国、日本、朝鲜、韩国、南非、阿根廷等国18城市处1、2级水平。根据当时情况与南京中山植物园、中国科学院植物研究所、南京林业大学、江苏省林科院、浙江林学院、湖北林业站、庐山植物园、上海市园林科学研究所、中国林木种子公司等单位合作，分别从天山、北京植物园、伏牛山、黄山、大别山、庐山、天目山、五峰、恩施、梵净山以及美国、法国等地引进62科128属300余种乔灌地藤植物新品种。其中国内品种占70%，国外品种30%。十余年来这些品种大多数进入江苏的苏州、张家港、江阴、宜兴、昆山、扬州、常州、句容、南京、泗阳、徐州等地以及上海崇明岛，还协助一些地区如泗阳建立了植物主题公园。

2 20年来引种实践的3点重要启示

（1）要选择引种相似区域。从南京试验来看，所引种的苏皖鄂沪（1~2级相似）为北亚热带树种，成功率最高。品种有金钱松、落羽杉、光蜡树（常绿斑皮白蜡）、美国山核桃、黄金树、雪柳、红花玉兰、银木、黄果朴、厚朴、珊瑚树、大叶冬青、秤锤树、水杨梅、红王子锦带、喷雪花、大花秋葵等。川豫赣浙京（2~3级相似）以中亚热带和暖温带树种为主，成功率较好。品种有东南石栎、峨眉含笑、樟叶槭、香港四照花、秀丽槭、三角枫、鸡爪槭、秃斑杜英、梭罗树、海州常山、油柿、延平柿、南紫薇等。新宁桂闽粤（3~4级相似）为中温带或南亚热带树种，失败率特高以至全军覆没。品种有如新疆新苹果、黄果山楂、枸杞、柽柳、阴香、竹柏、双荚槐、大叶紫薇、野鸦椿等。以上说明不同自然地理条件生长不同植物。北亚热带生长同带或中亚热带植物，不可能生长南亚热带植物。向北可生长部分暖温带植物，但不可能生长中温带植物。国外引种由我国同科同属的优势乔木树种如紫葳科黄金树、金叶梓树、胡桃科美国黑核桃、壳斗科北美红栎等引种成功。但槭树科的复叶槭、挪威槭、红花槭、秋艳槭因蛀干害虫几乎无一成功。灌木地被因其系统演化较高遗传保守性弱故而成功率高。如红叶石楠、紫罗兰紫薇、红花绣线菊、多花长穗紫藤、美法凌霄等。

（2）要透析植物生物特性。每种植物在长期进化中形成特有的生物学特性，其遗传性相当保守，如果引种后得不到满足就会失败，因此必须掌握其温凉、干湿、阴阳、酸盐等特性，引种才能成功。择红王子锦带、美国黑核桃、红花玉兰、柽柳说明之。红王子锦带为广布性灌木，适合亚热带至温带生长，为强阳性树种。因对其属性不熟悉，南京基地误将其作林下处理，1年萎缩2年消失。上海等地将其作绿篱处理，也因争光而萎缩。美国黑核桃适合亚热带至暖温带生长，属喜湿润而忌湿害的树种，南京基地因布局部分洼地以至于造成渍害死亡。红花玉兰属木兰科精品，也因忽视雨季排水，好端端大树毁于一旦。关于柽柳为温带盐碱和东部沿海盐性灌木树种，在我国西部及欧洲地中海气候均表现优异。南京基地前些年引进新疆柽柳研究所系列品种，1年萎缩2年消失。欧洲柽柳也同样规律。南京属中性偏酸性土壤，土壤不相似是导致溃败主因。联系沪宁地区存在同样结果，值得深思。

（3）要探索引种长效机制。目前美丽中国、山水林田湖生命共同体理念开始深入人心，城乡绿化必将进入更高层次。由数量性转入质量性需要探索长效机制，生态文明需要人们终生付出。现在灌木地被易驯化、周期短、见效快，故而发展快，而就新优乔木树种开发难、驯化周期长、见效慢需要发展极难。我国乔灌木树种达8000余种，被子植物占世界科数53%，针叶树种占世界同类植物的1/3，加之国外相似地区引种潜力值得人们为之付出与收获。如何建立激励机制、吸引人才、总结经验、编制规划，这是事关人民福祉、民族未来的好事情。发展新优树种要选准物种，静下心来。一般乔灌木树种10年以上呈现良好的发展前景，时间短则表现不出来。当看到自己精心培育的金钱松、美国黑核桃、美国山核桃、北美红栎、常绿斑皮白蜡、梭罗树、落羽杉、金叶梓树、黄金树、秀丽槭、油柿、秤锤树、琼花……苗壮成长，一种满足感油然而生。

3 建议推广新优树种

新优树种标准是什么？我认为性状好、抗性强、寿命长、适应广、尚无大量应用的国内外树种均属于这个应用范围，但它的试验观察期要在10年以上。根据南京基地试验及反馈来看推荐以下26个树种，其中包括乔木18个，灌木8个。

3.1

1. 乔木（18个）

（1）金钱松，松科金钱松属落叶针叶林乔木，中国特有树种。挺拔雄伟，秋叶金黄，国之骄傲，可孤植、纯林或行道树。

（2）北美落羽杉，杉科落羽杉属落叶乔木。高纵伟岸、春夏翠绿，秋季黄艳，吸尘净水，可作湿地树种、公园树种。

（3）银木，樟科樟属常绿树种，系香樟姐妹系。树形优美呈宝塔状，用途广泛。

（4）巨紫荆，豆科紫荆属落叶乔木。春季嫣红，夏秋绿荫，可孤植或作行道树，吸氯滞尘，为城市绿地、厂矿绿化好材料。

（5）光蜡树，木犀科白蜡属常绿乔木。树形优美，叶色油亮，斑皮可赏，为沪宁线常绿新秀树种。

（6）樟叶槭，槭树科槭树属常绿乔木。树荫浓密，叶绿可爱，可作抗污先锋树种或湿地树种，也可作樟树亚层树种。

（7）凹叶厚朴，木兰科木兰属落叶乔木。叶大荫浓，花大美丽，热带风光，既为园林亦为药材树种，可在公园与其他名木混交种植。

(8)秀丽槭，槭树科槭属落叶乔木。树叶浓密，翅果累累，成串下垂，远观红树，秋叶斐红，乃槭树中的精品，点缀园林不亦乐乎。

(9)庐山油柿，柿树科柿属落叶乔木。春夏翠然，秋果犹如繁星灯笼，十分喜庆，可作公园或宅区树种。

(10)北美红栎，壳斗科栎属落叶乔木。春夏翠绿，入秋多色，红叶且观叶期长，为不可多得的风景线。为亚热带至温带树种，可作庭院树种或堤岸树种。

(11)黄果朴，榆科朴属落叶乔木。树形美观，绿荫浓密，可作庭院或行道树种。

(12)美国黑核桃，胡桃科核桃属落叶乔木。树体高大，浓荫果垂，为绿化、果用、材用的长寿树种，可作庭院树种或堤岸树种。

(13)美国长山核桃，胡桃科山核桃属落叶大乔木。高大伟岸，绿荫华盖，宜作行道树种。

(14)拐枣，鼠李科枳椇属落叶乔木。树大浓密，树姿优美，亦为药树，可作庭荫树或行道树。

(15)东南石栎，壳斗科石栎属常绿乔木。树形优美呈宝塔状，浙江临安引种至长江北岸，值得关注，可作庭荫树。

(16)梭罗树，梧桐科梭罗树属常绿乔木。早春郁香花朵甚为壮观，中山植物园有1株。2002年贵州梵净山引种，历时12年在苏州见到开花，表明苏沪杭一带皆可生长。此一神秘树种可作寺庙、公园树种。

(17)福利埃氏紫薇，千屈菜科紫薇属落叶乔灌木。红皮白花为其鲜明特征，适应性强，可作公园、庭院树种点缀。

(18)金叶梓树，紫葳科梓树属落叶乔木。南京点观察4~9月金叶灿烂，适应性强，为亚热带至温带广布性树种，其姐妹系黄金树呈现同一规律。

2. 灌木(8个)

(1)秤锤树，野茉莉科秤锤树属落叶灌木。花似茉莉，秤果累累，秋叶黄灿，国家2级保护植物，适应性强，可作公园、庭院树种。

(2)琼花，忍冬科荚蒾属常绿灌木。白花似雪，花香四溢，红果累累，中国独特仙花，适应性强，可作公园、庭院树种。

(3)郁香忍冬，忍冬科忍冬属半常绿灌木。以3月郁香闻名，为亚热带至暖温带树种，可用于公园、宅区绿化。

(4)金叶接骨木，忍冬科接骨木属落叶大灌木。金叶满株，白花满树，冬态婆娑，适应性强，可用于公园、绿地、宅区绿化。

(5)海州常山，马鞭草科赪桐属落叶灌木。夏花满珠，红萼蓝果，树姿优美，为亚热带至暖温带树种，适应性特强，为抗污耐盐好树种。

(6)玫瑰绣线菊，蔷薇科绣线菊属落叶亚灌木。在崇明观察，花色特艳，为公园好树种。

(7)水杨梅，茜草科水团花属落叶灌木。树形优美，繁花奇特，为湖畔树种或盆景材料，适应性强，适合长江流域生长。

(8)芙蓉葵(大花秋葵)，锦葵科木槿属落叶亚灌木。花大色艳，花期长，适应性极其广泛，为跨越亚热带、暖温带至温带广布树种，适合各地绿地使用。

3.2　建议推广系列树种

根据苏南水多、地下水位高，苏北多盐碱且气候反常的特点，推荐3个系列的树种植物，供植物设计参考。

（1）耐湿树种（21）

木犀科雪柳，蔷薇科杜梨，胡桃科枫杨、美国长山核桃，楝树科楝树，无患子科无患子，杨柳科垂柳、旱柳，槭树科樟叶槭、三角枫，金缕梅科枫香，榆科榔榆，桦木科桤木，大戟科乌桕、重阳木，杉科落羽杉、池杉、中山杉，紫葳科黄金树，千屈菜科紫薇，茜草科水杨梅等。

（2）耐盐树种（20）

楝树科楝树，无患子科黄山栾树、无患子，大戟科乌桕，胡桃科美国黑核桃、美国长山核桃，木犀科雪柳、美国白蜡，榆科黄果朴，槭树科三角枫，柿科油柿，茜草科水杨梅，忍冬科金叶接骨木、郁香忍冬，千屈菜科福建紫薇，蔷薇科火棘，柽柳科柽柳，锦葵科芙蓉葵，马鞭草科海州常山，豆科紫花槐，蔷薇科杜梨等。

（3）广适树种（10）

指适应各种自然地理条件，跨越2~3个自然带的树种。如槭树科三角枫、茶条槭，蔷薇科杜梨，木犀科雪柳，紫葳科黄金树，胡桃科美国长山核桃，锦葵科芙蓉葵，忍冬科郁香忍冬，马鞭草科海州常山，蔷薇科金叶风箱果等。

金叶接骨木

水杨梅

水马桑

长穗火棘

玫瑰木槿

金钟连翘

秤锤树（花）

秤锤树（果）

琼花　　　　　　　　　　琼花（果）　　　　　　　　　秀丽槭

秀丽槭翅果　　　　　　　　　　　　　　　　美国红枫

红皮紫薇　　　　　　　　　　　　　　　　　红皮紫薇（白花）

巨紫荆　　　　　　　　　　　　　　　　　　延平柿

庐山油柿

乌桕

雪柳（五谷树）

望春玉兰

天目玉兰

黄山玉兰

红花玉兰

凹叶厚朴（花）

凹叶厚朴（叶）

秃瓣杜英

美国山核桃

拐枣

樟叶槭

枫香

光蜡树林

光蜡树皮

三角枫（春夏）

三角枫（秋）

美国黑核桃

美国黑核桃（果）

银木

美国红栎（春夏）

美国红栎（秋）

北美落羽杉（春夏）

北美落羽杉（秋）

金钱松（秋）

长穗紫藤

庐山芙蓉

欧洲绣球

全国特色种苗基地

国家林业局文件（1）

国家林业局文件（2）

肇东市五站林木种子园

上海（4处）

上海艾博园林有限公司苗圃

上海金家苗圃

上海茸聘园艺有限公司基地

上海市.南汇优质桃苗木繁育基地

江苏（8处）

靖江市园林苗圃

南京梅花种质种苗基地

南京市六合区新优花木种苗场

沭阳县苏北花卉盆景公司特色林木种苗生产基地

东海县特色林木种苗生产基地

江苏省耐盐树种引种繁育基地

无锡市绿羊彩色林木种苗基地

江都市丁伙花木工程公司种苗基地

浙江（18处）

余杭区林木种苗引种繁育示范园区

杭州桂花品种园

富阳珍稀特色苗木基地

桐庐县七叶树骨干苗圃

浙江省浦江大自然绿化有限公司林木种苗基地

1 5

国家林业局文件(3)

撰写文章阐述主张

（1995—2017）

新疆行

■虞德源

　　1995年6月，我在新疆新源那拉提开办甜菜新品种苏垦8312制种培训班后，与南京林业大学汤庚国教授、石河子气象局陈多方总工程师、伊犁州农业局甜菜办公室孙长明主任等人深入新源、尼勒克、巩留、博乐、乌鲁木齐等山区实地考察甜菜制种基地和野生植物资源，颠簸途中，触景生情，舒怀十首。

那拉提①

旭日东升映山川，群峰竞秀潺流水。
山色酷似八达岭，草原辽阔绿成茵。
牛羊如云花似锦，梦境世界气象新。
天山铁脊②守疆土，人民江山磐如钢。

野果林③

新源野果连山麓，奇花异草百鸟鸣。
峰林云海壑争流，万千气象云雾中。
高山考察腾半空，急中抓草捡回命。
朝进夕回无懈意，硕果累累载满归。

唐布拉④

嵯峨峡谷涛拍岸，轰鸣不息惊心魄。
草场茵茵歌悠扬，毡房点点星罗布。
鸟语花香蝶聚会，云杉参天清泉涌。
冰峰雪岭风光旖，百里奇观胜仙境。

野核桃沟⑤

天然宝库价连城，世界现今仅二处。
神话老妪扔二果，满沟野核树蔽天。
进山探宝遇醉汉，热情引路惊无险。
资源开发须勇气，无限风光在深处。

果子沟

涌泉飞瀑山势险，野杏遍山接海天⑥。
公路盘旋松鼠窜，山巅观景云海深。
峰峦耸峙林繁茂，山脚蜂摊几十余。
夏季入沟多凉意，古往今来避暑地。

赛里木湖

山巅镶嵌蓝宝石，雪峰环抱倒影池。
波光粼粼浩无际，海天一色清见底。
鱼翔浅底马饮水，幽深缥缈赛蓬莱。
遐思万千情趣高，李白欲来发诗兴。

温泉县

温泉水滑胜华清，该县题名不过实。
白云雪山绿成荫，冬暖夏凉好去处。
山巅平原不多有，林密水欢农牧好。
江苏新疆大合作，苏垦甜菜扎寨外。

刺芽子沟

茫茫刺芽多丛生，荆棘封道难深进。
沿河而下数十里，其势壮观一特色。
柳树沙棘难区别，随乡入俗相适应。
世间奇事不算少，柳挂红果未闻见。

怪石沟

云南石林闻天下，新疆怪石胜一筹。

亿万年前海造化，奇石嶙峋百怪多。

悟空穿行逞英雄，江苏云台岂可比。

鬼斧神工好气魄，霞客若至不思归。

天池

博峰[7]皑皑萦云雾，山顶瑶池映倒影。

定海神针[8]镇妖孽，飞艇激浪鹰盘空。

松杉参天花弥谷，山缀毡房坡牛羊。

山势巍峨盘旋上，天开石门飞泉泻。

注释：

①那拉提：是新疆西部联系南北疆交通的要冲。相传成吉思汗西征时，二太子察合台曾从那拉提越过山岭，称之太阳升起的地方。

②天山铁脊：当地一支野战军部队。

③野果林：新源野果林位于巩乃斯河谷南部，那里有一座叫"科克恰克"的山岗，上面长满遮天蔽日自生自灭的野苹果树，面积达数十平方千米。

④唐布拉草原是尼勒克县境内的哈什河峡谷草原景观的统称，得名于县城东南105km的八处以唐布拉命名的山沟，是个由森林、草原、飞流、山石组合的自然景观区。因为其沟东侧的山梁上有几块硕大无比的岩块，恰似玉玺印章，故而得名唐布拉，就是哈萨克语大印章子之意。据说，电影《天山红花》曾在此拍摄外景，从此而闻名。通常人们都将105km处的广阔山地草场统称为唐布拉草原，也是伊犁颇负盛名的五大草原之一。

⑤野核桃沟：野核桃沟的野核桃是第三纪末第四纪原始核桃遗林，是我国唯一的珍林。

⑥海天：这里系指赛里木湖。

⑦博峰：博格达峰，终年银装素裹，为天山第二高峰，海拔达5445m。

⑧定海神针：据传，当年王母娘娘在瑶池之滨举行蟠桃盛会，各路神仙应邀赴宴，唯独瑶池水怪未被邀请。水怪怒而兴风作浪，顿时乌云翻滚，狂风大作，巨浪滔天。王母盛怒，拔下头上碧簪投入池中镇住了水怪，于是瑶池天朗气清，风平浪静。后来，王母的碧簪变成了这棵榆树，千百年来枝叶繁茂，挺立在天池北岸。这里海拔1915m，不宜生长榆树，周围独此一棵，而且从来未被天池湖水淹没过。时人引以为奇，便称这棵古榆为定海神针。

典型新疆风光

那拉提早春

骆驼队欢迎你

天山丰碑

唐布拉草原

定海神针

军垦第一犁

定海神针近影（古榆）

考察途中

满载而归

◀ 伊犁巩纳斯湖

◀ 草原牧马

胡杨赞

■虞德源

■原文发表在《江苏农垦报》1998 年 9 月 18 日

胡杨和云杉、银杏齐名，被称为植物活化石，它在我国古籍中称胡桐，植物学上属杨柳科杨属。维吾尔语称托克拉克，意为最美丽的树。在我国胡杨主要分布在塔克拉玛干大沙漠周围，它群立于野荒阒寂的荒漠盐碱地带，给人以苍劲、奇特、抗争的印象。在极度恶劣的环境中胡杨顶天立地，它以抗干旱、御风沙、耐盐碱等特点生存繁衍于沙漠之中，被人们赞誉为"沙漠英雄树"。

胡杨形态与一般杨树大不相同，树干粗大，可数人合抱；树皮龟裂，呈灰白或灰褐色；树冠阔圆如伞，呈灰绿色；株株姿态各有差异。它曾是冈瓦纳古陆的热带残遗种，远在一亿三千五百万年前就出现了。两千五百万年前(中新世)它的祖先定居天山山间盆地。胡杨之趣在于它的叶形随阶段发育而变化，苗期叶细长如线，数年后变宽如柳，成龄后叶形似扇，颇像银杏。在各种树木中它素以高度抗盐而闻名，它将吸收的盐部分贮藏体内，部分通过树皮裂缝外溢形成胡杨碱。

胡杨可贵之处在于它的一生都在同风沙作斗争，是它以自己粗壮的躯干阻挡流沙，抵御寒风，保卫绿洲，在最前沿的沙漠阵地维护了干旱地带的生态平衡。人们敬仰胡杨还在于它的高洁品质：活着一千年不死，死了一千年不倒，倒了一千年不腐。其实人天是合一的，胡杨品质最适宜比喻那些为开发、解放和建设新疆的开拓者、奋斗者和献身者。在浴血奋战、驱除黑暗，耕耘播种，创造奇迹的历史岁月中，张骞、林则徐、陈潭秋、毛泽民、阿合买提江、王震、张仲瀚以及一切为屯垦戍边壮丽事业呕心沥血、终其一生的英烈前辈向我们走来，向我们昭示什么是生命，什么是抗争，什么是奉献，什么是永恒。

百折不挠

他们都是胡杨(总理来兵团)

围绕国家生态环境规划做好江苏农垦绿化产业大文章

■虞德源(江苏省农垦大华种子集团公司,南京市,210008)

■原文发表于《资源节约和综合利用》1999年第2期

摘要 本文分别从国内外生态保护形势与启迪、江苏农垦现有条件分析以及加快园林绿化产业举措三方面阐述了围绕国家生态环境规划做好江苏农垦绿化大文章的依据所在。本文认为该项目为垦区的一项朝阳产业,问题需要形成共识、非凡魄力、精心组织和重大举措。

关键词 生态保护,农垦绿化,朝阳产业

1 国内外生态保护形势与启迪

1.1 生态破坏世人担忧

目前,全球生态问题日趋严重:臭氧层惨遭破坏,酸雨从天而降,森林大片消失,许多珍奇的动植物濒临灭绝……这一切都或多或少影响每一个国家和地区人民的生活质量。其中尤以森林急剧减少给全球带来深重的灾难。在历史上,森林曾覆盖地球面积的2/3,达76亿公顷,目前已减至40亿公顷。按人均森林资源我国只占世界11%。人类在痛苦教训中觉醒。原来世界2/3蓝海1/3绿海现在变成大海黑蓝陆地黄绿天空混浊。由于人类过度开发,著名的苏美尔人类文明(伊甸园)由兴到衰最后变为荒漠。古埃及曾是绿海,随金字塔兴衰,全国95%沦为沙漠。我国黄土高原历史上林海覆盖率为60%~70%,今日沟壑纵横,满目荒凉。美国1934年5月曾因"黑风暴",粮食锐减100亿吨,20世纪60年代苏联也因"黑风暴"吹上天沙土达10亿吨。埃塞俄比亚森林覆盖率由40%降至4%时,1988年发洪水全国3/4国土被淹。在严峻形势面前,时代呼唤各国都要树立生态意识、森林保护意识。澳大利亚政府提出要对同代、后代其他物种负责,创造人类总体优良环境伦理受到全球一致赞同。

1.2 党和政府坚强决心

改革开放以来党和国家领导人将环境保护提到与经济建设、社会发展一样高度来抓,江泽民总书记在1993年6月4日会见联合国副秘书长伊丽莎白·多德斯韦尔女士时提到要将黄浦江段的苏州河治理好,希望苏州河也能像英国伦敦的泰晤士河那样,河里有鱼。强调环境保护是我国的一项基本国策,我们要把整个国家的经济建设、城乡建设、环境建设同步规划、同步实施、同步发展。李鹏委员长在多次讲话中反复强调我国两项基本国策:计划生育和环境保护。宋健在全国环保会议上反复论述环境保护事业发展必须紧紧依靠科学技术进步。1999年1月6日国务院常务会议通过的《全国生态环境建设规划》,拉开了全社会投入建设的序幕,规划提出要用半个世纪努力,实现建设祖国秀美山川的目标,它既是跨世纪现代化建设的壮举,又是我国履行国际公约和对世界文明的贡献。规划分三期进行,规划近期(至2010年)森林覆盖率19%,遏制荒漠发展;中期(2030年)森林覆盖率24%,生态明显改观;长期(至2050年)森林覆盖率26%(现在世界平均森林覆盖率水平),中华大地山川秀美。"规划"激励中华子孙,一代代、一任任、一张蓝图干到底。

1.3 国外园林城市启迪

改善城市环境条件一个重要举措就是建立园林城市,早在100年前是由名为比泽·霍华德的英国

人开创了新型城市建设的先河。1911 年澳大利亚兴建首都堪培拉时,打破传统城市观念,城市绿地面积为城区总面积的 58%。在世界绿都华沙,绿地面积占全市面积的一半,就是在百姓墙头房顶上都有一盆盆一排排花。森林城市巴黎,由多种类型的森林组成,全市有 378 处公园,3 片森林。德国的波恩市郊有 40km² 的环城森林,一条条市区林荫道与郊外森林相连接,林区新鲜空气流向市区,森林中松鼠跳跃,百鸟争鸣,使人如置身林中乡间。澳大利亚全国有 243 处森林公园,成为世界森林公园最多的国家。前苏联在规划城市方案中提出用周围 5~10km 宽森林绿化带供市民游览休息之用。就是国土不大的日本;也拿出国土的 1/4 划为森林公园,每年 8 亿人次涌向林区。美国每年有 10 亿人次在森林公园品尝大自然之美。森林以她特有的防风固沙、调节气候、净化空气、防毒除尘、降低噪声、美化市容等多功能吸引人们聚集在她的身边。

1.4 国内园林城市启迪

当今世界,城市化正成为世界各国的共同发展趋势,城市化作为人类历史进步的产物,成为国家繁荣、发展的标志,而绿色森林步入市区正成为城市文明重要水准。根据我国城市化发展"严格控制大城市规模,合理发展中等城市和小城市"的方针,到 20 世纪末,城市数量将达到 600 多座。小城镇更是星罗棋布。受国际潮流推动以及日趋严重城市污染所逼,我国园林城市正在迅速崛起。中央电视台连连播放大连、珠海的海边环城绿海镜头使人虽不能至却心向往之。我国的第二春城贵阳今天以她的骄傲迎接国内外嘉宾。贵阳市已建成了 3km 宽、80km 长的绿化带,进入贵阳无论从哪个方位都要从林中穿过,其环城林带由抗污染的阔叶落叶林、常绿林与棕榈林三个层次组成。优越的城市生态条件吸引日本政府无息贷款 30 多亿元,并在城市繁华地段的中心直径 1.5km 处搞大型森林草地带,将现有城市建筑移为地下,1999 年 1 月 17 日已采取定向爆破拆除了工人文化宫等处 14000m² 建筑,打响了中国拆楼建绿地的第一仗。更为激动人心的是我国最大城市上海已开始全面实施森林进城市的计划,在上海北环路将修建 97km 长 500m 宽绿化风景带,此项工程将在 2010 年完成,目前绿化带已拓宽至 50m。在南浦大桥等处用塑料方盆栽满藤蔓花卉随着大桥前伸绿带凌空而起,外滩路旁到处都是钢架爬藤为街景,为城市增添了一道亮丽的风景线。江苏正加速向现代化生态园林城市(镇、场)发展。如苏州耗资几十亿元在金鸡湖建造国内最大城市湖泊公园,塑造国际水准园林景观 8 处,其地盘比杭州西湖还要大,前期工作已启动,无论是城市广场、河滨大道、自然保护区、湖心岛都少不了特色花木素材。又如徐州三年内将建十大园林景观,融山、水、城、园、林、木、花、草为一体,把风景园林建设提高到一个新的水平,将再现宋代苏东坡诗句中"一色杏花三十里"的壮丽景观。更多的有识之士正顺乎民意,热衷建造园林城市(镇、场),它标志我国精神文明建设正向纵深发展。

2 江苏农垦现有条件分析

2.1 资源体制有利发展

启动城市生态园林绿化产业工程,农垦有一定的有利条件。上海建立与法国比媲的跨世纪绿化森林风景带,上海农垦是主力军。最近上海市政府拨款 2.6 亿元、上海农垦拿出 8000 亩良田作苗圃投入操作。上海市本届政府将绿化工程作为重中之重。上海农垦重点也转移到这一跨世纪工程上来。江苏农垦宜林地有 170 余万亩,其中耕地 105 万亩,有着丰富的土地水利资源,在发展种子生产时只要贯彻种子和种苗一起上的方针其活力旺盛。同时农工商一体化的体制,科研生产销售一体化的运行,能够像粮、棉、油、糖良种一样向社会提供足额优质森林绿化工程所需要的乔木、灌木、藤木、竹类、地被所需各类品种。

2.2 项目设立利于启动

事业拓展需要项目来带动，江苏农垦经过多年蕴思、探索选准了"野生及新优花木的引种驯化及应用的研究"这一课题，江苏省科委 1997 年以 BS 97005 编号下达给省农垦集团公司，大华种子集团公司为承担单位。课题要求研究野生及新优花木在城市绿化中的生态适应性，筛选优良的适生品种，摸索提高繁殖率的技术方法和配套的栽培管理措施。课题的设立为江苏农垦启动园林绿化工程注入了活力。在这一课题下农垦可以进行跨地区、跨部门、跨行业、跨世纪对外合作。近年来，我们先后与中国科学院植物所、贵州科学院、广西柳州林业局、杭州植物园、浙江大学园艺系、南京林业大学等单位协作，在垦区的南通农场农科所、江心沙农科站、白马湖农场、泗阳农场、岗埠农场建立试验示范基地。为适应事业发展，1999 年江苏农垦触角将伸向更多的中部、北部省区进行内外大合作。

2.3 思路清晰容易奏效

农垦确立在田字上做文章，而且田又大做种子文章。21 世纪作物种子走向要求由单一型走向多元型，是草本、木本两个类型。拓宽了的种子思路有利于农垦人做深做活农业文章。江苏农垦创业以来几十年主要在小麦、水稻、棉花、油菜、甜菜、香料、蔬菜以及大众的林果上做文章，在稳定粮食发展多种经济作物一起上的今天，在研究植物对象上将成十倍、百倍地甚至千倍地增加新的开发对象，其中尤其要研究观赏性强的抗污染的乔木、灌木、藤本、竹类、草本(包括水果、蔬菜、地被花卉、中草药材等)有复合空间层次的植物群类。思路开拓有利于形成乔、灌、草相结合的多层次、多结构、多效益的农林复合生态系统与框架，应该说它对土地、时间、空间、阳光和物种资源具有有效、深层次的开发和利用。

2.4 现有基础可以快上

就全国而言，我国森林覆盖率为 13.92%，在世界排名为第 120 位。按照全国生态环境规划需要 50 年努力即到 2050 年才能赶上现有世界平均覆盖率 26% 的水平。江苏农垦现有林带覆盖率为 13.5%(江苏 11.7%)，低于全国 0.42 个百分点。垦区现有 21.6 万亩林带基数，其品种正在逐步更新之中，目前意杨发展较快，新的树种开发大有潜力，它必将成为一个新的亮点列入议事日程加以研究。同时由于大华花木项目的带动，近两年来分别从北京、南京、贵州、浙江、广西等地引进野生和新优植物品种有乔木、灌木、地被植物、药用花卉 4 大类 56 个品种。其中乔木有阴香、多花含笑、红花木莲、贵州械、阔瓣白兰花、香樟、黄山栾树、喜树、榉树、紫楠、琅琊榆(三级保护植物)、醉翁榆(三级保护植物)、朴树、七叶树、梧桐、石栎、青冈栎、椤木石楠、假槟榔等 20 种。灌木有南天竹、火棘、九里香、四季桂、竹柏、水蒲桃、小叶榕、大叶棕竹、小叶棕竹、鱼尾葵、小檗、夏蜡梅(二级保护植物)、伞房决明、欧洲绣球、木瓜、竹叶椒、紫藤、枸骨、琼花、胡颓子、绵槠、溲疏等 22 种。地被植物有玉竹、紫露草、花叶爬山虎、火鹤、金山绣线菊、金焰绣线菊、萱草、长春蔓、富贵草等 9 种，药用植物有曼陀罗、蝶豆、猪屎豆、姜花、补骨脂等 5 种。上述品种已有上万株规模的有阴香、紫露草、黄山栾树、榉树、琅琊榆、醉翁榆等品种。56 个品种累计有 10 万株的品种资源。1999 年春将继续从北京、贵州、广西等地再进 50 余个品种丰富江苏垦区的园林绿化的品种资源。按照我们的计划，同时将从四川、湖北、山东、河南、安徽等省区引进扩大资源，以便更好地为不同类型、地区的园林城市提供丰富多姿的植物品种素材，逐步成为城市园林绿化的植物批发市场。

3 加快园林绿化产业举措

3.1 统一认识加快步伐

随着我国农业产业结构的调整，更多的农业单位将从单一的粮棉结构调整为稳定发展粮食和多种经济作物的复合结构，这种调整能逐步摆脱农业低收入徘徊，开始经济的新增长。江苏农垦人只要认准环境保护国策深入开发园林绿化大产业，无疑对垦区是一个好的增效项目，同时对社会也是一个重大贡献。在发展特色花木中以高品位乔木、灌木为主，而"二木"又以苗木为主，这个思路可以适应快速发展绿化产业市场需要，其周期根据市场需求可长可短，比之一年生作物有回旋余地。在经济收入上相当可观，浙江省萧山、溪口等地都有很好的典型。在对社会贡献上江苏农垦提出要在全省率先实现农业现代化的目标是完全正确的，从挖掘垦区本身潜力出发，本文认为江苏农垦在森林覆盖率增长实现生态良性循环上可以用 12 年时间走完全国需用半个世纪的路程。根据全国生态环境规划，2010年，全国森林平均覆盖率为 19%，2050 年为 26%。江苏农垦已经在 2005 年前调整为 20%。2010 年前达到 30% 以上，即超过全国平均水平达到世界同步水平。以上指标实现，江苏农垦将对我国城市绿化建设作出重要贡献，同时使之成为我省生态绿化良好地区，一个个农场将脱颖成为园林农场、森林公园、植物园、药物园、树木园，并以此带动垦区高效农业、旅游农业的发展。

3.2 加速产学研结合步伐

现代化生态园林城市产业是一项跨世纪、跨行业、跨学科的系统农林工程，涉及农业、林业、园艺、城建诸多部门，交叉农学、林学、园艺、生物、植保诸多学科，从力量、知识、时空、资源只靠哪一部门都是不行的。只有产学研紧密结合形成合力才能强化市场开发力度。江苏农垦启动这个项目首先在南京市要与南京林业大学、中国药科大学、南京农业大学、南京中山植物园、省城建局、省农林厅等单位加强协作建立合作伙伴关系，同时与北京、杭州、合肥、武汉、成都、青岛、贵阳、上海等地植物、园林、林业、城建部门建立长远合作关系以推动省内外合作开发步伐。并且与中国科学院植物所加大合作开发力度，一方面充分利用江苏农垦与我国东北、西北、华北地区甜菜合作关系特别是与新疆、黑龙江垦区合作，加大不同生态区园林城市产业的覆盖率，同时在中科院植物所帮助下与南京生态气候相似的美国密苏里植物园（美国最大植物园，也是世界最大植物园之一），建立长期的引种关系以推动我国新优花木引种开发速度。

3.3 加快生态相似地区的引种

江苏垦区之所以有国家级甜菜优良品种的问世，主要是利用与新疆生态气候相似的美国特干旱地区资源。这一重要启示可以利用生态气候相似原理（气候、土壤、病虫害三要素）进行国内外相似地区引育种工作，这是多快好省、事半功倍的一个引种途径。为针对性强地开发特色花木与其他农作物，中国农业大学魏淑秋教授运用"生物引种咨询信息系统"对以江苏南京为中心与国内外各地气候相似状况进行绘图列表，结果表明江苏南京与江苏、安徽、湖北、河南、贵州、陕西、山东、四川、浙江、上海等九省一市的南通、常州、合肥、滁县、寿县、蚌埠、东台、汉口、巴东、江陵、钟祥、遵义、南阳、吴县、淮阴及有关地区 182 个城市处于 1、2 级相似水平，地理范围在纬度 26°～36°，经度 105°～122°，其中最佳带在纬度 30°～35°，经度 110°～122°。结果还表明，江苏南京与美国、日本、朝鲜、南非、阿根廷等国有关地区 18 个城市处于 1、2 级相似水平，其中尤以美国、日本两国为近。美国主要有堪萨斯州、密苏里州、马里兰州、南卡罗来纳州、北卡罗来纳州、俄亥俄州、伊利诺伊州、新泽西州等 8 个州的哥伦比亚、圣路易斯、华盛顿、查尔斯顿、阿什维尔、哥伦布、纽约、芝加哥等城市其地理范围在北纬 32°～45°，西经 82°～97°。日本在本州的神户、大阪、仙台和北海道的稚内，其地理位置在北纬 34°～45°、东经 135°～141°。与南京相比，美国、日本等国生态气候相似地区都要比南京偏高 2～8 个纬度，这是因为一个地区生态气候要受太阳辐射、大气环流、下垫面等综合影响。如美国上述地区主要受北大西洋暖流影响，日本受黑潮暖流影响，故而不能简单地按头脑想象进行同纬度引种。

相似分布范围划分对于搞清植物资源分布和市场开发有着极其重要的意义。

3.4　积极引进和培训人才队伍

能否启动与深度开发这个项目关键在于人才。由于中国农业生产正从单一粮棉型向多元型转化，原有的栽培和市场模式都要发生相应变化。目前江苏农垦农业人才多数以农学为主，而产业结构变化之后，迫切需要有农学、林学、园艺、气象、植保知识的复合人才，其中特别缺乏林学、园艺人才。有知识才有力量，有知识才能驾驭开发。原有知识不够，一方面垦区面临需大量引进林学、园艺人才，接收农林院校毕业生，向社会招聘。同时可以在原来农学的基础上采取自学、办培训班来解决这一问题。事实证明有很多地区和单位转行过来的技术专业人员工作很有成效，问题是单位组织，自己努力。我们要弘扬植物开路先锋胡杨百折不挠的精神去开拓美好事业，"活着一千年不死，死了一千年不倒，倒了一千年不腐"。

南方绿化好树种——黄山栾树

■虞德源

■原载《中国花卉报》2000 年 4 月 20 日

　　黄山栾树（*Koelreuteria bipinnata var. integrifoliola*）为无患子科落叶乔木，别名灯笼树，高达 17~20m，胸径可达 1m，树冠广卵形，冠幅 10~15m，树皮暗灰色，浅裂。小枝暗棕色，密生皮孔。二回羽状复叶，长 30~40cm，小叶 7~11，长椭圆状卵形，长 4~10cm，先端渐尖，基部圆形或广楔形，全缘或偶有锯齿，两面无毛或背脉有毛。春季嫩叶褐红色，秋季变为黄褐色。顶生圆锥花序，花黄色，花期 8~9 月。蒴果椭球形，长至 4~5cm，顶端短尖。成熟时橘红色或红褐色，种子黑色，圆球形，果期 10~11 月。

　　黄山栾树主产安徽、江苏、江西、湖南、广东、广西等地，多生于丘陵、山麓及谷地。喜光、耐半阴，幼年期稍耐阴。喜温暖湿润气候，肥沃土壤。对土壤 pH 要求不严，微酸性、中性、盐碱土均能生长，喜生于石灰质土壤。具深根性，萌蘖强，寿命较长，不耐修剪。耐寒性一般，适合在长江流域或偏南地区种植。病虫害较少，生长速度中上，有较强的抗烟尘能力。

　　繁殖以播种为主，分蘖、根插也可。秋季果熟时采收，及时晾晒去壳净种。因种皮厚，既可当年秋播，也可用湿沙层积埋藏越冬春播。苗圃行株距可为 60cm×10cm，每亩可产 1 万株苗，亩用种量 10~15kg。秋季苗木落叶后即可掘起入沟假植，翌年春季分栽。由于栾树树干不易长直，栽后可采用平茬养干的方法，使树干长直。苗木在苗圃中一般要经过 2~3 次移植，每次移植时适当剪短主根及粗侧根，这样可以促进多发须根，出圃定植后容易成活。

　　栾树属有 4 种，我国产 3 种，一种是栾树，亦称北方栾树，华北分布居多。另一种是全缘叶栾树，亦叫黄山栾树，分布于我国中部、南部。还有一种是复羽叶栾树，分布于我国中南、西南部。北方栾树已得到很大的开发应用，栾树在北京行道树中占有一定的比例，天安门两侧（南池子至新华门）栾树与松柏交相辉映。黄山栾树因其生长速度快（当年播种苗可长至 80~100cm，3~5 年开花结果）、抗烟尘及三季观景的特点，正迅速发展成为长江流域的风景林树种，以替代杨树等一般树种。

　　黄山栾树树形端正，枝叶繁茂、冠大荫浓，春季嫩叶多红色，入秋叶色变黄。晚夏初秋，花开金黄夺目。深秋淡红色灯笼似的果实挂满树梢。该树春季观叶，夏季观花，秋季观果，目前已大量将它作为庭荫树、行道树及园景树，同时也作为居民区、工厂区及村旁绿化树种。其木材可为建筑用材，花、叶、根可药用或作为染料，种子可榨油。

　　该树种适合在我国华东、华中以及华南地区种植，随着人们生态环境意识增强，黄山栾树的开发将大有发展前景。

　　注：该树原为野生乔木，现已成为大江南北常用秋景树种，可见预见之重要。

黄山栾树(花)　　　　　　　　　黄山栾树(果)

园林花木多样性开发

■虞德源(江苏农垦集团公司)
■原载《中国花卉报》2001年5月10日

21世纪是人类生态环境世纪。城市森林景观是由乔、灌、藤、花、草组成的立体层次。园林花木将从传统园林、城市绿化进一步走向大地景观的广阔领域。笔者提出野生(主要系指中国树木花草资源)新优(主要系指国外引进的园艺品种)花木同时开发;常绿、彩色、珍稀三种树种定位;乔木、灌木、藤本、地被四个层次;阔叶林与针叶林、常绿树与落叶树、大宗树种与新优树种、树木花草与竹类开发、乡土树种与外来树种五个结合。例如南京用珙桐、七叶树、鹅掌楸等珍稀植物替换法国梧桐,用秃杉、金钱松等珍贵裸子植物减少雪松比例,用特产珍稀树种秤锤树作为行道树树种之一,岂不美哉。

1 物种迁地保护新突破

珍稀濒危植物的保护与开发是生物多样性保护的一个重要内容。根据全国正在推行的绿色计划,将我国特有的珍稀濒危的树种作为一个重要内容开发保护,实际上是对迁地保护、归化自然的一个很大的发展,此事值得各级政府(部门)大做文章,走出具有中国特色森林化城镇的新道路。一些人造森林、风光带、大型绿地、居民庭院、公园都可以成为物种多样性的场所。甚至在各地以各种形式会涌现更多的珍稀植物园。笔者认为金钱松、天竺桂、天目木姜子、宝华玉兰、天目木兰、黄山木兰、金钱槭、琅琊榆、青檀、秤锤树、银鹊树、新疆野苹果、珙桐、厚朴、鹅掌楸、猬实、夏蜡梅等珍稀树种可以大力发展。

2 深度开发花木系列品种

为顺应时代潮流要加大野生新优花木系列品种开发的力度。野生花木主要在中国丰富树木资源上做文章,这是我们的优势所在,特别是乔木树种的开发。例如已投入开发的樟科树木有天竺桂、银木、天目木姜子、黑壳楠、红楠等,这就意味着突破原来单一香樟品种。木兰科有山玉兰、厚朴、新含笑、光叶木兰、宝华玉兰、天目木兰、紫玉兰、望春玉兰、黄山木兰、黄心夜合、深山含笑、川含笑、峨眉含笑等,这就意味突破原来单一的广玉兰、白玉兰品种。槭树科的金钱槭、血皮槭、元宝槭、樟叶槭、红翅槭、青榨槭、葛萝槭、建始槭、茶条槭、鸡爪槭、权叶槭、三角枫等,这就意味着突破原来单一的红枫、青枫。中国槭树达149种(占世界70%以上),我们的开发仅仅开始。

新优花木主要指国外在广泛收集各国资源的基础上产生的园艺品种,且已向各国开放,大都是灌木、藤本和地被。例如锦葵科木槿属的玫瑰、红心、蓝鸟、蒂娜木槿,从美国、日本引进,丰富国内单一粉色木槿。忍冬科锦带花属的红王子、花叶、双色、白色、花心、冠军等品种,从美国、荷兰引进,从花色到花期比原有上了很大台阶。虎耳草科八仙花属有阿特纳、基维德尔、内克蓝、丁香等品种,来源于日本。地被植物有小檗科小檗属的金叶小檗,从日本引进。五加科常春藤属绿玻常春藤系法国引进。虎耳草科溲疏属的冰生、粉花品种系荷兰引进。百合科萱草属的金娃娃、红运、吉星等系美国引进。夹竹桃科长春花属的花叶蔓长春花系荷兰引进。忍冬科忍冬属的金叶亮绿忍冬系法国引进等。在系列开发品种上，我们主要和科学院系统加强合作，特别得到北京、上海、南京同行朋友的大力支持、帮助。国内珍稀资源要充分挖掘，大力繁殖。国外新优花木要大力引进，加大繁殖。世界走向中国，中国走向世界，这是一个必然趋势。

3 积极开发速生花木物种

为确保生态环境建设的顺利进行，在前不久全国林木种苗建设工作会议提出"十五"期间我国将大幅度提高林木种苗基地供种率，其供种率由现在 30% 提高到 55%，并将速生树种作为生态工程的重点之一。面对各地兴起绿化环境热，积极发展速生风景林为主的物种已刻不容缓。根据来自沪宁杭一线试验示范的情况来看，已出现一批多姿多态观赏园林花木品种。如漆树科的南酸枣、盐肤木、野洋漆、黄连木等，其一年生都为 1m 或 1.5m，有的达 2m。这些都是色叶树种，是风景园区不可缺少的材料。无患子科的黄山栾树、无患子等，其一年生为 1m。蔷薇科的新疆野苹果一年生 1~1.2m，其树形、花色和果色有独到之处。木兰科的杂交鹅掌楸一年生实生苗可达 1m，3~4 年可作行道树。豆科巨紫荆、伞房决明、双荚决明、双荚槐一年生都在 1m 以上。藤本植物的西番莲、卫矛科的腺萼南蛇藤、蝶形花科的常春油麻藤速生性强，正在垂直绿化上迅速推开。地被植物鸭跖草科的无毛紫露草和百合科的金娃娃萱草等因其花色、花期受人欢迎，加之繁殖系数高，也在很快推广。

新世纪新时代新产业召唤人们去开发园林花木这一朝阳产业，共同建设祖国美好的未来。

发展都市林业，建设中国山水园林新城市

■虞德源　刘进生

时代召唤生态保护

在我国国民经济持续发展中生态失衡是一个主要的制约因子。由于历史等多方面的原因我国森林覆盖率仅为16.5%。在160多个国家和地区排行第120位。因为水土流失严重，其面积已占国土的38%，同时土地荒漠化不断扩大，占国土的27.3%，为全国耕地面积的1倍以上。恶劣的生态环境致使自然灾害频繁发生。拿沙尘暴来说，特大沙尘暴20世纪60、70、80、90年代分别为8、13、14及23次，并且波及的范围愈来愈广。这种不良的生态环境使中华民族生存发展受到极大威胁。与乡村相比，城市还有个环境污染问题．人口密集的都市工业排污、热岛和温室效应，空气、水体、土壤和人的视觉、听觉都受到严重污染和影响。但城市化作为国家繁荣、人类进步的标志仍以不可扭转之势迅猛发展。目前世界城市人口约占总人口的50%左右，据世界卫生组织报告到2025年世界城市人口将达50亿，占世界总人口的61%。如何建立山水园林风景城市(镇)，是历届中国领导人所关心的问题。早在20世纪50年代毛泽东主席曾号召"要使我们祖国的河山全部绿起来，要达到园林化，到处都很美丽，自然面貌要改变过来"。邓小平也曾提出"植树造林，绿化祖国，造福后代"的主张。江泽民一再提出环境保护要与经济建设、社会发展一起同步规划、实施与发展，并将环境保护列为我国的基本国策。

80年代以来，针对国内城市建设盲目走西方老路的倾向，钱学森提出建设"山水城市"的问题。钱老说要"把中国的山水诗词、中国古典建筑和中国的山水画合在一起，创立山水城市的概念。""高楼也可以建设错落有致，并在高层用树木点缀，整个城市是山水城市"。"我们大多数城市建筑用地和铺装路面，约占整个城市用地的三分之二以上，剩下的土地，即使全部用于绿化，也不能从根本上改善城市环境。发展城市立体农业有着特殊的地位。市区立体农业可分为屋顶绿化、阳台绿化、墙面垂直绿化和宅旁空间绿化。""要以中国园林艺术来美化，使我们的大城市比国外的名城美，更上一层楼"。钱老的论述指出了我国城市健康发展的方向。

上海启动都市林业

进入90年代以来，上海在发展经济建设的同时特别重视环境建设，一方面充分挖掘城内绿化的潜力，另一方面采用城郊绿化包围城市的办法来改善上海的生态环境。上海率先启动都市林业，以郊区林业建设作为城市生态建设的主战场和农村经济发展的增长点，实现城乡一体化大布局。在结构布局上逐步形成环屏线点面结合，让森林包围城市(2000年已形成35万亩森林面积)并率先提出以"六个绿"为核心的上海都市型现代化林业建设的新构想。一是建设环绕中心城市的三条"绿色项链"，除加强内环线绿化外，97km外环线外侧营造500m绿化带。二是建设一弧三圈的"绿色屏障"。三是建设贯穿水陆交通的"绿色通道"。四是建设错落有致、布局合理的"绿色园区"。五是建设面积广泛的"绿色楔面"。六是建设具有上海特色的绿色产业。

现在上海一天一个样，让世人吃惊的是延安中路"蓝绿交响曲"的特大型绿地、绿都花海的世界公园、摩天楼群的陆家嘴"绿肺"，以景观为主的世纪大道、城郊环城森林带等，向人们昭示上海已驶上现代都市林业的快车道。同时上海发展园林花木多样性走在全国前列，在已有500多个物种的基础上坚持一年递增100个，向三年新增300个野生新优花木目标挺进。

北京等地迅速行动

我国是有着悠久园林山水城市历史的国家，像桂林、杭州、苏州、北京等城市是国内外瞩目的典型山水城市。"山水甲天下"的桂林、"画工还欠费工夫"的杭州、"远山近水皆有情"的苏州、"湖光山色宫殿城"的北京都是聪明的中国人搜尽奇峰打草稿的杰作。在精神文明建设纵深发展的今天，全国各地都在加速山水园林风景城市建设步伐。北京"十五"期间绿化将比"九五"更为轰轰烈烈，首都环境绿化下山入川进城（即远治山区、中治路河、近植隔离带）构建三道绿色生态屏障，打好保卫首都绿色生态仗，使蓝天白云碧水永驻北京。都市林业还将依托现代生物技术、数字信息技术和现代设备技术手段提高管理水平。首都将花90亿元投入植树种草，新增森林8.4万公顷，林木覆盖率提高到48%。这个水平走在全国前列，使人们感悟到中国生态世纪的来临。其他如杭州为进一步提升山水城市的水准，"十五"期间扩绿2500万 m^2，扩建的灵隐寺与西湖连在一起使人间天堂分外妖娆。有良好环境森林的贵阳1997年1月17日打响了我国拆楼建绿的第一仗，将现有城市建筑移为地下、在城布繁华地段的中心直径1.5km处搞大型森林绿化带。四川绵阳市大搞屋顶花园，80%的商品房都要有屋顶花园，人均屋顶面积和垂直绿化分别达到 $2m^2$ 和 $3m^2$。江苏苏州正耗资几十亿元于金鸡湖建造国内最大城市湖泊公园，塑造国际水准园林景观8处，其地盘比杭州西湖还要大。边陲新疆乌鲁木齐正在城郊造林10万亩以上，用绿化改善自治区首府的生态环境。南疆的阿克苏过去一片灰黄色，现在一片蓝天，正是崛起的120km长、3km宽的绿色长城阻挡风沙，使旧貌变新颜。

新兴产业应运而生

随着环境保护国策深入人心，山水风景园林城市纷纷崛起，作为服务都市的特色花木产业便应运而生。一项民意测验中，涉及理想生活必备标志，与自然环境有关的占77.9%。其中，"干净的空气"占30%、"树木花草"占19.7%、"清澈的河流"占9.9%，远远高于非自然环境中的"高楼大厦"（占1.4%）、"汽车"（占2.2%）、"电视"（占5.8%）、"高速公路"（占2.1%）等比率。人们已把生态环境保护好坏作为评价政府工作成效的一项重要内容。越来越多的人已将绿化、园林与人们的身体健康和平均寿命紧密联系在一起。认为城市须有山林之乐，城市中心应该是园林（即城中园），它的外围也是园林（即城外园）。高度文明的现代化城市绝不是"沥青铺满地，高楼建成林"，而应该是城中园与城外园的结合，即人为和自然的完美结合或者更具体说把城市和建筑建在绿色文明之中。由于上述观念普遍兴起，继都市农业新观念之后都市林业相继而生。人们要求都市拥有的小绿量演变成大绿量，由一年生的植物演变为多年生植物。就种植植物而言，在城乡大绿化中要应用绿色植物把裸露地面全部覆盖起来，并进一步构成绿色植物多层次的复合空间。要在城市外围营造大面积森林。城市近郊原有土地要把耕作的常规型改为城郊型，种植那些能产生较大绿量以及具有可观经济价值的林木及特色作物。其中要推出一定数量观赏价值高富有特色的风景林。

都市绿化以林为主

森林是人类的母亲，森林是实现环境与发展相统一的关键与纽带。历史表明，林茂则国泰民安，林毁则灾难不断。良好生态环境必须从森林着手，对走向21世纪的中国城乡建设来讲就要悉心研究森林山水景观。这个景观应有乔、灌、藤、花、草这么一个立体层次和一定水景组成，而不是目前单一乔木、草坪的景观。据研究，$1hm^2$ 阔叶林每天吸收二氧化碳1000kg，放出氧气732kg。一个成年人的呼吸作用，每天需要氧气约为0.75kg。还有城市人均生产和生活耗能，约需氧量

7.5kg，这些氧气40%来自海洋江河，其余60%须由城市绿化提供。据此计算城市每人需要绿地61.5m²。而目前绿地率高的北京与南京人均水平还不到10m²，对此笔者提出"一个景观二个开发三个定位四个层次五个结合"的都市林业的发展思路。即中国特色的都市森林景观；野生（主要系指中国树木花草资源）新优（主要系指国外引进的园艺品种）花木同时开发；常绿、彩色、珍稀三种树种定位；乔木、灌木、藤本、地被四个植物层次；阔叶林与针叶林、常绿树与落叶树、速生树与慢生树、树木竹类与水生植物、乡土树种与外来树种五个结合。以此构建山水进城市、园林遍城乡的秀美画卷。在21世纪的农林作物中，人们将从过去单一注重开发的一年生作物中获取粮食、油料、香料、药料同时转向绿量大、观赏性好、抗污染性强的森林植物种类。从这些角度来看都市林业是一个新的经济增长点。

我国幅员广阔、气候温和、地形变化和地史变迁的诸多因素造就了丰富多彩的植物资源，我国乔灌木树种达8000种之多，针叶树种占世界同类植物的1/3，被子植物科数占世界总科数的53%，被西方誉为"世界园林之母"。由于资源丰富加之新中国成立以来不断引进国外新资源，就为都市林业优良品种选择提供了坚实的资源基础。在资源利用方面，我国一些城市讲究行道树种等的选择，出现了很多"一街一种"、"一街多种"绿色景观。不少城市用银杏、雪松、香樟、黄山栾树、枫香、元宝槭、巨紫荆、杂交鹅掌楸、七叶树、美国山核桃等作基调树种很有气魄。新疆乌鲁木齐更新了杨树，用圆冠榆装扮城市，令北京、江苏、广东人赞叹不已。对于污染严重的贵阳、成都等市则用大叶女贞作为主要树种也是明智的选择。

	1		
2	3		4

1　苏州金鸡湖
2　杭州西湖
3　桂林山城
4　上海绿地

	1	
2		4
3		

1 广州新城
2 新疆秋色
3 公路在森林中
4 厦门鼓浪屿

附：冯德珍信稿

中国花卉协会

虞佳原先生：

　　好！

　　顷接原花协秘书长王甘枕先生转来的一篇文章，据介绍您是1999年写的。原打算登载信息通讯，由于辗转投递未及时收到而未上版。

　　拜读读之后，认为很有新意。建设中国山水园林城市不仅仅由科学家钱老提出，更主要的是我们建设城市时的奋斗目标。您力方问。所以这篇文章并不过时。（因时间过长，可作些内容补充）

　　中国花协今年创办《中国花卉园艺》。现1999年由中国花卉报退休之战，邓来主持杂志调辑出版工作。杂志奉上，欢迎指导，文章返回，请予修改后速寄回。我将在杂志上发表，并衷心希望以战多赐教稿。

　　此致

　　敬礼

冯德珍
10/5

意大利设计师在中国打造森林城市

《瑞士商报》网站2月28日报道：

空气污染：中国寄希望于绿色摩天楼（记者 加布里尔·克努普费尔）

在意大利米兰，斯特凡诺·博埃里的绿色摩天大楼已变成现实。然而对这位意大利建筑设计师来说，这仅仅是个开始。他想解决中国的雾霾问题。他在中国的行动从南京启程。

博埃里计划在城市规划领域进行一次革命。他在米兰的摩天大楼"垂直森林"将成为更加绿色的未来的蓝图。

博埃里认为，人类的生活离不开树木，不仅在农村，在城市更是这样。因此他在米兰的两座分别高110m和76m的摩天大楼里种植了上百棵树和灌木类植物。这样大楼就可以吸收大量的二氧化碳，并且为鸟类和昆虫提供生存空间。

博埃里2014年完成的米兰双子塔楼仅仅是一个开始。今年2月，他在受雾霾困扰的中国城市南京展示了一个类似的项目。到2018年，南京将有两座绿色摩天大楼拔地而起。在这两座摩天大楼里，将种植23种不同种类的树和2500株灌木类植物。

博埃里对英国《卫报》说，因为有这些植被，南京的这两座摩天大楼每年能够从被污染的空气中吸走25吨二氧化碳，并且每天产生60kg氧气。另外，道路交通造成的大量粉尘也将被这两座绿色摩天大楼吸收。

当然，博埃里承认，在一座巨大的城市中，两座摩天大楼对改善环境的贡献毕竟微乎其微。他说："但我们希望，我们的例子能成为典范。"5年前博埃里在上海开设了办事处。因为在世界其他地方，都没有像在中国这样对实现他的计划有如此有利的条件。

对中国政府来说，雾霾是当前亟待解决的社会问题，同时它也有足够的资金和执行力。因此，博埃里被委托为一座有100到200幢楼宇的小城镇设计一项总体规划，也就不足为奇了。

博埃里的第一座"森林城市"将于2020年出现在广西的柳州市。总体规划的初稿显示，在一座没有明确市中心的狭长形花园城市里，分布着大小不同且格局松散的建筑物。中国必须以一种拥有10万人口或更少居民的"小型绿色城市"的体系来压缩特大城市。

博埃里十分谦逊地表示，从建筑结构角度来说，他的设计方案并非壮观，而是简约。他说："壮观是本质，而房屋的设计理念要随着季节而改变。"因此，博埃里并不担心他的设计理念被抄袭。他说："'垂直森林'的理念可以在任何地方复制。如果我们的理念被复制，我没有任何问题。我甚至希望，我们的工作今后将有益于更广泛的实验。"

（《参考消息》2017年3月2日）

编者注：

今意大利设计师在中国打造森林城市与昔日我国科学家钱学森建设山水园林城市主张何其相似？

优良野生宿根花卉——无毛紫露草

■虞德源　邵莉楣　等
■原文载《中国花卉园艺》2001年8月

　　无毛紫露草(*Tradescantia virginiana*)为鸭跖草科宿根草本植物，中国科学院植物研究所于1992年从河北昌黎县野外引种两墩，栽于植物园温室内，其后发现它能在北方地区露地越冬，即开始进行无毛紫露草在北方地区的生长适应性研究。重点研究了栽培管理方法和繁殖技术，特别是研究了无毛紫露草在园林绿化中的应用，并进行了4000m²的示范区栽培，扩繁100余万株。江苏农垦集团公司和中国科学院植物所合作，首选无毛紫露草作为开发对象，从1997年引进并在江苏、上海、杭州等地进行地区适应性、繁殖技术的研究，现已扩繁到1000万株规模，为无毛紫露草在适宜地区大面积示范推广创造了条件。本文介绍无毛紫露草引种栽培和推广的结果。

特征特性

　　无毛紫露草茎通常簇生，粗壮或近粗壮，直立；叶片线形或线状披针形，渐尖，稍有弯曲，近扁平或向下对折；花冠深蓝，宽3~4cm，花瓣近圆形，直径1.4~2.1cm；蒴果长5~7mm；种子长圆形，长约3mm。在华北地区花期为5~10月，华东地区为4月中下旬至10月。其中5~6月为盛花期，7~10月为续花期。

　　性喜凉爽、湿润气候，耐寒性较强。在华北、华东、华中地区可露地越冬，华东3月华北4月返青，华东3月下旬华北4月中旬有花蕾出现，清晨花瓣展开，强光直射下花瓣闭合(在华东10：00闭花)，阴雨天花朵绽放。植株喜充足光照，在荫蔽环境下易徒长而倒伏。宜栽植于地势较高排水良好的地带或缓坡上。华北地区11月地上部枯萎，华东地区1~2月份地上部萎缩，表现为黑绿色。

　　无毛紫露草原产北美洲，分类学家认为此种可能是由传教士带入我国而逸野的。

繁殖技术

　　无毛紫露草的繁殖主要通过分株、扦插、压条等方式进行。也可利用茎尖或腋芽达到快速繁殖的目的。

　　分株繁殖　在春夏秋三季均可进行。早春新叶出土时是无毛紫露草进行分株繁殖的最好时期，这时土壤温度已开始回升，有利于分株后定植缓苗，而植株生长量又不大，易于进行分苗。将整墩植株起出，抖净土，用手或利刀将根分开，每株2~3个芽。夏秋季进行分株时，要修剪地上旺长部分，每株5芽，地上部保持10cm左右。华东江苏等地的年分株系数一般为1：15~1：20。

　　扦插繁殖　在整个生长季节均可进行。最好的插条是取其主茎腋芽处生的侧芽，待其长至15cm左右时，在节基部平剪，剪除部分上部叶片即可。扦插基质选用蛭石和珍珠岩，深度为插条的1/3左右，遮阴喷雾约半个月生根。年扦插系数在江苏一般为1：10左右。

　　此外压条繁殖和组织培养也是一种途径。

栽培管理

　　种植时间　春季是无毛紫露草种植的最佳时期，华东3月华北4月分株容易操作，此时其根系发育良好，2~3个芽为一墩，株行距30cm×30cm。夏秋季种植以用扦插苗为主，尽量少用分根繁殖。

　　种植地选择　无毛紫露草在肥水、通透性好的土壤和光照充足环境条件下表现为花艳、花多、绿色期长。忌水涝，在夏季降水比较集中地区采用高畦种植。

养护管理　在无毛紫露草的管理中除注意生长季的灌水施肥、中耕除草外，关键是要进行 1~2 次割茬，在盛花期(5~6 月)后，华东地区一般在 6 月末 7 月上旬、华北地区在 7 月中旬进行第一次平茬，留茬高度在 5~8cm。割茬不影响观赏效果，10~15 天又绿叶铺地开花不止。9 月中下旬可进行第二次割茬。割茬可使生长季节株高始终保持在 30~40cm 理想株型范围内，并使花期一直延续到 10~11 月。割茬之后要及时追肥以促进新生萌芽生长。

园林应用

由于无毛紫露草生长健壮，适生性强，花期特长，花色别致，繁殖迅速，每亩成本低(每平方米 25 芽不足 6 元)，容易越冬，管理方便，继北京之后已在江、浙、沪等地迅速推广开来，在北京中山公园、中国科学院植物所，北戴河公园，辽宁园林所，上海世纪公园、人民广场、莘庄绿地，杭州植物园，南京山西路广场、南通农场树木园到处可见无毛紫露草盛开的紫蓝色花朵，笔者植树节期间在南京举办的民意测验表明：无毛紫露草应用在园林绿化的得分最高。

根据无毛紫露草清晨开花特点首先应选择在市民晨练的公园、广场绿地栽植，以寓意人和植物协调发展内涵。同时可在城乡地势较高、排水良好地带和缓坡上大片种植形成蓝紫色的花毯景观。

配置方案

根据无毛紫露草的习性和特点，比较理想的配置方案可以是布置花坛(因其花蓝紫色，花期长，可做中后层花带，与花期接近的金盏、矮牵牛、万寿菊等加以配置)，也可布置花钵(无毛紫露草生长健壮，花色特别，易于管理，是比较理想的植物材料)、花境(特别是在城乡道路两侧绿化设计成条形、环状或片状，用花灌木作衬托形成层次感清晰的园林景观)、山石小品点缀之用(丛植能烘托野趣十足的自然气氛)。

为探索人与自然和谐共处的生态园林规律不懈奋斗

■虞德源(2005 年 10 月 3 日)

能为国家、为民族探索园林植物的一些规律性东西是件很有意义的事情。时代呼唤建立和谐社会与世界，这就需要人们研究好两个规律，即人与人和谐相处的规律和人与自然和谐相处的规律。对于后者，我是在 1997 年赴澳大利亚培训期间深切体会到的。国外发达国家不仅在经济建设上，而且在环境建设上大大优于我国。如何缩小和赶上世界先进水平？我国是世界森林资源大国，充分发挥自身资源优势，一定能够迎头赶上，并且能为人类作出更大贡献。发展中国的物种多样性这一人生追求，使我告别从事 30 多年的甜菜制糖事业，走向探索艰辛却又富有生机的生态园林规律之路，使我由农转林开始了行将退休与退休后的新一轮创业生活。

1　认准目标，绝不动摇

在澳大利亚，我感受最深的就是该国政府提出的"要对同代、后代，乃至其他物种负责，创造人类总体优良环境"伦理。20 世纪下半叶，我国人民在党和国家领导下主要从事吃饱穿暖，逐步走向温饱的生存之道；90 年代后国家在抓经济建设的同时，开始重视环境；进入新的世纪以来，中国取得了辉煌的成就，在环境建设方面，更是日新月异。1997 年，我以极大的勇气与精力主持了江苏省科委项目"野生新优花木(卉)引种驯化及应用的研究"，该项目在 2001 年通过省级鉴定，同年荣获全国第五届花卉博览会银奖；此后 1999 年在《资源节约与综合利用》上撰写了《围绕国家生态环境规划，做好江苏农垦绿化产业大文章》；2001 年在《中国花卉园艺》上发表了《发展都市林业，建设中国山水园林新城市》；几年来，相继在各重要刊物报纸上撰写新品开发系列文章，如黄山栾树、银鹊树、圆冠榆、伞房决明、双荚槐、金钟连翘、绣线菊、'金娃娃'萱草、紫露草、金叶过路黄、红花钓钟柳等，其中 2004 年中央电视台专题报道了对我的紫露草采访；今年在《中国花卉报》上，刊登了《园林植物引种中的问题》、《科学规划植物景观》等文章。我首先提出的"野生新优"提法现已在全国唱响，"一个景观、两个开发、三个定位、四个层次、五个结合、六个面向"的可操作植物造景发展思路被全面接受。2001 年退休后，我多方筹集资金，在南京建立了南京六合新优花木种苗场，致力于数百个国内外野生新优花木(卉)的研发工作，在城市绿化物种多样性研究处于领先地位。2004 年 5 月，种苗场被国家林业局授予"全国特色种苗基地"称号。虽说取得了一点成绩，但每一步都很艰辛。因为进入新领域，要重新学习与实践，要作出成绩社会同行才能认可。再者，此项工作不是单一植物研发，而是数以百计的种质资源开发，更重要的是需要筹措大量资金。多年来，全靠自力更生，艰苦创业，没有拿项目一分钱，经常为了引种费用，农民工资，土地租金等发愁，但是再难也一直坚持。

2　出题做题，促进发展

生态园林是提高人民生活质量，促进可持续发展，推进改革开放的重要举措。只有与时俱进，不唯书本，扎扎实实，系统学习，同时深入实践，从理论与实践相结合的高度，不断提出新思路、新方法、新提法。因为是新课题，所以问题层出不穷。要想深入就要从实际出发，根据国内外走势，因地制宜不断给自己出题，只有自觉将"出题做题"作为一种职业手段，自加压力，才能使工作充实，有预见，有措施，有收获，有成效。生态园林核心的一点就是要坚持物种多样性，因为只有多样性，才能提高人民生活质量，才能促进国家和地区的可持续发展，才能缩小与先进发达国家在环境建设上的差距，才能发挥我国在世界生态类型最为丰富的优势（在大国中唯有中国与美国），为书写世界生态园林史新篇章作出新贡献。生物多样性，也是生物界最基本的规律。当然，物种多样性提法容易，但是做起来却非常难，但又是非做不可。只有愚公移山，再造自然。在以往的基础上，我坚持对自己提出更高的要求，如每年要写出5篇以上有影响的文章，要引进20个以上的新品种，要重点筛选10个以上新品，并形成批量，同时融进社会，将自己的主张、技术与产品在更多的地方展示效果。为持久工作，多出成果，传播知识，培育人才，今后要逐步减少苗农性、生产性、奔波性、一线性，努力提高到指导性、考察性、写作性、论坛性。

3 环绕热点，提出建议

随着国家和谐社会提出，都市林业加快步伐，成了当今社会的一大热点。国际评论中国的都市林业起步晚、发展快、潜力大。就城市化发展速度已由过去的城乡比例1∶9逐步提高到50%∶50%，这说明我国发展变化之大，说明了打造生态园林城市之势已不可逆转，说明了人民对人居生活环境提出很高要求。2003年省政府提出"打造绿色江苏，建设江苏生态家园"是顺乎这一潮流的。南京市提出以花草树木构筑景观多样性、生态系统多样性和生物多样性为特征的森林城市。打造"显山、露水、见城、观江"，"碧水、青山、蓝天、洁净"，适于居住、求知和创业的城市。从发展都市林业建设中国山水园林新城市目标与现状来看，尽管有了长足进步，但仍有系列问题需要研究解决。其一生物多样性问题，目前各地光有口号，没有具体量化指标。美国新近研究提出，"同属不要超过10%，同种树木不宜超过5%"（树木是按科属种分类的）。世界上事明确则成含糊则败。江苏是亚热带地区生物多样性适宜繁育地区，南北植物过渡地带，按照生态相似规律发展多样性则是江苏生态园林的优势及发展方向。其二，发展生态保健林，在这方面上海走在全国前列。比如在住宅区大量种植既观赏性强又抗癌灭菌的植物。如乔木种植重阳木、喜树、厚朴、山楂、合欢、女贞、紫玉兰、杜仲等，灌木种植木芙蓉、月季、水杨梅、牡丹、金钟连翘、十大功劳、蠔猪刺、木瓜、无花果、梅花、桃花等，地被种植石竹、佛甲草、桔梗、芍药、凤仙花等，藤本种植木香、凌霄、牵牛、木通、金银花等。其三，重视栽植全冠植物。目前我国城市树木的截干造林成了一个普遍的见怪不怪现象，起码影响景观要一年以上。国内外经验则证明，城市少截或不截干多整枝是其今后发展的方向。如何栽植全冠树木首先是观念问题，同时也有栽种季节、技术及容器等生产问题。其四，营造森林湿地。我之所以提出这个问题是因为人们普遍重视草本湿地，而忽略森林湿地的营造，注意空气防污而忽视水质防污。发展森林湿地目的，在于更好保护水资源，更多吸纳与净化因工业生产带来的污染物，提供天然产品，为珍稀濒危生物提供栖息生境及营造水上森林景观（就江苏1%国土面积承载全国6%人口和10%经济总量，工农业发达，然而污染负荷居全国前列的状况，极大唤醒江苏人的忧患意识）。在我省营建森林湿地，乔木中可种植落羽杉、重阳木、桤木、枫杨、喜树、枫香、乌桕、雪柳等，灌木种植木芙蓉、水杨梅等，地被种植玉蝉花、菖蒲、水葱等植物。其五，讲究植物花色应用。目前城市花色以红黄为主，此次"绿博会"很多国外专家对此提出质疑。上海新建国家植物园确定以红、黄、蓝、白四色作为基调色很有道理。生态园林与时俱进，花色应用也要跟上潮流。要分季节发展红、黄、蓝、白色的系列树种花卉，将城市装扮得分外妖娆。其六，积极发展春花秋景植物（尤以秋冬挂果树种）。人们对美的追求是无穷尽的，在绿化上先是常绿、后是彩色（偏重彩叶），现在上海提出春花秋景。而在景中最令人叹为观止的是花果色叶。现在这个季节什么最好看，从我研究开发中的树种有中国野柿、琼花(蝴蝶荚蒾)、香港四照花及欧洲火棘等。

4 大家动手，形成氛围

生态园林代表了国内外发展趋势，即将自然生态与现代园林有机结合到一起，中国哲理"天人合一，天人共荣"主张将自然将森林引进城市，以人为本，源于自然而优于自然，是一项世纪系统性城市环境建设工程。在植物造景上，是一个大手笔。首先是人们要创造植物生长的良好的生态环境，同时再享受植物为人类创造的优美自然景观和生态环境。全社会都要因地制宜研究与种植陆生、湿生、沼生、水生、气生、阴生的多种植物。大力开发适应人们观用、食用、药用、燃用多生态功能的林木花卉。在人与自然关系上，人类认识经历三个阶段：原始采集狩猎阶段；农业文明时代；近代工业社会阶段。经过"否定之否定"，人类再次回头强调"人与自然和谐共处"，人类社会现正在经历着更高层次思想与生活方式的转变。这些年来，为顺应历史潮流，我在几百亩土地上研究与开发300余个品种，涉及资金200多万元，仅用在农民上就达150万元，为绿化南京、绿化江苏建设中作了努力。在实践中，深感坚持植物多样性的重要与难度。正因为有相当的难度，多数人不愿意干，甚至专业单位也不愿意牺牲经济效益去提高社会效益，但是，我却在这条艰难的路上一直朝前走。在实践中，我努力寻找在景观设计上坚持生物多样性，并运用于绿化工程的合作伙伴，同时，我也呼吁社会能更多地关心与支持在生物多样性这条道路上摸索的企业与个人。只有大家动手，形成氛围，生态园林企业才会得到发展，社会效益、环境效益、经济效益也将得到显现。南京六合新优花木种苗场，经过多年努力，已建立花木(卉)种质基地及名特优新品种示范基地，服务于社会，同时也希望得到社会的关心、理解与支持，特别是政府项目上的支持，以取得更好的成绩，回报社会与国家。

科学规划植物景观

■虞德源

■原载《中国花卉报》2005 年 8 月 18 日

创造富有地域特色的城乡园林景观，已成为各地创办国家生态园林城市的重要指导思想。如何使绿化发展思路更具可操作性，笔者认为，在进行园林植物造景规划中应坚持以下六点：

一个景观：即建设有中国特色的园林景观，凸显山水园林特色。提倡以人为本，将森林融入城市，形成植物群落稳定的自然景观。

两个开发：即野生和新优植物品种同时开发。使园林景观不仅具有民族地域特色，还能借助国外丰富的品种资源改进国内园林植物品种特性，做到不局限，不抄袭，不跟风，多创造。

三个定位：即重点选择常绿、彩色、珍优树种花卉，形成形态各异，色彩缤纷的植物景观。常绿（半常绿）树种及花卉植物就其景观及生态价值而言，是值得人们关注和开发的。植物世界本来就是多姿多彩的，城市绿化保持单一绿色调势必显得呆板。珍优树种花卉包括两个方面，一是常见珍优树种花卉，二是珍稀濒危树种花卉。

四个层次：即用乔木、灌木、藤本、地被，构成植物景观的四个层次。乔木是森林植物群落的主体。灌木在园林植物中尤以花灌木为主。藤本植物在一定程度上扩大了植物在园林绿化中的应用范围。地被指林下高度不超过 1.5m 的旱生或湿生植物，包括多年生木本植物、宿根花卉和草本植物。

五个结合：即常绿树种与落叶树种结合，速生植物与慢生植物结合，乡土植物与外来植物结合，旱生植物与水生植物结合，优势种与濒危种结合。任何事物都是由几个部分组成的，在园林树种配置上，应尽可能将不同特点的植物有机的结合在一起，可以达到非常理想的成景效果。

常绿与落叶树种结合在我国各个地区都是必不可少的。南方以常绿树种为主，北方则以落叶树种为主。速生与慢生树种结合，速生树种生长进度先快后慢，而慢生树种往往先慢后快，这样不会出现生长断层，影响造景效果。乡土树种与外来树种结合，以乡土树种为主，外来树种为辅，营造更加丰富新颖的绿化景观。旱生与水生植物结合，在园林植物造景上将有更大的发展空间。

六个面向：即面向绿色通道、面向森林绿地、面向湿地绿化、面向住宅区绿化、面向公共绿化、面向国际市场。绿色通道包括公路、水路、铁路，常绿树种、彩色树种及抗污染树种非常适合绿色通道建设。在种植形式上，采用混交模式更为理想。在植物层次上，乔灌藤地多层次结合比单一使用乔木强。森林绿地已成为城乡居民休闲旅游的重要场地，在格局上要充分展示生物多样性，出现更多的植物园以及特色植物专类园，成为别具地方特色的景点。在住宅区绿化（结合房地产开发）及公共绿化（指机关、学校、医院、厂区等）上，应向多样化、彩色化、精品化及生态保健化方面发展。对于湿地绿化，不仅要重视池塘、沼泽、河湖的绿化美化，更要注重森林湿地绿化。

话说中国槭树

■虞德源　虞敏

槭树科为城市园林绿化的彩叶树种，分槭属（约200种）和金钱槭属（2种）。主要产于北温带、亚热带和热带高山地区，分布在亚洲、欧洲与美洲地区。我国为世界槭树分布中心，有140余种，占世界槭树资源的70%，主要分布在长江流域和黄河部分流域。因此，充分利用与挖掘我国这一丰富乡土树种资源装扮祖国秀美山川显得十分必要。

槭树叶色、叶裂、翅果及分布等颇有讲究。按树种归类分为落叶与常绿两类：落叶树种有金钱槭、三角槭、毛脉槭、元宝槭、秀丽槭、罗浮槭、梓叶槭、紫花槭、鸡爪槭、五裂槭、地锦槭、中华槭、扇叶槭、毛花槭、三峡槭、花楷槭、茶条槭、天山槭、十蕊槭、苦茶槭、青榨槭、尖尾槭、疏花槭、小楷槭、毛果槭、三花槭、血皮槭、白牛槭、五叶槭、建始槭、梣叶槭（复叶槭）、缙云槭、天台槭、羊角槭、天目槭、橄榄槭、细裂槭、巴山槭、甘肃槭、葛罗槭、青皮槭、深灰槭、秃梗槭等；常绿树种有飞蛾槭、光叶槭、樟叶槭、红翅槭、紫槭、金江槭、长叶槭、贵州槭等。按色叶时间划分：常年紫红色或金黄色有鸡爪槭的两个变种红叶鸡爪槭和金叶鸡爪槭；叶色多变的为深红细叶鸡爪槭，春红渐变紫，夏日橙黄，入秋变红。早春老叶金黄、嫩叶鲜红的有贵州槭等；夏季嫩梢与秋色叶红者有建始槭、五裂槭、红翅槭等；秋叶入红或黄的涵盖所有落叶树种。按叶裂划分，基本分为3种类型：单叶互生的有青榨槭、十蕊槭、长叶槭、苦茶槭、光叶槭、四蕊槭、大齿槭、红翅槭、樟叶槭、紫槭、飞蛾槭、金江槭等（此类型中有50%以上为常绿槭树）；三裂叶的有建始槭、梣叶槭、白牛槭、巴山槭、血皮槭、茶条槭、三花槭、毛脉槭、葛罗槭、毛果槭、房县槭、小楷槭、秦岭槭、疏毛槭、尖尾槭、黄毛槭、细裂槭、三角槭、天山槭、三峡槭等；5~9裂叶的有鸡爪槭品种系列、五裂槭、地锦槭、元宝槭、权叶槭、中华槭、扇叶槭、紫花槭、毛花槭、花楷槭、五叶槭、三尾青皮槭、陕西黄毛槭、太白深灰槭等。按翅果大小分，小翅果（2~2.5cm）有鸡爪槭、紫槭、长叶槭、建始槭、飞蛾槭、毛花槭、茶条槭、金钱槭、三角槭、金江槭、红翅槭等；中翅果（3~3.5cm）有白牛槭、血皮槭、五裂槭、樟叶槭、中华槭、扇叶槭、光叶槭、毛脉槭等；大翅果（3.5~5cm）有毛果槭、梓叶槭、三花槭等。另外根据温度划分，长江以南的槭树主要有鸡爪槭、五裂槭、青榨槭、三角槭、元宝槭、天台槭、毛果槭、秀丽槭及几乎所有的常绿槭树；长江流域槭树有鸡爪槭、地锦槭、五裂槭、青榨槭、三角槭、三峡槭、飞蛾槭、元宝槭、建始槭、扇叶槭、罗浮槭等；黄河流域的槭树有鸡爪槭、三角槭、元宝槭、地锦槭、梣叶槭、建始槭、青榨槭、茶条槭、血皮槭、权叶槭、紫花槭、白牛槭、葛罗槭等，其中紫花槭和白牛槭等适合东北地区，天山槭、三角槭、地锦槭、梣叶槭、茶条槭等已抵西部新疆一线。槭树基本属于耐旱树种，如建始槭在雨涝年份低洼地区全军覆没，但也有耐湿树种如三角槭、樟叶槭在雨涝年份在其他树种（包括槭树内）无一生还竟正常生长。在众多的槭树中，观赏性高，推广地区比较多且偏北的品种要数鸡爪槭品种系列、元宝槭、地锦槭、五裂槭（包括变种）、权叶槭、中华槭、三角槭、建始槭、飞蛾槭等。血皮槭和毛果槭极有个性特色，故而有很好的市场前景。

槭树产于海拔500~2000m深山密林环境，特定的历史地理自然环境下使之成为半阳性偏阴的树种，喜温暖凉爽湿润气候，对空气湿度有一定要求，如濒江（长江）、临湖（鄱阳湖）的庐山槭树，特别高大妖娆就是一例。对土壤有良好的适应性，酸性、中性、碱性均可。在栽培技术上，根据种子休眠期长的特点，播种要采取随采随播和随采随沙藏低温保藏翌春早播。在产区就地采种育苗比异地育苗更具优势。该树生长休眠期特短，属"早睡早起"的树，落叶后马上休眠，然后很快醒来萌芽，故而在栽植上应以冬前栽植为主，同时及早修枝。因其为色叶树种，要施以有机肥为主的复合肥，氮肥多叶不红，在栽植地段上安排在背阴或有其他树遮阴和临水的环境，以免夏季易罹日灼焦叶。地势要略高以防渍害。在植保上主要防治刺蛾、蚜虫和星天牛等。

　　槭树树姿优美，叶形秀丽，色叶艳红，翅果翩翩，其中一些树种还配以光洁青干或红干紫枝，实为观叶佳品。无论栽植何处（溪边、池畔、路隅、墙垣），红叶翅果摇曳，无不引人入胜，娇艳悦目。金秋时节叶色红黄，层林尽染，观枫品叶，无不成为人们的生活时尚。这样的好去处，在现代都市中太少。我国为世界槭树的泱泱大国，几十年来植物科学工作者做了大量前期工作，但是，有计划的规模开发具有地域特色的槭树品种显得太少。与其盲目引进生长不明的国外树种，不如实实在在挖掘民族树种，如有计划收集种质资源，重点开发观赏价值高、适种范围广的树种，扩大槭树在园林中应用比例，以及模拟自然生境扩大槭树种植比例。根据槭树喜湿润习性，建议在我国鄱阳湖、洞庭湖、太湖、洪泽湖、巢湖五大湖地区大规模进行槭树品种布局，使之与樱花、梅花、桃花相匹配成为国内外骄人的一道亮丽的风景线。

2006 年 6 月于南京

槭树组合

槭树翅果

小紫槭（初冬）

红绿分明 　　　　　　　　　　　　　　　　　　金叶三角枫（初冬）

槭树秋色

森林湿地植物造景探析

■虞德源

■原文载《中国花卉报》2008年7月31日

浅岸森林景观群落组成

森林湿地植物景观群落由浅岸森林和水系植物群落组成。浅岸森林可借鉴地带性植物群落及演变规律，以耐湿乔木优势种为骨干树种形成乔木、灌木、地被三个层次并成量种植以形成稳定的自然生态群落。在规划设计上要突出物种地域性、森林层次性、林冠韵律性、季相丰富性、颜色多彩性与植物多样性等原则，营造出富有我国特色的源于自然优于自然的人间湿地胜景。

物种地域性非常重要，即栽植植物要本土化，要分辨不同土壤 pH 值树种，以及分清优生树种还是伴生树种。森林层次性一般包括乔木、灌木和地被，乔木为森林群落的主体，约占总体的50%，灌木一般占主体的20%～30%，下层地被植物由生长低矮、扩展性强、种类繁多的草本、竹类、宿根及亚灌木以混播或混栽形式组成丰富地被群落，其量占总体的20%～30%。林冠韵律性系指通过不同树种、不同树龄、不同颜色形成起伏、刚柔、色差的组合具有韵律感的生动林冠线。季相丰富性指的是在季相变化上体现"春花、夏叶、秋实、冬姿"，呈现"春花烂漫、夏荫蔽日、秋色迷人、冬态静谧"的水岸景观，选材得当就能达到美感效果。颜色多彩性则用彩色构图展现缤纷世界，植物花、叶、果均能体现，森林湿地不同季节均由绿、红、黄、蓝、紫、白等色组成。湿地植物多样性是指在森林湿地里优势建群树种及组合树种植物应在几十个品种以上，丰富的植物才能收到预期生态、经济、文化、旅游效果。

水生植物的选择应用

森林湿地野生水生植物特别丰富，山东荣成桑沟湾是我国首个国家级湿地公园，万亩天然芦苇、各种藻类、水草遍布丛中，成为南北水鸟理想的栖息地。无水区域主要是耐盐碱扁叶草等草类植物，是南北旱地鸟类栖息地，形成鸟群汇集的天然王国。

笔者认为，湿地保护要将自然与人工结合，形成水生动植物生态链。按照自然群落的演变针对性栽植有关植物，构建挺水、浮叶和沉水等湿生植物群落。开发蜿蜒开阔的自然生态护岸，集抗洪、生态、景观、自净效果于一体，显现野趣横生"碧波荡漾"美景。一年生的菱角、多年生的大叶柳、芦苇、柽柳、荷花、睡莲、莼菜、水草、香蒲、茨菇、玉蝉花、千屈菜等。在此基础上形成鱼虾和底栖动物水域，投入河蚌、螺蛳、黄蚬、不同层次鱼种，形成种群，构成水生植物与动物的生产与消费的动态平衡，成为"鱼虾满塘"农家乐。

土石配置及种植形式

自然湿地平淡无峻峭起伏之势，如何将水体与山石有机结合，开池筑山营造山林湖光野趣胜景，可借鉴我国园林利用土石材料构山的经验。

土山宜作山脊山谷，以利排水，同时造成山形变化，山上树木形成葱茏具有天际轮廓的山林景观。土石混合山，土石混合，符合山体生成、演变特征和山地地表状貌，接近山的本相。如杭州西泠印社，土山花草满坡、绿树葱茏，石山峭壁悬岩、洞壑婉转。在建造森林湿地构建若干"一池三山"，既增加美景，又因地形变化，可增加多不同生境的更多植物品种，这在规划设计森林湿地也是一种新思路。

在湿地景观中，树木种植形式可采取孤植、丛植和群植。孤植，一树一景，更多强调植物个性、姿态、色彩特征。丛植，数十株成丛种植，更能表现同一树种为主体植物的自然特征，视觉效果更强烈，常常形成局部区域的植物景观特色。群植，即数百数千成万连成一片。

森林湿地的百树园、千树园、万树园要发展有特色的地域物种，以植物多样性、规模性带动鸟类多样性、规模性。草滩引鸟，森林留鸟，一处处森林湿地将成为观鸟最佳胜地。为此要成批量种植适应性、观赏性、果食性俱佳的木本植物，如银杏、雪柳、柿树、枇杷、石榴、乌桕、火棘、无花果、金叶接骨木、琼花、海州常山、南天竹、沙棘、水杨梅、紫薇等树种，以此创造人与林、人与鸟、人与鱼和谐相处的具有湖光山色的森林湿地。

浅述森林湿地植物造景及植物选择应用

■虞德源

■原文载《园林花木经纪》2008年9月

1 森林湿地是湿地保护发展必然趋势

1.1 我国湿地保护与建设正方兴未艾

湿地为地球"绿肾"，保护与建设好湿地与城乡绿化同是我国环境保护的重要大事。现在越来越多人认为湿地对涵养水源维持水平衡、调节气候、蓄洪防旱、降解污染物、保护生物多样性、美化环境、旅游休闲、研究历史具有其他系统不可替代的巨大经济、文化、科学及娱乐价值。我国是世界上湿地类型最多、分布极广的重要国家，按面积占世界湿地10%，为世界第三湿地大国，有2000余种湿生植物，有1/2珍稀鸟类以湿地为栖息地。我国是世界上鸟类最多的国家之一，已记录到1300余种，如以"鸟的舞娘，大地精灵，天空诗行"闻名的丹顶鹤（国家一级保护种）占世界80%~90%。与世界发达国家一样，由于认识上偏差，我国湿地面积50年来锐减80%以上（美国丧失54%、法国67%、德国57%）。进入20世纪90年代国家强调经济建设要与环境建设同步进行。1992年我国加入《湿地公约》，次年获得一项"全球湿地保护与合理利用杰出成就奖"。2005年首次当选为《湿地公约》常务理事国。2008年我国有36大块湿地被列入《国际重要湿地名录》。如今如何缩小与先进国家差距，以人为本、科学发展、在保护基础上找到新的定位，即在开发其生态、经济、旅游价值资源上，湿地保护建设在生态文明上要有新的突破，以期对人类经济与生态建设同步发展书写历史篇章。

1.2 森林湿地较草本湿地有质的提高

湿地植物完整意义应包括木本植物与草本植物，依据《湿地公约》将湿地分为海岸湿地、内陆湿地与人工湿地三大类。在处理保护与建设关系上按照地理环境及人为能力发展木本植物、草本植物比例应有所区别。例如以内陆湿地的河流湖泊部分在湿地植物发展方向上尽可能做到木本植物与草本植物并重，甚至有的地区以木本植物为主。而沼泽泥炭地部分原则以草本植物为主。目前有一种倾向，即湿地保护往往在理念上确立以草本为主的发展思路，笔者观察到山东、浙江、上海、江苏、新疆等地区湿地植物成分上总感到过于单调有待调整和充实。例如上海崇明岛东滩湿地与江苏盐城大丰湿地，夏秋季"芦苇沼泽、绿野无边、芳草连天、白鹭翱翔"景观往往使人顿感"此景只应天上有，醉入花海不思归"。但到了冬春季有一种荒凉感觉。如果在植物成分上调整以森林湿地为主，那么它的生态、经济、景观、旅游价值会更高。笔者曾多次在上海崇明原五七农场林带上空观察到时有千鸟聚会的壮观场面。建议调整思路、积极规划，不能不说这是湿地保护向湿地建设走出的重要一步。湿地保护不能停留在原始状态，即不能囿于当地野生草本植物为主，而是应以自然生态相似范围形成适合当地优势的自然群落，特别要有计划地开发一些木本植物。这样一方面湿地生态效益得到有效保护，同时土地单位效益得到很大提高。在我国已经确定以及即将确定的自然保护区内积极发展森林湿地，若干年后必将会出现众多国家级、省级、地区级森林湿地公园，这在生态文明上将是一大建树。

1.3 森林湿地植物景观群落组成及原则

森林湿地植物景观群落由浅岸森林、水系植物及水系动物组成。浅岸森林可借鉴地带性植物群落及演变规律，以耐湿乔木优势种为骨干树种，形成乔木、灌木、地被三个层次并成量种植以形成稳定的自然生态群落。水系植物群落包括水生植物区系(重点构建挺水、浮叶、沉水湿生植物群落)和水生动物区系(在上述基础上形成鱼虾类、两栖、鸟类栖息、繁衍的天堂乐园和生态廊道)，在规划设计上要突出物种地域性、森林层次性、林冠韵律性、季相丰富性、颜色多彩性与植物多样性等原则，营造出富有我国特色的源于自然优于自然的人间湿地胜景。物种地域性极为重要，栽植植物要本土化。要搞清适合不同气温带(热带、亚热带、温带)树种，不同土壤 pH 值(酸性、中性、碱性)树种，不同生长势树种(优势树种还是伴生或是弱势树种)；森林层次性：乔木为森林群落的主体，其量在50%，可由大、小乔木组成，常绿、半常绿、落叶均占一定比例。灌木一般位于林中第二层，其量在20%～30%。第三层地被植物，由生长低矮、扩展性强、种类繁多的草本、竹类、宿根及亚灌木以混播或混栽形式组成丰富地被群落，其量在20%～30%；林冠韵律性系指通过不同树种、不同树龄、不同颜色形成起伏、刚柔、色差的组合具有韵律感的生动林冠线；季相丰富性：在季相变化上体现"春花、夏叶、秋实、冬姿"，呈现"春花烂漫、夏荫蔽日、秋色迷人、冬态静谧"水岸景观。只要选材得当就能收到岸上、岸下倒影美感效果；颜色多彩性则用彩色构图展现缤纷世界，植物花、叶、果均能体现。森林湿地不同季节均由绿、红、黄、蓝、紫、白等色组成；植物多样性：在森林湿地里优势建群树种及组合树种植物一般应在几十个品种以上，唯有植物丰富性才能收到预期的生态、经济、文化、旅游效果。

2 森林湿地树木花卉植物的选择应用

2.1 森林湿地有关草本植物的选择应用

森林湿地野生草本植物特别丰富，不需要任何管理即水草丰茂。笔者曾于2004年赴会参观山东荣成桑沟湾我国首个国家级湿地公园，万亩天然芦苇、各种藻类、水草遍布丛中，那里为南北水鸟理想栖息地。鸟类有大天鹅、黑雁、绿头鸭、秋沙鸭、麻鸭、丹顶鹤、白头鸭、白琵鹭等。无水区域主要是耐盐碱扁叶草等草类植物，是南北旱地鸟类栖息地形成群鸟汇集的天然王国。在江西鄱阳湖保护区，有湖泊浮游植物54科154种、水生维管束植物38科102种，有鸟类310种，其中水禽类108种，湖泊鱼类126种。鸟类中白鹤(国家一级保护种)3000多只，种群数量占全球95%。笔者认为湿地保护要将自然与人工结合，形成水生动植物生态链群落。按照自然群落演变针对性栽植有关植物，构建挺水(即离岸近的)、浮叶和沉水等湿生植物群落。开发蜿蜒开阔的自然生态护岸(而不是目前成风的硬质护岸)，集抗洪、生态、景观、自净效果于一体，显现野趣横生"碧波荡漾"美景。按照淹水植物承载深度栽植，如一年生的菱角水深3～5m。多年生的大叶柳、芦苇、怪柳1～1.5m。多年生荷花0.5～1.5m，多年生的蒲草、睡莲、莼菜、水草0.3～1m。多年生的香蒲、慈姑、玉蝉花、千屈菜0.2～0.3m，有的可种于盆内或其他容器沉于水底。在此基础上形成鱼虾和底栖动物水域。投入河蚌、螺蛳、黄蚬、不同层次鱼种，形成种群，构成水生植物与动物的生产与消费的动态平衡，成为"鱼虾满塘"农家乐。

2.2 森林湿地有关木本植物选择应用

湿地木本植物种类比较丰富，但在自然湿地分布比较分散不易引起人们注意。从保护与建设湿地本意来看它在挖掘湿地的经济、生态、科学、娱乐价值上理应与草本植物平分秋色,在有的地区甚至可以成为核心树种。经调研与实践,发现耐湿乔灌木有红树、旱柳、胡杨、雪柳、枫杨、三角枫、樟叶槭、楝树、桤木、水松、落羽杉、中山杉、墨西哥落羽杉、枫香、乌桕、重阳木、白蜡、喜树、榔榆、美国薄壳山核桃、无患子、油柿、柽柳、水杨梅、紫薇、海滨木槿、火棘、牡荆、杞柳、沙棘、木芙蓉、大花秋葵、凌霄等。上述树种可从淹期、耐盐、跨度与季相上加以划分。淹期长树种(3个月以上)为红树科乔灌木、旱柳、胡杨、柽柳等。淹期1个月左右为枫杨、重阳木、水松、落羽杉、中山杉、墨西哥落羽杉、榔榆、雪柳、水杨梅、紫薇等。耐盐树种:红树科乔灌木、胡杨、雪柳、三角枫、桤木、墨西哥落羽杉、乌桕、重阳木、白蜡。柽柳丛不仅在我国西北荒漠地区作为沙漠卫士广泛种植,而且在我国自黄海至东海都有种植。跨度树种:跨度窄树种,红树科乔灌木只限于热带气候地区。胡杨、沙棘限于荒漠气候的新疆、宁夏、甘肃、内蒙古沙漠河谷地区。跨越亚热带至温带地区的树种有三角枫、旱柳;保护绿洲、阻挡沙漠移动、维护荒漠地带的生态平衡的有雪柳、柿树、柽柳、凌霄等。华东地区树种有喜树、楝树、桤木、重阳木、枫香、水杨梅等。季相树种中夏花有紫薇、水杨梅、柽柳、大花秋葵、凌霄等。秋叶、秋果的有三角枫、乌桕、落羽杉、中山杉、枫香、油柿、火棘、美国薄壳山核桃等。常绿半常绿树种有樟叶槭、光蜡树、桤木、火棘等。笔者认为,从生态环境大局出发,我国红树林、胡杨林、柽柳丛等树种值得作为世纪工程规模种植开发。红树林是地球上唯一的热带海岸淹水常绿热带雨林,是一种独特湿地生态系统。我国为世界东亚分布中心之一,它被誉为“天然海岸卫士”“造陆先锋”,有着重要的经济、生态、景观价值。胡杨林是世界上最古老的植物之一,堪称最长寿树种之一,在我国重点分布在新疆塔里木河谷等地,对干旱、盐碱、风沙有强抗性,耐 40～45℃,−40～−42℃,为典型潜水旱生植物。

2.3 森林湿地土石配置及种植形式

自然湿地过于一马平川、一望无际、无峻峭起伏之势。作为建设自然大园林,如何将水体与山石有机结合,开池筑山营造山林湖光野趣胜景?在此可借鉴我国园林利用土石材料构山艺术经验,以烘托雄奇、峭拔、朴野、明秀山境。如土山,宜作山脊山谷,以利排水,也造成山形变化。山上树木形成葱茏具有天际轮廓的山林景观。土石混合山,土石混合,符合山体生成、演变特征和山地地表状貌,接近山的本相。如杭州西泠印社,土山花草满坡、绿树葱茏;石山峭壁悬岩、洞壑婉转,在建造森林湿地构建若干“一池三山”既增加美景,又因地形变化可更多数量增加不同生境的植物品种,这在规划设计森林湿地也是一种新思路。

树木种植形式可采取孤植、丛植和群植。孤植,一树一景,更多强调植物个性、姿态、色彩特征。丛植数十株成丛种植,更能表现同一树种为主体植物的自然特征,视觉效果更强烈,常常形成局部区域的植物景观特色。群植即数百、数千成万连成一片。例如河北承德有以数千榆树为主体的万树园。森林湿地的百树园、千树园、万树园要发展有特色的地域物种,以植物多样性、规模性带动鸟类多样性、规模性。因为鸟类凭借飞行本领,能轻易克服任何地理障碍,分布每个角落占据各种生活环境。草滩引鸟,森林留鸟,一处处森林湿地将成为观鸟最佳胜地。为此要成批量种植适应性、观赏性、果食性俱佳的木本植物,如银杏、雪柳、柿树、枇杷、石榴、乌桕、火棘、无花果、金叶接骨木、琼花、海州常山、南天竹、沙棘、水杨梅、紫薇等树种,以此创造人与林、人与鸟、人与鱼和谐相处的具有湖光山色的森林湿地。

水杨梅

紫薇

三角枫

北美落羽杉

黄金树

无患子

1	2
3	
4	6
5	

1　桤木
2　玉蝉花
3　美国长山核桃
4　杜梨花
5　彩叶杞柳
6　杜梨

关于上海崇明岛植物的探讨

■虞德源

1 选择耐盐抗风植物的实践依据

为有把握地在上海崇明选择一批耐盐抗风观赏植物，笔者认真查阅我国东部沿海有关省市(如：山东东营，江苏连云港、盐城、如东，上海市、上海崇明岛，浙江上虞、杭州、钱塘江、海宁、宁波等地)引种林木花卉品种及配套栽培措施已有成果材料。包括"山东东营滨海盐碱林业综合治理技术应用研究"、"上海市新优园林植物引种及推广研究"、"浙江台州盐渍土壤造林技术研究"、"江苏野生新优花木(卉)引种驯化及应用研究"等材料，将以上地区研究成果作为借鉴应用的依据之一。同时，笔者结合10年来亲自在江苏南通、南京及上海崇明岛对国内外500~600个野生新优林木花卉引种驯化实际体会，使理论与实际结合更加紧密。2004—2007年在上海崇明进行了上百个品种270亩示范；近3年来30余次对上海崇明岛苗木基地以及原五七农场反复进行实地调研；再结合2001—2007年对江苏农垦盐城南通沿海地区调研，综合上述方面对发展上海崇明风景园林树种花卉品种思路有了较为明晰的看法。但事物总是不断向纵深发展，10年只是短暂瞬间，所提看法很可能比较局限及片面，有待不断深化加以完善，现提出以起抛砖引玉的作用。

2 海岛森林城市植物造景有关问题

2.1 高起点高标准打造一流绿化环境

根据建设部与上海市共同规划至2020年"上海崇明岛要以优美生态环境为品牌、闻名旅游度假为主导、以发达清洁生产为支撑，建设森林花园岛、生态住宅岛、旅游度假岛、科技研创岛，使之成为世界级生态岛和海上花园"。随着党的十七大"生态文明"响亮提出，2010年上海世博会即将临近，上海在浦东开发之后又一个令国内外震惊之举就是要在崇明生态环境上打一个漂亮仗，为上海留一个后花园，为国民经济可持续发展给全国做一个榜样。以这样时的代背景，要建设世界一流生态岛和海上花园绝不是一句空话。首先要高起点、高标准打造一流绿化环境。尽管目前崇明县与上海市十个区相比还是最落后的，交通因长江天堑大桥没通之前相当不便，但是未来定位是明确的，这是崇明崛起的希望所在。英国首相布朗2008年1月19日与上海市长韩正共同见证《中国可持续发展生态城市项目设计、实施和融资谅解备忘录》的签署。根据这一备忘录，中英两国将合作把上海崇明东滩开发为全球首个可持续发展生态城。崇明东滩项目将与英国泰晤士河谷联系，根据中英协议计划2010年开放崇明东滩生态城可以容纳50万人。这一举措必然逐步波及崇明岛整个地区，昔日上海农垦以农为主的农场群将发生翻天覆地的变化，给上海市可持续发展注入强大动力。

2.2 建设四季有景的海上花园

园林植物种类极其丰富，即使碱性植物也如此。目前上海崇明植物物种还比较单一，比较常见的大树为香樟和银杏。前者为酸性植物代表，岛上盲目种植导致樟树黄化萎缩，这一警示迫使人们凡事要问个为什么再做，要研究物种多样性开发，现在眉目比较清楚的是在公路主干道两侧绿化上规格。乔灌地层次分明，常绿与落叶树种合理搭配，给人留下一个良好感觉。要建设四季有景的海上花园，笔者认为一要突出岛上林冠线生动变化(林冠线轮廓通过不同树种,不同树龄,不同颜色形成高低起伏,挺拔与柔和,颜色对比组合形成具有韵律感的生动林冠线);二要突出季相变化(季相上体现"春花烂漫、夏荫蔽日、秋色迷人、冬态静谧"景观。要造成这一景观在植物定位上不要过分囿于常绿树种。三要突出颜色构图。园林世界乃缤纷世界,色彩让世界充满激情。在景观设计中,植物色彩应用已经成为设计师的调色板。绚丽的色彩经过巧妙搭配,瞬间将呈现不同凡响的景观效果。通过种植与开发,由红、黄、蓝、绿、白等多种颜色植物使其成为名副其实的海上花园。

2.3 展示植物多样性的海岛魅力

2008 年 1 月 21 日各家报纸都已刊登中英联手建崇明生态城的消息,作为世界首个可持续发展的生态城必须在植物多样性方面走在前列。尽管目前现状比较单一,但未来的定位是明确的。众多的植物种类特别是一定规格乔灌木还是要力足于在本土自己解决。尤其是独具地方特色的乡土树种只能靠自己解决,外来树种花卉只能作为适当的补充。这里提的主要是乔木树种,这就是中国最大特色所在。崇明岛作为中国第三大海岛,岛屿比之内陆空气流通,空气湿度大于内陆,这些对植物生长相当有利。从生态相似原理来看上海地区与国内外相比,与国内苏、浙、鄂、皖、川等北纬 26°~34°,东经 105°~124°范围,国外与美国、日本、朝鲜、韩国、阿根廷、南非等有关地区处于 1.2 级相似。之所以勾勒这一范围,表明该地区为世界植物丰富地区,因此植物多样性文章值得在岛内大做特做。数代人将这些文章做好了,上海崇明岛将真正成为世界上最美丽的岛屿之一。

2.4 稳步建立以木本为主森林湿地

建设人与自然和谐相处的社会,要源于自然,又要高于自然。要顺其自然,又要胜其自然。笔者认为上海崇明有很多湿地,发展草滩湿地固然有必要,但若太多太滥便索然无味,尤其冬季一派萧条景象。笔者强烈地认为如此好的自然条件何不发展森林湿地,它无论在生态、景观、抗风、旅游、价值等方面要远胜于草滩湿地。森林湿地设计应包括浅岸森林群落、水系植物和水系动物三个部分,其比例树木花卉部分 60%~70%,水系群落 30%~40%。建议规划设计者反复将草滩湿地与森林湿地认真作一比较,并在全球同一气候生态内努力寻求成功范例,解放思想去创造世界上最美好的湿地景观。

3 规划设计树种花卉应注意问题

据笔者近年来对上海崇明的观察提出以下问题可供东部沿海园林植物设计者参考。

(1)确立乔木主体品种应以乡土树种为主而非外来树种。例如:朴树、三角枫、乌桕、黄连木、柿树、桂花、棕榈、罗汉松、樟叶槭、雪松、龙柏等,外来一些优秀树种可以搭配,如墨西哥落羽杉、美国黑核桃比较适合我国东部沿海地区。

(2)妥善安排常绿树种与落叶树种比例。常绿树种一年四季绿树成荫,尤以冬季仍显春意盎然,但多了显得呆板沉闷。再者遇到暴风雪的年份,常绿树种折枝率很高,反之落叶树种则平安无事。2008 年 1 月下旬我国长江中下游地区遇到 50 年不遇的大雪灾则是明显的例证。落叶树种(大多彩色观果树种都属这一类型)布局太多则显冬季萧条。例如崇明东平国家森林公园,夏季绿树成荫,大片水杉伟岸林立气势不凡但太单一,落叶树种到了冬季游人望而弃之,这样布局真可谓为夏季森林公园。落叶树种不应该过多发展针叶树林,而应同时发展树态多变化的彩叶观果的阔叶树种,例如柿树、石榴、槭树、海棠、朴树、银杏、金钟连翘、水杨梅等。

（3）注意耐湿、耐旱树种选择和搭配。经多年观察、大量调研发现，凡属乔灌木耐湿树种均表现出一定的耐旱（其机理犹如动物骆驼蓄水能力强），而耐旱树种均不耐湿。它提示人们，大力发展耐湿树种增强植物的抗逆性。耐旱树种一定要安置在有灌溉浇水条件的高地。耐湿树种有榿木、枫杨、楝树、落羽杉、水松、重阳木、乌桕、旱柳、白蜡、榔榆、悬铃木、雪柳、三角枫、樟叶槭、枫香、水杨梅、木芙蓉、油柿、紫薇、美国薄壳山核桃、柽柳等。耐旱树种如黄山栾树、美国黑核桃等要安排在高地上。

（4）关于抗风防护树种选择。抗风性强的树种一般为深根性植物。例如大多数杉木林，落叶的如水杉、池杉、落羽杉、中山杉，常绿的为墨西哥落羽杉、柳杉。阔叶树种有三角枫、元宝槭、香花槐、乌桕、重阳木、雪柳、美国黑核桃、巨紫荆、黄连木、樟叶槭等。在灌木中有能抗12级以上台风要数柽柳，其枝条柔韧，根系发达，夏秋季红絮烂漫，婆娑曼舞，冬季红干、龙态盘展应成为海岛风光亮丽的风景线。

（5）关注发展病虫害少的植物树种。近年来崇明岛天牛等病虫害肆虐横行，美国复叶槭、加拿大糖槭等树种严重蛀干几乎毁于一旦。从目前观察比较抗天牛等病虫害的有朴树、黄连木、琼花、三角枫、秃瓣杜英、弗氏石楠、石楠、柳杉、墨西哥落羽杉、银木、香叶树、大叶冬青、水杨梅、七叶树、美国黑核桃、火棘等。总之通过总结细心观察选好树种则是事半功倍的一个好办法。

（6）努力发展以混交林为主的防护林带。目前我国东部沿海（山东、江苏、上海、浙江等地）防护林上树种比较单一，普遍存在针叶林多、阔叶林少的现象。据了解2005年5号台风"海棠"过境，浙江苍南沿海凡松阔混交林，未发生塌方和泥石流，而境内单一马尾松林，多处塌方就是显例。大力营造多树种、多品种、多层次、多类型的阔叶树和针叶树的混交林，可以增强对灾害性天气的抵御能力，可以营造迷人森林层次景观，可以有系统地开发森林系列产品。例如将阔叶树种上榿木与针叶树种杉木组合一起，二者皆耐湿抗盐共生，前者为根瘤菌树种，混交能促进其他树种生长，其景观、抗灾、生态、生长效益均能提高。以上只是举了乔木例子。

（7）确立乔木为主的群落树种。一个地区景观关键在于乔木树种。确立乔木为主的骨干树种能显著改变一个地区绿化生态面貌。乔木中常绿与落叶比例基本可以考虑各一半的比例为宜。树木的规格要充分尊重其生长发育规律，要强调树木的青龄和壮龄化，不要老龄化。笔者以为乔木胸径在6~10cm就足矣。灌木地径在3~5cm就符合标准。在这个问题上，只有解放思想路子就宽。这样做对一个地区中长期绿化面貌改观、对于节约栽树成本、对于增加植物的多样性极为有利。这期间不排除安排少量胸径在10~20cm作为点缀，特别是一些传统名花树种。在群落树种中乔木要占到50%，乔木下层的灌木与地被可在50%。

（8）建议可以大力发展的树种花卉。乔木中常绿的有樟叶槭、墨西哥落羽杉、柳杉、罗汉松、橘树、棕榈、龙柏、桂花等。落叶的为朴树、三角枫、榿木、香花槐、乌桕、黄山栾树、雪柳、苦楝、拐枣、美国黑核桃等。灌木中常绿的有胡颓子、郁香忍冬、夹竹桃、火棘、石楠、凤尾竹等。落叶的为海滨木槿、金钟连翘、水杨梅、金叶接骨木、柽柳、木芙蓉、喷雪花、大花秋葵等。地被中常绿的有花叶蔓长春花、美国五彩石竹、荆芥、常春藤等。落叶有金山绣线菊、金焰绣线菊、亚菊、紫露草、天人菊、黑心菊、松果菊、分药花、金娃娃萱草、美丽月见草、美人蕉、二月蓝、虞美人等。藤本有藤本月季、美国凌霄、法国凌霄等。

2008.1.30 写于南京（暴雪纷飞的日子里）

1 金娃娃萱草
2 紫露草
3 法国玫瑰紫薇
4 成都醉芙蓉
5 法国红花绣线菊
6 法国深红红柳

1 成都牡丹芙蓉
2 欧美石竹1
3 欧美石竹2
4 地被组合

沿海地区规划设计如何选用植物

■虞德源

■原载《中国花卉报》2008 年 4 月 24 日

十年来，通过亲自在江苏南通、南京及上海崇明岛对野生新优林木花卉引种驯化和经验总结，笔者提出对沿海地区规划设计植物应用应注意的问题。

1 确立乔木主体品种应以乡土树种为主

例如朴树、三角枫、乌桕、黄连木、柿树、桂花、棕榈、罗汉松、樟叶槭、雪松、龙柏等，外来一些优秀树种可以搭配，如墨西哥落羽杉、美国黑核桃比较适合我国东部沿海地区。

2 妥善安排常绿树种与落叶树种比例

常绿树种一年四季绿树成荫，尤以冬季仍显春意盎然，但多了显得呆板沉闷。再者遇到暴风雪的年份，常绿树种折枝率很高，反之落叶树种则平安无事。2008 年 1 月下旬我国长江中下游地区遇到 50 年不遇的大雪灾则是明显的例证。落叶树种不应该过多发展针叶树林，而应同时发展树态多变的彩叶观果的阔叶树种，例如柿树、石榴、槭树、海棠、朴树、银杏、金钟连翘、水杨梅等。

3 注意耐湿、耐旱树种选择和搭配

笔者经多年观察、大量调研发现，凡属乔灌木耐湿树种均表现出一定的耐旱性，而耐旱树种均不耐湿。因此，应大力发展耐湿树种，耐旱树种则一定要安置在有灌溉浇水条件的高地。耐湿树种有榀木、枫杨、楝树、落羽杉、水松、重阳木、乌桕、旱柳、白蜡、榔榆、悬铃木、雪柳、三角枫、樟叶槭、枫香、水杨梅、木芙蓉、油柿、紫薇、美国薄壳山核桃、柽柳等。耐旱树种如黄山栾树、美国黑核桃等。

4 选择抗风防护树种

抗风强的树种一般为深根性植物。杉类树种如水杉、池杉、落羽杉、中山杉，常绿的墨西哥落羽杉、柳杉；阔叶树种如三角枫、元宝槭、香花槐、乌桕、重阳木、雪柳、美国黑核桃、巨紫荆、黄连木、樟叶槭等。在灌木中有能抗 12 级以上台风的要数柽柳品种，其枝条柔韧，根系发达，夏秋季红絮烂漫，婆娑曼舞，冬季红干、龙态盘展应成为海岛风光亮丽的风景线。

5 选择发展病虫害少的植物

近年来崇明岛天牛等病虫害肆虐横行，美国复叶槭、加拿大糖槭等树种严重蛀干几乎毁于一旦。从目前观察比较抗天牛等病虫害的有朴树、黄连木、琼花、三角枫、秃瓣杜英、弗氏石楠、石楠、柳杉、墨西哥落羽杉、榀木、银木、香叶树、大叶冬青、水杨梅、七叶树、美国黑核桃、火棘等。

6 努力发展以混交林为主的防护林带

目前我国东部像山东、江苏、浙江等地的沿海（江）防护林上树种比较单一，针叶林多、阔叶林少。2005年5号台风"海棠"过境，浙江苍南沿海一带的松阔混交林，未发生塌方和泥石流，而境内单一马尾松林，多处塌方。大力营造多树种、多品种、多层次、多类型的阔叶树和针叶树的混交林，可以增强对灾害性天气的抵御能力，营造迷人森林层次景观，并可系统地开发森林系列产品。

7 确立以乔木为主的群落树种

确立乔木为主的骨干树种能显著改变一个地区绿化生态面貌。乔木中常绿与落叶比例基本可按各半的比例为宜。树木的规格要充分尊重其生长发育规律，要强调树木的青龄和壮龄化，不要老龄化。乔木胸径在6~10cm、灌木地径在3~5cm就符合标准。期间不排除安排少量胸径在10~20cm的乔木作为点缀，特别是一些传统名花树种。在群落树种中乔木要占到50%，乔木下层的灌木与地被可占在50%。

8 可大力发展的植物

乔木中常绿的有樟叶槭、墨西哥落羽杉、柳杉、罗汉松、柑橘、棕榈、龙柏、桂花等。落叶的有朴树、三角枫、榾木、香花槐、乌桕、黄山栾树、雪柳、苦楝、拐枣、美国黑核桃等。灌木中常绿的有胡颓子、郁香忍冬、夹竹桃、火棘、石楠、凤尾竹等。落叶的为海滨木槿、金钟连翘、水杨梅、金叶接骨木、柽柳、木芙蓉、喷雪花、大花秋葵等。地被中常绿的有花叶蔓长春花、美国五彩石竹、荆芥、常春藤等。落叶有'金山'绣线菊、'金焰'绣线菊、亚菊、紫露草、天人菊、黑心菊、松果菊、分药花、'金娃娃'萱草、美人蕉、二月蓝、虞美人等。藤本有藤本月季、美法凌霄等。

美国黑核桃

金叶梓树

海州常山

雪柳

芙蓉葵（大花秋葵）

◀ 金叶风箱果

乌桕

金叶接骨木

欧美石竹

亚菊

北美紫露草

《园林求索》评审意见

■虞德源

评审意见：

  兹对洋兵研究）由北京崇文区园林局许联瑛执笔的"抗寒梅花品种在北京城区园林绿地中的引种和示范应用技术报告"提出以下几点意见以供参改。

  一、这是一份具有科学价值、勇敢了探索的技术应用报告。

  二、该课题组在园林界泰斗陈俊愉教授具体指导下卓有成效地开展工作，全面系统地实现了中国梅花在北京城区系统完整及大规模应用，建立了北京城区独特的北国江南的人文景观，值得庆贺。

  三、该课题组在引种驯化理论上不但善于吸收国外值国近地的"气候相似论"和前苏联米丘林迁移驯种理论主旨，更注重研究和应用中国专家自己理论，如竺可桢"气候环境变化自身周期性循环规律"、虞德源"自然生态相似引种理论"和陈俊愉"关键生态因子研究"引种驯化理论，同时在本文中充实引种驯化系统理论中提出了"植物与环境存在互适性关系"的崭新观点。

四、该课题组进行抗寒梅花在北京城区党正乘续引种示范，具有积极意义，使梅花三系（真梅系、杏梅系、樱李梅系）全面应用，尤以梅花源自黄河中来的真梅系，这是梅花史在中国北界的一个重大突破。作为双国花之一梅花，列书在长江上下，且能在黄河内外傲寒迎春，傲雪开放，这是民族骄傲，也是科技工作者使命和贡献。

五、该课题组在技术路线上有所创新和突破，这对类似南树北上有着借鉴意义。如选育在异地引种上选用河南罗山区体的引种过度带，而不是单用长江到黄河跳跃式引种。在苗木培植上采行实生苗与嫁接苗二条腿走路方针，在种植养护上选用壮苗（地径4.5cm），促进花芽分化及浇足返青水压根水等关键措施，才能取得理想效果。只有因种因地采取科学方法才能取得理想效果。

六、建议该课题组努力把图中国梅花在全北京市园林绿化应用的基础上，应用自然生态相似原理，以北京为中心，以此以地域、气候、土壤、生物群落相似的国内外范围进行举一反三，多举功倍的科学布局，让中国梅花在河北（如承德、天津、燕山等）辽宁（如千山、大连、鞍山等）、内蒙（如鲁儿虎山等）、山西（五台、太行山等）、山东（泰山、荷泽、烟台、沂州等以以日本（东京）、朝鲜（平壤）、美国（怀俄明民、克利特、道奇城、哥伦布、圣路易斯等等）有关城范有一个更大发展，从而有一个更大走向。

陈德源　图于东京
2008.12.24

新疆特色植物阔步前进（2013 年）

■虞德源

1   在北疆建立特色植物的优势

　　新疆面积占我国的1/6，有16个江苏省大，位于我国西部的最前沿地区。伊犁地区是全疆的江南，中国农林业发展的最好地区。新疆森林主要集中在天山山区，天山林业用地面积占全疆山区用地面积的62.5%，森林植被现以常绿针叶林为主，同样在阔叶林上也有着得天独厚的发展潜力，目前一股开发浪潮正在掀起。

　　从北疆（如乌鲁木齐、伊犁）为中心国内外生态相似图看出，与乌鲁木齐、伊犁在自然生态相似均处于1.2级相似。这包括国内有新疆、甘肃、内蒙古阿拉善地区及宁夏地区。国外有美国中西部、阿根廷、智利、澳大利亚南部、南非南部以及土耳其、伊朗等国。这是一个了不起的生态相似带，也正是这一地区在新时期崛起的重要资源依据。

　　1992年中国科学院院新疆地理研究所与世界地理学会专家采用现代科技手段设备测定乌鲁木齐为亚洲地理中心。而伊犁和乌鲁木齐处于1级相似。它是世界性、唯一性和独特性，由此可以做很多文章。由新疆农科院杨昌友编写的《中国天山植物名录》于1994年完稿。我1995年去新疆时获及50万字的书稿，甚幸。从杨先生调查天山分布区类型不难看出新疆植物区系北温带29.16%、旧世界温带分布13.29%、温带亚洲分布4.96%、地中海区西至中亚分布14.68%，中亚分布9.7%，569属中，属温带中亚分布带为天山植物的71.8%。因此在植物引种上如何根据植物区系确定以温带中亚树种为主线乃立于不败之地。从科属来看蔷薇科、忍冬科、小檗科占到70%以上（尤其蔷薇科占到半壁江山）。世上事要天时地利人和才行。自然条件再适宜没有国家政策扶持和各级政府重视乃无济于事。在这方面新疆工作做得好，值得内地同志学习。我记得中国科学院植物研究所石雷教授最投入的就是中国温带植物的开发，新疆可谓英雄用武之地。

2   在北疆建立特色植物基地

　　环绕在新疆以温带特色树种出发采用野生（即本地乡土树种）与新优（外来优良树种）相结合路子，突出经济生态型的彩色繁花繁果为特色的植物，符合地域特色，符合新疆及中亚地区热烈奔放性格。在定位上实行长短结合，即特色树种与香料药材观赏园艺开发相结合，走出一条生态文明可持续发展的新路。对于新疆树种印象，30年前以新疆杨直冲蓝天为主体，继而注重树型，出现圆冠榆、馒头柳、黄金树展现街头，近10年又出现以繁花繁果彩色为特色的地域树种成为这一地区亮点，结合一带一路新契机新疆将变得更加瞩目。2013年应新疆原兵团种子公司陈树林邀请与北京中国科学院院植物研究所石雷教授等人考察伊犁、昌吉等地区看到新疆惊人的变化，发现新疆林业的新特点，如善用当地的优势树种樟子松作为行道树种。又如在榆树上嫁接金叶榆变为彩叶树种……同时又向新疆推荐一批树种名单（附后），加上收集到克拉玛依运用名单（附后），其树种资源又向前推进一步。

　　历史证明新疆往往后来者居上，有的往往坐上老大位置。新疆甜菜、棉花、西红柿、瓜果……同样它的特色树种也能在中亚地区能成为领头羊。

	1		
2	3	4
5		6

1 圆冠榆
2 胡杨
3 裂叶榆
4 山柳
5 黄刺玫
6 夏橡

马兰花（鸢尾）

云杉

馒头柳

新疆野苹果

伊犁行道树

黄金树

波斯菊

沙棘

短穗红柳

长穗红柳

石河子行道树

樟子松（石河子）　　　　山桃（红皮）

山楂（石河子）

海棠果

薰衣草

◀ 芦苇（伊犁）

◀ 胡杨

附：建议北疆特色木本植物名单

种名	科属	类型	花色(叶色)	花期	果色	果期	原产地	繁殖方式	有关说明
1. 欧洲花楸	蔷薇科	乔木	白色叶(秋金黄)	5月	红色	9~10月	俄罗斯、乌克兰等地	播种或种苗	
2. 金叶榆	榆科	乔木	金叶	5月			北京等地	嫁接、扦插	嫁接在当地选择树种中
3. 夏橡(英国栎)	壳斗科	乔木	秋叶金黄	5月		10月	新疆伊犁等地	播种或种苗	
4. 山桃	蔷薇科	乔木	红色 白色	5月		7月	北京等地	种子或种苗	分白花和红花2个品种
5. 山杏	蔷薇科	乔木	粉色	5月		7月	西北等地	播种、种苗或嫁接	
6. 新疆野苹果	蔷薇科	小乔木或灌木	白色 粉色 红色	5月	红 黄 绿	8~10月	新疆新源、巩留	播种、种苗或嫁接	关键在选种
7. 黄果山楂	蔷薇科	小乔木或灌木	白色	5月	橘黄	7月	新疆阿勒泰、伊犁	播种、种苗	
8. 绛桃	蔷薇科	乔灌木		5月	深红		北京等地	扦插、嫁接	菊花桃也可考虑
9. 山梨	蔷薇科	乔木		4~5月	白色	10~11月	西北等地	播种、嫁接	
10. 馒头柳	杨柳科	乔木					西北等地	扦插繁殖	
11. 彩叶杞柳	杨柳科	灌木	叶：粉红	叶：5~7			欧美	扦插	南京部分供苗
12. 金叶刺槐	豆科	乔木	金黄色				北美	嫁接繁殖	刺槐砧木
13. 香花槐	豆科	乔木	紫红色	5月 7月			北美	扦插、分根	
14. 红花刺槐	豆科	乔木	红色	5~6月			北美	嫁接繁殖	
15. 龙爪槐	豆科	小乔木	黄白	8~9月			河南	嫁接繁殖	国槐砧木
16. 火炬树	漆树科	乔灌木	淡绿	7~8月	红色	9~10月	北美	播种、分根	
17. 石榴	石榴科	乔灌木	红色	5~7月	红色	9~10月	中亚	播种	
18. 十姐妹	蔷薇科	灌木	红色	5~6月	红色	8~9月	北京	扦插	
19. 猬实	忍冬科	灌木	紫红	5~6月		8~9月	北京等地	播种、扦插	半温室运用
20. 榆叶梅	蔷薇科	灌木	红色	4~5月		6~7月	北京等地	播种、扦插	
21. 黄刺玫	蔷薇科	灌木	黄色	5~6月			中国"三北"地区	分枝、扦插	
22. 沙拐枣	蓼科	灌木	红色 黄色 白色	4~5月	红色	4~5月	新疆	播种、扦插	
23. 树锦鸡儿	豆科	乔灌木	黄色	5月	红色	7月	西北、东北	播种	
24. 喷雪花	蔷薇科	灌木	白色	4~5月			欧美	扦插	南京部分供苗
25. 芙蓉葵	锦葵科	亚灌木	红、粉、白	7~8月		9~10月	欧美	扦插、播种	南京部分供苗
26. 蒙古沙冬青	豆科	灌木	黄色	4~5月	红色	5~7月	新疆	播种、扦插	

种名	科属	类型	花色(叶色)	花期	果色	果期	原产地	繁殖方式	有关说明
27. 柽柳系列	柽柳科	灌木	红、粉、白	3~8月			新疆	扦插	
28. 沙棘	胡颓子科	灌木	淡黄	5月	橘黄	9~10月	新疆	播种、扦插	
29. 欧洲绣球	忍冬科	灌木	白色	5月	红色	8~9月	欧洲	分根、扦插	来自中国科学院植物研究所，南京少量供苗。除此可大力发展欧洲荚蒾
30. 金银忍冬	忍冬科	灌木	白色	5~6月	红色	9	我国"三北"地区	播种、扦插	
31. 茶条槭	槭树科	灌木	白色	5~6月	叶红色	9	东北等地	播种	仅举一种，其实可搞一个系列，如三角枫、五角枫等
32. 红果小檗、黄果小檗	小檗科	灌木	淡黄	5月	红色黄色	9	新疆	播种、扦插	
33. 欧美五彩石竹	石竹科	地被	五彩	5~6月			欧美	播种	南京提供原种，可选育新品种
34. 紫藤	豆科	藤本	紫色	5~6月	荚果	9~10月	华东、华中、华北	播种	可试验先行
35. 南蛇藤	卫矛科	藤本	黄绿色	5~7月	橙黄色	9~10月	北方各地	播种、扦插	秋叶金艳
36. 凌霄	紫葳科	藤本	金黄、黄色	6~8月			华中、华北	扦插	半温室运用
37. 台尔曼忍冬	忍冬科	藤本	橙色	6~10月			北京等地	扦插	系自中国科学院植物研究所
38. 京红久忍冬	忍冬科	藤本	玫瑰色	6~9月			北京等地	扦插	系自中国科学院植物研究所
39. 鞑靼忍冬	忍冬科	藤本	红色	6~9月			北京等地	扦插	系自中国科学院植物研究所
40. 金钟连翘	木犀科	灌木	金黄	4~5月			华北、华中等地	扦插	南京部分供苗

有关说明：

1. 本名单例举乔木11个，灌木21个，藤木6个，地被1个。

2. 在例举40个树林植物中来自蔷薇科的为11个，忍冬科的为6个，豆科的为7个，蓼科的为1个，壳斗科的为1个，杨柳科的为2个，漆树科的为1个，石榴科的为1个，锦葵科的为1个，胡颓子科的为1个，小檗科的为1个，石竹科的为1个，榆科的为1个，槭树科的为1个，柽柳科的为1个，紫葳科的为1个。也即蔷薇科、忍冬科、豆科为24个，占其比例61.5%。

3. 在例举的树林植物品种中均为彩色的、繁花的、繁果的，符合新疆地域特色，热烈而奔放。

附：克拉玛依地区树木一览表（收集）

序号	树种	应用情况	序号	树种	应用情况
1	青海云杉	可推广	34	樟子松	可推广
2	红皮云杉	可推广	35	侧柏	可推广
3	梓树	可推广	36	新疆圆柏	可推广
4	黄金树	可推广	37	膜果麻黄	可推广
5	茶条槭	可推广	38	胡杨	可推广
6	复叶槭	可推广	39	新疆杨	可推广
7	美国榆	可推广	40	箭杆杨	可推广
8	春榆	可推广	41	小意杨	可推广
9	黑榆	可推广	42	少先队杨	可推广
10	黄榆	可推广	43	俄罗斯杨	可推广
11	裂叶榆	可推广	44	白柳	可推广
12	三刺皂角	可推广	45	文冠果	可推广
13	丝绵木	可推广	46	夏橡	可推广
14	树锦鸡儿	可推广	47	白榆	可推广
15	珍珠梅	可推广	48	白桑	可推广
16	金老梅	可推广	49	梭梭	可推广
17	忍冬	可推广	50	白梭梭	可推广
18	接骨木	可推广	51	海棠果	可推广
19	金刚鼠李	可推广	52	直立苹果	可推广
20	连翘	可推广	53	疏花蔷薇	可推广
21	红瑞木	可推广	54	黄刺玫	可推广
22	五叶地锦	可推广	55	铃铛刺	可推广
23	香茶藨	可推广	56	多枝柽柳	可推广
24	红苹果	可推广	57	尖果沙枣	可推广
25	榆叶梅	可推广	58	大果沙枣	可推广
26	欧洲山杨	可推广	59	沙棘	可推广
27	红叶小檗	可推广	60	大叶白蜡	可推广
28	欧洲稠李	可推广	61	小叶白蜡	可推广
29	紫穗槐	可推广	62	红果山楂	可推广
30	水蜡树	可推广	63	暴马丁香	可推广
31	北京丁香	可推广	64	宁夏枸杞	可推广
32	洋丁香	可推广	65	黑果枸杞	可推广
33	紫丁香	可推广	66	西伯利亚白刺	可推广

序号	树种	应用情况	序号	树种	应用情况
67	垂榆	要采取防风措施	78	葡萄	要采取防冻措施
68	圆冠榆	要采取防风措施	79	李	要采取防冻措施
69	黄果山楂	要采取防风措施	80	山桃	要采取防冻措施
70	枫杨	要采取防风措施	81	山杏	要采取防冻措施
71	红丁香	要采取防风措施	82	黄太平	要采取防冻措施
72	丹东桧	要采取防风措施	83	欧洲大叶榆	要采取防旱措施
73	馒头柳	要采取防冻措施	84	密枝红叶李	可推广
74	垂柳	要采取防冻措施	85	紫叶稠李	可推广
75	龙爪柳	要采取防冻措施	86	金叶榆	可推广
76	玫瑰	要采取防冻措施	87	紫叶风箱果	可推广
77	锦带花	要采取防冻措施			

关于垦区科学规划植物景观与树种选择的思考

■虞德源

我数十年来一直热衷农林植物研究实践。本文从实践角度以垦区科学规划植物景观与树种选择为题,与农垦同志共同探讨。

1　打造生态文明垦区绿色家园

1.1　探讨生态文明绿色家园发展理念

各地城镇绿化建设快速发展,人们对生态环境日趋重视。如何使绿化思路更具可操作性,我认为,在进行园林植物造景中应坚持以下六点。

一个景观:即建设中国特色的园林景观,凸显山水园林特色。提倡以人为本,将森林融入城乡,形成植物群落稳定的自然景观。对于垦区来说它是苏北(中)平原垦区森林明珠画卷,是现代林业与日新月异垦区宅地、工厂、牧场、道路、河网、农田交相辉映的现实写照。

二个开发:即野生树种与新优植物同时开发,园林景观不仅具有民族地域特色,还能运用全球资源丰富与改进园林植物的品种特性,做到不局限、不抄袭、不跟风、多创造。

三个定位:即重点选择常绿、彩色、珍优树种花卉,形成形态各异色彩缤纷的植物景观。常绿(半常绿)树种及花卉植物就其景观及生态价值而言,是值得人们关注和开发的。植物世界本来就是多姿多彩的,城乡绿化保持单一绿色势必显得呆板甚至产生审美疲劳感。发展彩色树种就能使现有绿化更上一个档次。珍优树种花卉包括两个方面,一是珍优树种花卉,二是珍稀濒危树种花卉。三者应有一个合适比例,如可否 5:4:1。

四个层次:即用乔木、灌木、藤本、地被构成植物景观的四个层次。乔木是森林植物群落的主体(包括大乔木、亚乔木、小乔木)。灌木在园林植物中尤以花灌木为主。藤本植物在一定程度上扩大了植物在园林绿化中的应用范围。地被指林下(缘)高度不超过 1.5m 的旱生或湿生植物,包括多年生木本植物、宿根花卉、一年生草本及草类植物。

五个结合:即裸子植物与被子植物,常绿树种与落叶树种,速生树种与慢生树种,乡土树种与外来树种,春花树种与秋色树种相结合。任何事物都是由几个部分组成的,园林树种设置上可将不同特点的植物有机组合在一起,从而达到非常理想的成景效果。裸子植物与被子植物结合在一起,这样可以避免两大优势树种任一偏度发展而引入误区。常绿和落叶树种结合在我国各个地区、时段都是必不可少的。南方以常绿树种为主,北方则以落叶树种为主。速生与慢生树种结合,速生树种生长进度先快后慢,而慢生树种往往先慢后快,这样不会出现生长断层,影响造景效果。以乡土树种为主外来树种为辅,营造更丰富新颖的绿化景观。春花树种与秋色树种相结合可使一个地区达到更佳园林景观效果。

六个面向:即面向绿色通道、面向森林绿地、面向农田防护、面向宅区绿化、面向公共绿化、面向湿地绿化。绿色通道包括公路、水路、铁路,在种植形式上采用混交模式更为理想。在植物层次上,乔灌藤地多层次结合比单一使用乔木强,森林绿地已成为城乡居民休闲旅游的重要场地,在格局上要充分展示植物多样性,出现更多的植物园及特色植物专类园,成为别具特色的地方景点。在农田防护上变单一用材林为更多的苗木林。在宅区绿化和公共绿地(指机关、学校、医院、厂区、牧场等)应向多样化、彩色化、精品化及生态保健方面发展。对于湿地绿化不仅要重视池塘、沼泽、河湖的绿化美化,更注重森林湿地绿化。

1.2 垦区绿色家园潜在发展机遇

垦区一直致力于打造全省乃至全国农业现代化的先行区、示范区和集聚地。已在种业、米业、啤麦、瓜果、蔬菜、畜牧、养殖、药业等方面取得卓越成绩,在21个省属企业排序中营业收入、利润总额分别占第6和第3位。现在聚焦建设生态文明绿色家园,即在林上写出新文章,也是新时期新课题。据农业处提供资料表明,垦区已出现各场竞相发展绿化苗木的新态势。今年苗木面积比2013年增长50%,10余场苗木面积超过6000亩。其中弶港、岗埠、新洋、黄海、白马湖等发展更快些。目前引进的常绿乔木树种有广玉兰、雪松、香樟、女贞等。落叶乔木有银杏、水杉、中山杉、垂柳、枫杨、白蜡、重阳木、栾树、无患子、法桐、朴树、榉树、合欢等。花灌木有樱花、碧桃、红叶石楠、红叶李、海桐、桂花、红枫等。这些品种分属于榆科、悬铃木科、无患子科、银杏科、杨柳科、松科、樟科、木犀科、木兰科、千屈菜科、蔷薇科等十余科。但也应当看到垦区绿化覆盖率较低,树种比较单一的现状。宅地、道路、堤岸、林田存在很大开发的空间。反过来说以上只要认准就会转化为后发优势。生态文明新形势下江苏农垦正在积极探索出农林一体化新路子。农垦不仅占有土地优势,还可充分发掘丰富的历史社会资源。例如可否运用垦区历史题材动员社会力量建造军垦林,知青林……以传承时代文化,弘扬农垦精神,也是如今正能量接地气的一种创新。

1.3 生态文明绿色家园案例

如今美丽中国、生态文明深得民心,是中国梦的一个重要组成部分。各地绿色家园俯拾皆是。我接触较深的有三例。

一例是上海市对崇明岛开发的思路。

记得十多年前胡兆辉总经理曾组织以上海为重点的都市林业考察,如今上海林业变化令人感叹。正是那次考察推动农垦特色林业觉醒。几乎所有人都清楚上海改革开放是由浦西向浦东发展。浦东发展了,崇明岛如何定位,对寸土寸金的上海令世人瞩目。上海回答,把崇明岛开发成世界级森林生态岛和海上花园,来改造上海外围环境。上海农垦在岛上有十余个农林场,特色林业,农林一体化,农家乐传递乡土信息。由此我提起北京故宫的御花园。而崇明正是现今上海市后花园。

二例是敢为苏北最美县城的泗阳县。

提及泗阳人们皆知它是中国意杨之乡、江苏酿酒之乡。也曾是农垦版图成员泗阳农场所在地。虽然有名但经济上属于穷县。该县在发展思路上具有长远环境眼光。硬是在林上做足文章。城外打造成意杨林海,城内建造苏北最美县城的园林景观且南北连成一片,绿地绿化率70%以上,为江苏之最。其中迎宾大道、森林公园、生态公园、泗水生态大道、废黄河故道湿地公园、县级植物园,成为江苏绿化新亮点。该县从省级园林城市迈向全国园林城市。为什么这片土地变化那么大?当然和当家人带领全县人民辛勤耕耘分不开。该县书记原是省林科院院长,硬是埋头苦干十年,旧城变新貌。

三例是新丝绸之路新疆。

对于新疆江苏农垦颇有感情,20世纪末两个垦区密切合作曾在甜菜新品种苏垦8312开发上取得丰硕成果,其单产含糖创造世界先进水平。如今在农业上棉花、甜菜、西红柿、瓜果、香料等皆居全国第一位，开创种植史上历史先河。现在新疆不仅在农业、且在林业上发生翻天覆地变化。拿城市绿化来说，以往提及新疆戈壁绿化往往定格在蓝天下的新疆冲天杨。随着岁月流逝现树种变化可大了，审美观不一样，街头圆冠形、馒头形、宝塔形树种比比皆是，这是内地城市无法比拟的。去年我又去了一趟，惊喜地发现新疆大刀阔斧开发以繁花繁果彩色的温带特色树种，乔灌地立体层次，春花秋色合理搭配，城乡绿化、彩化跃上时代快车道。

2 悉心研发垦区特色木本植物

2.1 选择优势及多样性树种夯实群落基础

生态学原理告诉我们："一个地区环境质量评价与植物及其绿色和生物多样性程度的多寡高低，成正比例关系。"我认为选择优势树种(基调树种)及树种多样性是打好一个地区自然环境的植物基础。基础打好了就可以举一反三。众所周知，植物群落通常由优势树种、次优势树种、伴生树种、濒危珍稀树种组成。一个地区优势树种(基调树种)一般不少于3~5个，需反复论证择重发展形成绿量基础。对于地处北亚热带向暖温带过渡带的垦区连盐淮(地处北纬32°~34°)地区来说常绿乔灌木似乎在木犀科(女贞)、海桐花科(海桐)、松科(黑松、油松)等。落叶乔灌木在榆科(朴树、榉树)、大戟科(乌桕)、银杏科(银杏)、杉科(水杉、落羽杉)、豆科(紫荆、紫藤)、松科(黑松、油松)、千屈菜科(紫薇)、无患子科(黄山栾树、无患子)、蔷薇科(红叶李、樱花)等寻找绿量规模的优势基调树种。同时要建立物种多样性的森林苗圃，其树种数量在100~200个或更多。规模可以由小到大。这是建设绿色家园的植物基础。以我切身体会，没有当年艰辛建造甜菜种质基地不可能诞生苏垦8312国家级品种。没有以后持续努力建立林业实践基地就不可能成为全国特色苗木基地。记得周总理在20世纪60年代讲过："中国最缺乏的资源是森林。我当总理有两件事交不了账，一是黄河，一是林业。"我们每个人都是历史创造者，对于事关农垦长远的事今人做比后人做更有意义。

2.2 大力发展垦区四季风光木本植物

世界上没有面面风光的树种。树与人一样没有高低贵贱之分，只有特性特征的不同，因而要有一个合理组合。自然节气春夏秋冬就要营造四季风光植物世界。可用"春花烂漫，夏荫多花，秋色迷人，冬态静谧"视野组装植物天地，其中尤以突出春秋季节着墨挥毫，这样垦区森林明珠画卷会更令人迷恋。

(1)春时树种：木兰科(白玉兰、紫玉兰、黄玉兰、黄山木兰等形成紫、白、黄、红梗瓣白诸色，亭亭玉立的早春景观)。木犀科(雪柳亦名五谷树，叶细如柳，早春白雪。金钟连翘，直立飘逸金黄色，报春花)、大戟科(山麻杆，早春红叶树种)、杨柳科(垂柳、彩叶杞柳，叶粉红色贯穿春夏季节)、豆科(紫荆、巨紫荆)、多花紫藤(花艳花繁花香的一种)、忍冬科(郁香忍冬，早春浓郁香花。琼花亦名聚八仙，天下第一仙花)、茜草科(水杨梅，早春红叶，繁花满株由夏至秋)、槭树科(红枫、翅果美丽的秀丽槭和茶条槭)、安息香科(秤锤树，国家二级保护树种，春花满树白花串串，夏秋垂满秤锤果)、榆科(金叶榆，金黄叶满枝头，春天中的秋色风光)、蔷薇科(喷雪花、红叶石楠、红叶李、碧桃、梅花、樱花、海棠、榆叶梅、杜梨、海棠花等，该科是自然界馈赠花色最多的)。

(2)夏时树种：木兰科(广玉兰)、蔷薇科(石楠，其花比红叶石楠花白花繁)、豆科(合欢)、忍冬科(金叶接骨木，春夏金叶白花)、千屈菜科(紫薇、南紫薇、福建紫薇)、锦葵科(芙蓉葵，亦名大花秋葵，为亚热带、暖温带、温带亚灌木树种）。

（3）秋时树种：银杏科（银杏）、无患子科（黄山栾树、无患子）、木犀科（桂花）、杉科（北美落羽杉）、金缕梅科（枫香）、大戟科（乌桕）、蔷薇科（欧亚繁果火棘系列）、胡桃科（美国黑核桃、美国长山核桃）、柿树科（柿树系列）、石榴科（石榴）、壳斗科（美国红栎，秋色红叶树种）、马鞭草科（海州常山，夏时满树白花，秋时紫萼红果）、葡萄科（爬山虎）、槭树科（三角枫、元宝枫、茶条槭、秀丽槭、五裂槭、红枫、鸡爪槭等，该科为秋色主要格调树）。

（4）冬时树种：主要考虑冬态树姿优美的树种，或馒头形（馒头柳）；或宝塔形的木兰科树种、杉科落羽杉树种、鼠李科拐枣等；或婆娑形的忍冬科金叶接骨木、郁香忍冬和豆科的龙爪槐；或巍峨霸气的朴树等。

2.3 适合沿海（河）立地条件下特殊树种

2.3.1 常绿（半常绿）树种

木犀科（女贞、光蜡树）、柏科龙柏、忍冬科（法国冬青、郁香忍冬、琼花）、蔷薇科（石楠、枇杷、火棘）、棕榈科（棕榈）、海桐花科（海桐）、黄杨科（黄杨）等。

2.3.2 广适性树种

这里指的此类树种有着极广泛的适应能力，表现高度耐旱湿（耐湿也耐旱）、耐不同 pH 值土壤，耐低温，深根抗风雪等。如槭树科（三角枫、茶条槭）、大戟科（乌桕）、木犀科（雪柳）、蔷薇科（杜梨）、胡桃科（美国长山核桃）、茜草科（水杨梅）、锦葵科（芙蓉葵）等。

2.3.3 耐盐碱树种

楝科（楝树）、无患子科（黄山栾树、无患子）、大戟科（乌桕）、木犀科（雪柳）、胡桃科（美国黑核桃、美国长山核桃）、紫葳科（黄金树）、木犀科（美国白蜡）、豆科（紫花槐）、榆科（黄果朴）、柿树科（油柿）、茜草科（水杨梅）、忍冬科（金叶接骨木、郁香忍冬）、柽柳科（柽柳）、蔷薇科（石楠、火棘）等。

2.3.4 耐湿堤岸树种

木犀科（雪柳）、蔷薇科（杜梨）、胡桃科（美国长山核桃、枫杨）、无患子科（无患子）、杨柳科（垂柳、旱柳）、槭树科（三角枫、樟叶槭）、桦木科（桤木）、大戟科（乌桕、重阳木）、杉科（落羽杉、水杉）、千屈菜科（紫薇）、茜草科（水杨梅）、楝树科（楝树）、柽柳科（柽柳）、金缕梅科（枫香）、榆科（榔榆）、柿树科（柿树类），高岸堤耐旱树种可种植胡桃科（美国黑核桃）、无患子科（黄山栾树）、山茱萸科（毛梾）等。

2.3.5 亚层乔灌木

在乔灌木亚层（耐阴树种）要数槭树科（鸡爪槭）表现异常突出。

上述树种因地制宜加以选择运用会收到意想不到的效果，成为当地美丽的风景线。

2014 年 5 月 22 日写于苏州

为建设苏北泗阳绿城添砖加瓦挥墨增色

■虞德源

泗阳乃历史古城泗水王国所在地，历史积淀丰富。地域上与苏北宿迁、徐州连成一片，为北亚热带至暖温带的过渡带，气候偏旱，碱性砂土，适宜农业和树种生长，由于历史原因为农业贫困县。

近年来泗阳为其长远发展，在经济与生态的天平上倾向后者，打下良好的生态基础，泗阳实际上已成为新时期的平原林城。众所周知泗阳为意杨之乡，城南有意杨博物馆，城外除农业外有大片意杨林，据悉有近40%覆盖率。城内绿化覆盖率已达41%，居城市先进水平。前几年泗阳每年以10万乔木、10万灌木的递增速度夯实绿量基础。同时也注重适生新品种引进，该城绿化树种植物达400种以上，实现了历史跨越。这一成绩在贫困县取得实属不易。如今泗阳已成为苏北最美乡村，全国园林城市，该县连续3年在全国县级市内被评为前十名宜居城市。

泗阳变化主要与县委领导班子重视有关。当时的县委书记李荣锦(曾任江苏省林科院院长，现任宿迁市副市长)本身是林业专家，将泗阳作为试验样板来搞，但泗阳是穷县，白手起家实在是难题。2009年至2015年间，受李书记委托做了一些实际工作。建言献策、科普讲座、实地指导、供赠苗木。在此期间我的工作得到了园林处张成学主任鼎力相助，我们也成了园林战友。从南京新优花木场进入泗阳品种多达100多个，其中乔灌木达到70%以上，总量在2万~3万株(丛)。这些新优花木重点被安排在泗阳生态公园、森林公园、城南植物主题公园、迎宾大道等处。植物主题公园二度换人故二次大规模进入，如今南京苗木成为该园主力军。

我工作特点是每到一处调查研究，事后形成文字材料，这样理清思路形成共识。泗阳调研报告先后拟稿多达8~10份。记得我在2012年10月30日一份对泗阳拾遗补缺、锦上添花的几点建议中，李书记批示："这是我省农林植物引种专家虞德源老师专门针对我县园林绿化现状提出的一些建议。请张书记专门抽空召集虞老师和园林处同志利用晚上时间充分议一下，这样才有操作性。要引多少种，多少株，栽哪里，像薄壳山核桃、金叶接骨木、法国凌霄、浙江柿、美国红栎、茶条槭等都是好品种，抓紧引进，数量不能太少，否则难以有效果。"逐渐引进新品种成为泗阳常态化。

想想这些年对泗阳一片深情，倾注心血，助一臂之力，心里惬意，这是扶贫的切实行动。

(后附 2012 年 5 月 9 日给县里的一份提案)

为建设"平原林海、美好乡村"新泗阳挥墨增色谱写新篇章

■虞德源

■2012 年 5 月 9 日给泗阳县的一份提案

1 林业建设巨变中的泗阳新城

跨入 21 世纪中国城市已将都市林业作为城市环境建设中的重头戏。前几天我来到了上海延中路的"蓝绿交响曲"特大型绿地，12 年过去了，如今参天林海已与喧哗闹区融为一体。寸土寸金的上海如此，广袤的苏北平原城市何尝不一样。对于泗阳我还是比较熟悉的。20 世纪 80~90 年代我在省农垦局主抓甜菜种业工作。泗阳农场虽小，在农业产业上甜菜种子是主要收入，泗阳爱源等地也是县里甜菜种子基地。90 年代后半期我主持了江苏省科委"野生新优花木(卉)引种驯化及应用研究"课题(此课题由省农垦、中国科学院植物研究所、省农林厅联合主持)。当时记得泗阳农场原甜菜种子班子跟我进行了花木引种推广，给人留下的印象泗阳不仅是全国名副其实的意杨之乡，同时此地也是全省种植林木的理想基地。现在泗阳已成为全省著名苗木基地。退休后我已有十年没踏入此块土地。2009 年受李书记邀请我再次来到泗阳，昔日泗阳穷酸落后面貌已不复存在，泗阳今日给人留下了大环境、大思路、大手笔的变化。尤其是史无前例的这五年，泗阳在苏北都市林业脱颖而出。城市绿化覆盖率为 39.18%，绿地率 34% 以上，被评为省级园林城市。此次我们参观了 22 万 m² 的森林公园、420 亩的生态公园，看到了垂直运河的 25 万 m² 泗水河、泗塘河公园及打造运河新城 50 万 m² 的大运河风光带、340 亩的 5 里湿地公园。见识了人民路、北京路、淮海路、上海路、众心路、文城路及泗水大道(外环路)行道树配置。据园林处张主任介绍，泗阳绿地达 25 块之多。这些年泗阳县委每年以 10 万乔木、10 万花灌木进城，一个县级市迈出如此大的步伐实属不多。如今泗阳在都市林业上正实施从数量型向质量型重大转折，营造春花秋色三季赏花更优美的乡村城市，使之成为"春花烂漫、夏荫多花、秋色迷人、冬态静谧"的园林城市，新的规划即将在调研中产生。

2 建立生态文明的都市林业观

中国现代化要实现政治、经济、文化、生态四个文明。而生态文明普受百姓欢迎。在中国城市化加速之际，人始终是城市建设的创造者，而林业是城市之魂。如何探索可持续的生态文明都市林业观是极有意义的事。人只有站得高才能看得远。是东方文明智慧启迪了我，2001 年在原《中国花卉报》主编冯德珍鼓励下，我在《中国花卉园艺》上发表《发展都市林业，建设中国山水园林新城市》一文，文中提出了"一个景观二个开发三个定位四个层次五个结合"的都市林业发展思路。一个景观指的是将森林融入城市，形成具有稳定植物群落的自然景观，是钱学森笔下"把中国山水诗词，我国古典建筑和中国山水画合在一起"创立的森林山水城市，是我国古代天人合一思想的现代表现，是中国文化的精髓传承。是与日新月异现代都市建筑、林业、农业交相辉映的有机结合。二个开发指的是野生(主要系中国资源)和新优(主要系国内外园艺品种)，实际是中国与世界植物资源的综合开发。三个定位是指常绿、彩色、珍优树种花卉，形成形态各异、色彩缤纷、生态保健的植物天地。四个层次指的是构成森林景观乔木(包括大乔木、亚乔木、小乔木及非乔木的竹类植物)、灌木(包括按颜色或季节划分排序的开

花植物)、藤本(包括树藤结合和低矮藤蔓植物)。地被指的是林下(缘)不超过1.5m的旱生与湿生植物,包括一二年生草本的地被、多年生木本地被植物、多年生宿根花卉以及蕨类与地被竹。五个结合指的是常绿树种与落叶树种、针叶林与阔叶林、旱生树种与湿生树种、传统树种与珍优树种、乡土树种与外来树种有机结合。我2005年8月在《中国花卉报》规划设计一栏《科学规划植物景观》一文再次专述"一个景观、二个开发、三个定位、四个层次、五个结合、六个面向"主张。之所以提出这一都市林业发展观,因为这是比较简捷较为系统的东方路线图,而非窄域的西方疏林草坪及单一道路、绿篱色块化模式。以中为主、中西结合的中国特色绿化之道是我们时代的主旋律,祖国大地需要我们耕耘者挥墨增色谱写新篇章。

3 根据地区特点充实新品种

在考虑选择新品种涉及要从本地区气候土壤地理特点出发以及以自然生态相似原理引种的两大问题。

我们先讨论一下泗阳地区气候土壤地理特点问题。

泗阳是苏北宿迁地区县级市,从自然气候带来看是属于北亚热带(南京是北亚热带的北缘地区)与暖温带(例如北京)的过渡带。确定树种植物最合适与其1、2级相似的苏北、皖北、豫中、鲁南等地区引种则事半功倍。泗阳土壤属于黄河故道的碱性砂土,也就是从娘胎里就是北方碱土。总体而言泗阳气候地理特点要求树种植物耐寒、耐旱、耐碱。因此选择"三耐"树种植物就能顺理成章。从以点带面角度看,可从泗阳延伸到宿迁、苏北以及北亚热带到暖温带的过渡带。

再议论一下自然生态相似引种。它涉及气候、土壤、生物群落及历史发育四大元素。气候(温度、降水、日照)、土壤(质地、pH值、地下水位)、生物群落(有益有害动植物群落)、历史发育(分布区域、原产地、最佳适种区与适种区)。我的观点是与气候、土壤、生物群落、历史发育相似的树种植物入手引种,可谓从哪里来到哪里去乃为成功之道。为之要注重调查研究、不为诱惑、规律办事、科学引种。我几十年植物生涯中由农续林,也是在办一些蠢事中接受教训认识成长的。人们总是说起容易办成难。要少点感性多点理性。为什么泗水大道树种长得好,是因为选用当地的乡土树种。为什么一些地方香樟发黄,这是因为香樟原产地位于我国红壤(酸性土)江西、湖南一带,由酸性变为碱性不适应。为什么草坪在泗阳不适应或枯死,因草坪多数品种源于欧洲湿润地区,不耐旱是主要因子。为什么美女樱遭灭顶之灾。首先它的原产地来自热带或北亚热带之南地区。在我国盛于华南江南地区,在湿润的上海市还表现不凡,到了北亚热带南京冬季过不了关,更何况泗阳呐?!其实我国南亚热带、中亚热带、北亚热带、暖温带、中温带树种植物都有一个合适种植区域。跳跃式引种是注定要出问题的。

4 探讨以彩色为重点的树种及地被植物

关于泗阳园林绿化现有植物主要有常绿树种女贞、雪松、广玉兰、香樟、龙柏、法国冬青、红叶石楠、瓜子黄杨、十大功劳、海桐、蜀桧、火棘等,落叶树种有悬铃木、银杏、枫香、枫杨、栾树、红叶李、紫荆、七叶树、朴树、榉树、青桐、重阳木、丁香、石榴、紫薇、樱花、桃花、木槿、红叶小檗等,地被植物有铺地柏、鸢尾、麦冬、葱兰、三叶草、草坪马尼拉、高羊茅、狗牙根等。其中常绿占40%、落叶占60%。而其中彩色树种占37.5%。

建议下步强化和增添树种有蔷薇科的梅花、樱花、红叶石楠。春色花新增豆科巨紫荆(乔木紫荆)、蔷薇科的喷雪花、棣棠花,忍冬科的琼花、郁香忍冬,安息香科秤锤树。秋色植物槭树科三角枫、红枫、鸡爪槭、茶条槭，无患子科无患子，柿树科柿树、野柿，松科金钱松，大戟科乌桕，金缕梅科枫香，杉科北美落羽杉，蔷薇科欧亚火棘等21个品种。

根据泗阳不同地段，我提倡堤岸树种为美国红栎、美国黑核桃、雪柳、油松、巨紫荆、玉兰系列、无患子、榀木、三角枫等9个树种。水旱两用树种有雪柳、枫杨、悬铃木、杜梨、美国薄壳山核桃、无患子、榀木、三角枫、樟叶槭、茶条槭、黄金树、水杉、北美落羽杉、合欢、枫香、美国白蜡、水杨梅等17个品种。

之所以首先强调以上树种是因为决定一个城市景观首先是乔灌木，决定一个城市绿量大小也是乔灌木，它是城市林海的核心部分。

再谈具有开发潜质并且能在短时间内迅速改变城市景观的地被植物。具体有一二年生自播繁衍能力强、自成群落的菊科波斯菊、罂粟科虞美人、石竹科美国石竹、十字花科二月蓝（诸葛菜）等4个主打品种。藤本有葡萄科爬山虎，五加科常春藤，紫葳科美国凌霄，旋花科牵牛花，蔷薇科藤本月季、玫瑰、蔷薇，忍冬科金银花，木通科木通，豆科紫藤等10个主打品种。多年生宿根花卉有菊科松果菊、天人菊、大花金鸡菊、金光菊、荷兰菊等，鸢尾科玉簪系列、马蔺、德国鸢尾、玉蝉花、黄菖蒲、溪荪等，百合科'金娃娃'萱草系列、火炬花、金针菜等，千屈菜科千屈菜，锦葵科大花秋葵，唇形科荆芥，桔梗科桔梗，玄参科红花钓钟柳，柳叶菜科山桃草、美丽月见草，鸭跖草科紫露草，杨柳科彩叶杞柳，景天科八宝景天等，虎耳草科落新妇，蔷薇科地榆、棣棠等，花荵科福禄考，马钱科醉鱼草，马鞭草科金叶莸等32个品种（包括系列）。

以上一二年生草本、藤蔓植物、宿根花卉计48个品种（包括系列）。森林园林植物是一个系统工程，对此我们就现有以及即将布局的植物科类列叙如下：银杏科、松科、杉科、柏科、榆科、悬铃木科、樟科、无患子科、豆科、蔷薇科、柿树科、七叶树科、胡桃科、紫葳科、木犀科、忍冬科、千屈菜科、锦葵科、槭树科、大戟科、杨柳科、金缕梅科、安息香科、茜草科、木通科、菊科、桔梗科、百合科、鸢尾科、鸭跖草科、罂粟科、石竹科、五加科、唇形科、禾本科、柳叶菜科、茄科、葡萄科、蓼科、虎耳草科、马钱科、花荵科、玄参科、景天科等44个科。经调整后乔灌木科属占50%，地被植物科属占50%。在布局中有的可作为点缀，有的片植，有的则规模种植。有的精细型、有的粗放型。有的作为优势树种重点种，有的作为伴生树种、濒危树种陪衬种。

由于时间仓促先写这些，具体需要与泗阳园林处、中山植物园任处反复推敲论证提出实施意见和建议。

美丽月见草

血红火棘

红王子锦带

乌桕和油柿

迎宾大道的喷雪花1

迎宾大道的喷雪花2

鸡爪槭

东南石栎

水杨梅

香港四照花

金叶接骨木

红枫与马兰花 ◄

泗阳水杉 ◄

捐赠社会植树育人

(2007—2017)

50 年前老师的一句话，当年那个爱玩泥巴的学生真"玩"出了名堂；如今年过花甲的他成了享受国务院特殊津贴的农业、生物专家，为回报母校——

老教授送树回"家"

■本报记者 沈渊

■《姑苏晚报》2008 年 3 月 1 日

凌晨教授押树到校

昨天凌晨三点，一辆六吨卡车停在了苏州市第一中学的校门口，车上装满了大大小小各种各样的苗木。一位衣着朴素、精神矍铄的老者在忙碌着，指挥搬运、安排种植地点……每个细节都很关注。因为这些看似普通的苗木，全是他的"宝贝"。

这位老者叫虞德源，江苏农垦集团公司的研究员，是一位享受国务院特殊津贴的农业专家，而回到一中的校园，他反复说的却是，自己是市一中 59 届初三(6)班的学生。他说近 50 年里，在他的心中，一中始终是他的根，是他的家。

这次他送回"家"的"宝贝"，全是他自己多年精心培育或从国外引进驯化的珍木异草，包括乔木 15 个品种，34 株；灌木 15 个品种，134 株；地被 11 个品种，1710 丛。其中美国黑核桃、无患子、日本矮紫薇、法国鸢尾、北美紫露草、金焰绣线菊、美国五彩石竹等都是国内罕见的品种。因为担心运货的工人不了解情况损伤苗木，所以他亲自上阵指挥。记者好奇地问这些珍木异草的货币价值，老教授却摆摆手说：钱不要提。

曾是个爱玩泥巴的学生

虞教授说，自己成为一名植物工作者，追起源头还是在一中，初中时从红领巾农场开始对植物发生了兴趣。他至今还记得当时的少先队辅导员徐茵老师对他说过的话：你啊，整天玩泥巴，将来要玩点名堂出来！没想到，真应了徐老师的这句话，他后来从事农林生涯，研究的甜菜新品种通过国家认定，获得了农业技术突出贡献奖，被国家农业部评为科研先进个人，1993 年起享受国务院特殊津贴。从事花木引种驯化应用研究后，又在第五届中国花卉博览会上获得银奖。

年过花甲的虞教授回忆起 20 世纪 50 年代末自己的学生生涯时，还是那么动情：在一中的三年特别健康愉快，个性充分发展。老师们都像亲人一样，至今还记得穿过徐茵老师做的纳底布鞋。尤其是父母过世后，回想起来更觉得一中就是我的家、我的根。

别人捐钱捐书我捐树

去年一中百年校庆，离别母校 48 年后的虞教授作为校友应邀回到了一中校园。"校园里'清元和县署'遗址千年紫藤以及顾廷龙捐赠图书之举启发了我"，虞教授回忆道，"前人能做的事，现在的人也要抓住机遇给母校留下宝贵财富。报答母校，别人捐钱捐书，我捐植物。"

　　有了这个念头过后，虞教授就开始行动了。他先后六次来到母校实地考察，研究校园里的土壤情况、设计植物布局，并且根据气候情况落实具体栽种的时间等等，"我发现一中的校园植被绿色有余，彩色不足，所以特别设计布局一批有特色的落叶彩色树种。初高中是人生最重要的阶段，环境熏陶是极重要的，植物的多样性会给同学们重要启示。"此外，虞教授还将给此次捐赠的所有苗木挂上介绍标牌，普及植物知识。

　　虞教授说他今后会常到校园里来，和师生交流沟通，引发学生们对生物的兴趣和爱好，他还希望把目前从事的生态相似理论研究带到校园里，"希望还是寄托在学生身上，愿这些花草树木苗壮成长的同时，更多的学生也成人成才，那才是真正的生生不息。"

校友感语

■虞德源(苏州市一中 59 届初中校友)*

有幸初中在苏州市一中这个"个性飞扬，人才辈出"的环境成长，这对我今后人生道路磨练有很大帮助。四十八年过去了，回到母校感慨万分，为母校自豪，为母校增辉，为母校献策，乃肺腑之言。

每个学校都有其特色。去年参加苏州市三中校庆，浩渺星空有颗苏州三中星。今年参加苏州市一中校庆，在母校院内"清元和县署"遗址有一株千年紫藤，主干径 72.3cm，长 6m，九大侧株飞展而上形成藤蔓花枝，冠幅面积达 200m²，为全国之最。其形屈曲盘旋、苍老遒劲、气势恢宏、势如蛟龙。春季紫花烂漫、香气阵阵。夏秋季荚果悬垂、道道风景。她是一中久远历史文化底蕴的见证，一中世代人百折向前个性的写照，一中极为宝贵的精神与物质财富。在紫藤下向上追溯一百年，她与柳亚子、胡石予、陈迦庵、程小青、吕叔湘、匡亚明、张闻天名字分不开，在紫藤下先后走出了叶圣陶、顾颉刚、顾廷龙、吴湖帆、颜文梁、郑逸梅、丁光生、胡绳、袁伟民、陆文夫以及中国科学院、中国工程院 22 名院士以及几百位教授专家和杰出专门人才。在紫藤下，下个百年千年必将有更多的国家民族的脊梁人才诞生。

回忆 20 世纪 50 年代末的学生时代，身心健康愉快，个性充分发展。严谨和蔼的朱培元校长，认真负责的王义铮班主任，关怀备至的徐茵老师兼少先队辅导员给我们留下难忘而深刻的印象。特别是徐老师，专业课教得好，同学们的化学成绩几乎都很好。她关心、爱护、帮助每个学生。记得我还穿过她纳底的布鞋。当时苏州一中少先队成了苏州市团市委重点，学少部长戈德正经常来校实地指导，聆听老红军报告，开办红领巾星火农场等历历在目。我在校时被选为少先队大队长，在徐老师领导下的大队部还有 2 班杨信标，3 班邵慧佳，5 班许克玲。在学校亲切培养教育下，1957 年我受到苏州团市委表扬嘉奖，1958 年参加了苏州市青年社会主义积极分子大会。60 年代初国家遇到自然灾害，从苏州市三中毕业时，戈德正部长找我谈过一次话，鼓励我作为有志青年要为国分忧。后来，我第一个报了名，首批赴东辛农场。在以后数十年农林生涯中我为祖国甜菜制糖、园林绿化不懈奋斗，其实其兴趣已在初中培养起来。

百年一中经数代人奋斗夯实了基础。为一中百年以后跟上新时代、再上一层楼建议校庆之际营造校友人人建言献策的浓重氛围，这么多早期、中期、晚期校友，多角度、多学科、多智慧方方面面切入，会给学校留下一个很大的智能库。作为一名植物工作者，建议母校两件事。一是做好千年紫藤万古流芳文章。要赋予千年紫藤时代精神含义；要将中华第一藤作更广泛传播；值此百年大庆将其种子作为珍贵礼品使之走向国内外；今后每年收种育苗随毕业生分赴各地生根开花结实。二是美化环境丰富种类。我愿将多年培育的三十余种珍贵新优林木花卉，包括乔灌木百余株，地被数千丛于今冬前捐赠母校，愿此珍木异草与母校在新的百年中共同成长。

2007 年 12 月

---

* 虞德源，苏州市第一中学校 1959 届初中毕业生，江苏农垦集团公司研究员、享受国务院特殊津贴农业科技工作者、江苏省劳动模范。

与苏州一中徐茵老师合影

虞德源与当年苏州市团市委学少部
戈德正部长合影（2012 年 3 月南京）

苏州市第一中学现存木本植物

彩叶杞柳

凹叶厚朴

美国红栎（春夏）

美国红栎2　　　　　　　　　美国红栎（秋）

金叶接骨木

捐赠书

泗阳大地展示一位老人情谊

    2010 年前后，著名专家虞德源教授先后三次将他苦心经营了数十年部分珍贵苗木赠送给泗阳县政府。这些苗木分别栽植于城南植物园，古黄河生态公园，森林公园，奥林匹克生态公园等一些公园绿地，其中一百四十多棵巨紫荆栽植在朝霞路两侧。目前大部分都生长很好，庐山油柿，厚朴，无患子，水杨梅，彩叶杞柳，红皮紫薇等观赏性品种也都在各个公园绿地立地成景。这些树种的引入为丰富泗阳的植物种类，为泗阳城市绿化的色彩带来了更多的选择。同时也为我县于 2015 年成功创建成为国家级园林县城作出了贡献。

    （附捐赠清单）

江苏省泗阳县园林管理处
2017 年 12 月 8 日

2015 年 11 月捐赠给泗阳县苗木清单

序号	捐赠苗木	数量	单位	序号	捐赠苗木	数量	单位
1	油柿	400	株	14	木莲	5	丛
2	琼花	300	丛	15	乌桕	200	株
3	喷雪花	80	丛	16	大花秋葵	1000	丛
4	君迁子	30	株	17	常绿白蜡	50	株
5	玫瑰木槿	50	丛	18	黄果朴	10	株
6	美国黑核桃	10	株	19	福建紫薇	100	株
7	秤锤树	10	丛	20	金叶接骨木	100	丛
8	水杨梅	300	丛	21	鸡爪槭	100	株
9	黄连木	200	株	22	欧亚火棘	100	丛
10	雪柳	50	株	23	拐枣	50	株
11	延平柿	20	株	24	庐山木槿	100	丛
12	巨紫荆	50	株	25	秀丽槭	20	株
13	美国山核桃	50	株	26	红栎	10	株

1550   1845

以上苗木 26 个品种，计 3395 株(丛)于 2016 年 3 月底栽植完毕。

虞德源捐树母校三中"绿海工程"泽被后人

■《苏州日报》2017年5月8日

苏报讯(通讯员肖凤杰) "最美人间四月天",清晨温暖的阳光洒在校园里,学校道路旁高大的树木在微风中雍容淡定地摇摆着枝叶,善耕路边新移植的树苗则像小哨兵一样齐刷刷地立在路旁,刚刚冒出的新芽尚显羞涩地半蜷着叶片。

2017年4月20日,校园里来了一批白发苍苍的客人,他们是苏州市第三中学62届高三(6)班校友,今天他们从祖国各地重返母校,来看看65种4374株(丛)珍稀树种落户三中、平江中学后的校园新貌,来叙叙超越半个世纪的同学情,来拾回青春的记忆,感恩母校的培育。

苏州三中62届高中毕业生虞德源,著名农林专家,江苏省劳动模范,"全国农林科技推广先进工作者","全国农垦系统科研先进个人"。他苦心经营横梁、竹镇两个农场,发展和完善生态相似理论。2016年母校110周年华诞之际,他做出了捐赠珍稀树木的义举,作为莘莘学子对母校培育的回报。

从2016年4月开始,至2017年3月,历时一年,虞德源先生偕吕其顺、濮圆林两位同学不辞辛劳,多次来到三中与校领导共商绿化蓝图,并亲自带领三中领导赴宁考察。

"这是一次令人感动的捐赠。"苏州三中校长戴永先生说。虞老先生两年前做了前列腺癌手术,之后又先后突发脑梗、心梗,安装了支架,但为了给母校捐赠,他不遗余力。规划蓝图期间,虞老先生精益求精,在三中校园里走了一遍又一遍,综合考虑三中的景观、办学特色以及植物多样性等因素,将植树方案改了一遍又一遍,最终完全满意才确定下来。

2016年9月26日虞老先生在一次活动中晕倒,为了不影响半个月后的挑选树苗工作,他将此事瞒着家人,并于10月12日至13日亲自带领苏州三中领导到横梁、竹镇基地挑选树苗,两天的工作非常辛苦,但是虞老先生凭着一股一定要回馈母校的精神抱病完成了这项工作。

2016年11月下旬至次年3月,开始移栽工作,金钱松、美国红栎、三角枫、北美落羽杉……有的树种甚至从黄山、神农架引种而来。虞老先生及吕其顺、濮圆林先生始终亲临现场,指挥和协调树木移栽工程,并绘制校园绿化图,指导挂牌。直到校园里的树木全部到位,虞德源先生才终于露出了欣慰的笑容。

为了感谢虞德源先生,苏州三中将操场东侧沿小河的林荫大道命名为"德源路",让苏州三中的一代代学子记住这位老人的名字,记住这位老人的大爱。

珍稀名优树木捐赠仪式上,虞德源老先生站在台上,向大家诉说了有关捐树的心路历程。虞老先生将个人的捐树行为提升到整个班级的集体行为,这是三中学子们应该学习的高尚品质;虞老先生在20世纪90年代临近退休之际,实现从甜菜专家向园艺专家的成功转型,又将实践和理论结合,发展和完善生态相似理论,这种追求卓越、探索创新和终身学习的精神让我们赞叹,三中的莘莘学子们将会以虞德源先生为榜样。

移栽工作已经结束,但一个更大的工程——学校文化工程才刚刚开始。戴永校长说:"学校会充分利用这些珍贵的资源,创建生物(生态)课程基地,开发课程,培养学生热爱科学的兴趣和情怀,促进学生科学思维的发展,营造一种学术文化,希望今后在苏州三中的校园中能走出大批科学家、文学家和园艺家!"

捐赠苏州市第三中学树种

三中揭碑仪式

逸夫楼前金钱松屹立

校门口秃瓣杜英

逸夫楼前金钱松（秋色）

三中善耕楼前拐枣和三角枫

校史馆秤锤树（秋景）

三中校友返校日抓拍镜头（2017年11月）

三中镜湖一瞥——春景喷雪花

麦兰园的红皮紫薇

纵横楼前光蜡行道树

操场三角枫（秋景）

三中校园内大花秋葵

捐赠苏州市平江中学树种

平江中学揭碑仪式

校园内日本矮紫薇盛开

◀ 平江中学"德源石"

校园内红皮紫薇

校园内秤锤树（花）

平江中学塘边一景

捐赠苏州高等职业技术学校树种

横山麓下光蜡树　　　　　校园内红皮紫薇　　　　　乌桕新姿

职校增添新成员

捐赠南京六合区竹镇林场苗木

捐 赠 书

南京市六合区竹镇林场：

竹镇离南京较远，但由于政府清廉、村风淳朴，使我自2002年租赁至今心存感激，从未动摇在竹镇镇石婆村屈云组进行植物引种试验的决心。由于目标明确，基地曾荣获国家林业局"全国特色种苗基地"称号。2015年我因身体原因前列腺癌手术，次年又心梗支架，腰椎盘滑脱等，故而2017年租期结束前，经与竹镇政府沟通商量，我决定将139亩留存地内的32个品种，5413株丛树种植物全部捐赠给竹镇政府所属的竹镇林场。（附捐赠品种、数量、用途清单）。

目前至次年春季乃植树最佳季节，相信政府有能力有智慧作出合理安排果断决策，处理好原竹镇基地苗木的捐赠和接收的一切具体事务，谢谢！

本人早在今年四月初即与竹镇人民政府（张镇长）联系，多次微信电话交流沟通并达成一致，该处苗木全部捐赠归竹镇人民政府管理。

我一直告诫自己做一个无私之人，一个人能力有大小，仅此表述一份我对革命老区的心意与敬意。

（捐赠书一式三份）

捐赠人：虞德源　　　　　　接收人：南京市六合区竹镇林场

捐赠日期：2017年4月30日　　接收人代表：签字/盖章
2017年11月28日于苏州（补签）

见证人：南京市六合区竹镇人民政府　（签字/盖章）

2017.11.28

附：捐赠树木植物清单

序号	品名	类型	主要习性	规格（cm）	数量	用途
1	无患子	乔木	较耐湿	Φ8~12	100	风景庭荫树、行道树
2	黄山栾树	乔木	喜阳忌湿	Φ10~20	400	行道树
3	南酸枣	乔木	喜阳较耐旱	Φ10~20	400	行道树
4	榿木	乔木	耐湿	Φ10~15	1000	库区风景树种
5	喜树	乔木	喜阳较耐湿	Φ10~12	120	风景树
6	光蜡树（常绿白蜡）	乔木	喜阳较耐湿	Φ10~12	60	行道树
7	乌桕	乔木	喜阳较耐湿	Φ8~10	120	行道树
8	美国长山核桃	乔木	喜阳较耐湿	Φ6~8	120	庭荫树、行道树
9	庐山君迁子	乔木	喜阳较耐湿	Φ10~12	25	庭荫树、行道树
10	庐山油柿	乔木	喜阳较耐湿	Φ6~10	250	庭荫树、行道树
11	三角枫	乔木	喜阳较耐湿	Φ8~10	150	庭荫树、行道树
12	鸡爪槭	乔木	半阳较耐湿	d：4~5	30	林层树种
13	毛梾	乔木	喜阳耐旱	Φ7~8	35	风景树种
14	拐枣	小乔	喜阳较耐旱	Φ10~12	30	行道树
15	黄果朴	小乔	喜阳较耐旱	Φ8~15	40	庭荫树、行道树
16	巨紫荆	乔木	喜阳较耐旱	Φ7~12	30	庭荫树
17	福建紫薇	乔木	喜阳较耐湿	Φ5~8	250	庭荫树
18	黄连木	乔木	喜阳较耐旱	Φ4~6	300	庭荫树
19	重阳木	乔木	喜阳耐湿	Φ10~15	30	庭荫树
20	多花紫藤	藤本	喜阳较耐湿	d：5~6	20	藤架绿化
21	秤锤树	灌木	喜阳较耐旱	H：120 P：100	10	珍稀保护树种
22	欧亚火棘	灌木	喜阳较耐湿	丛	20	庭院绿化
23	琼花	灌木	喜阳较耐湿	中小	200	可建琼花园
	琼花	灌木	喜阳较耐湿	大	3	可建琼花园
24	金叶接骨木	灌木	喜阳较耐旱	H：150 P：120	40	庭院绿化
25	水杨梅	灌木	半阳极耐湿	15年生大丛	250	庭院绿化、水畔绿化
26	金钟连翘	灌木	喜阳较耐旱	丛	100	庭院绿化、水畔绿化
27	海州常山	灌木	喜阳较耐旱（适应广）	丛	100	庭院绿化
28	大花秋葵	亚灌木	喜阳较耐湿（适应广）	丛	300	庭院绿化、广泛种植
29	玫瑰木槿	灌木	喜阳较耐湿	丛	30	庭院绿化
30	庐山木槿	灌木	喜阳较耐湿（适应广）	大丛	50	庭院绿化
31	北美紫露草	宿根	喜阳较耐湿	丛	300	庭院绿化
32	美丽月见草	宿根	喜阳较耐湿	丛	500	庭院绿化

共　计　　　　　　　　　　　　　　　　　　　　　　　　　　　5413株（丛）

几点说明：

1. 乔木3490株，灌木1123丛，地被800丛，总共5413株（丛）。

2. 尚有七叶树、美国红栎、喷雪花、郁香忍冬、彩叶杞柳、金叶连翘、木兰、美国黑核桃、雪柳（五谷树）等，没有统计在内。其中小雪柳尚有一定数量，既耐湿又耐旱。

3. 仇庄试验说明这些树种在竹镇有一定适应性，可根据需要加以开发利用，其中黄山栾树、南酸枣、榿木数量规格大，可重点布局。

4. 一些树种如光蜡树（常绿白蜡）、美国山核桃、庐山油柿、拐枣、琼花、黄果朴、金叶三角枫等，在外知名度很高，且现在均已结果繁衍后代，有意识加以集中种植，既美化景观又使这些树成为标本树，意义不一般！

5. 如实介绍情况可向村民说明，选择有利时机移栽甚为重要。

6. 为减少弯路，特在赠树同时作些说明，以求取得一个理想效果。

7. 规格：Φ表示胸径，d表示地径，H表示高度，P代表蓬径。

南京六合区新优种苗场　虞德源
2017年5月6日　于苏州

第3章
研究引种探索规律

▲ 北京猿人

南京理工大学朴树
（40年树龄）

▲ 北京猿人采集的朴树种子

▲ 南京中山植物园朴树

相似理论形成发展

(1980—2017)

气候相似论与生态相似论

■虞德源

相似是自然界的一种现象，相似理论是一种科学实用的理论，它有很强的时代性与实践性。

1　气候相似论

20世纪初，德国著名科学家迈尔（H. Mayr）提出气候相似论。他认为木本植物引种成功的最大可能性，是要看原产地气候条件与新引入地气候条件的相似度。他采用以温度为主的指标，用代表温度条件的野生指示植物，将北半球划分成并行的6个林带。他将当时欧洲盛行的盲目引种引导到科学规律的基础轨道上来，这不仅在当时有明显的实践理论意义，而且对今天以及未来都有深远意义，是人类引种驯化史上的巨大进步。然而由于他所采用的指标主要强调温度条件而过分简单，故而到20世纪30年代他的理论几乎被否定。到了20世纪末国内外一些重要学者又以其温度作为引种划分的标准充实到书籍及论坛中去。

事物总是向前发展的，在气候相似论的基础上中国农业大学魏淑秋教授等在20世纪80年代以广义的气候综合指标（经纬度、海拔、温度、降水、光照等）对国内外1700站点进行相似计算，建立生物引种咨询信息系统。相似距划分（特别1、2级）比之单一气温划线有质的飞跃，这种点对点相似能较为准确找出引种区域方位。"中国与世界生物气候相似研究"是我国20世纪90年代气象界的重大成果，将生物气候向实用性发展又推进一大步。但鉴于一些主客观因素推广力度不大。

2　生态相似论

纵观世界一些重要发现，单一因子难以奏效，而它往往出现在许多学科交叉融贯中，产生新的生长点。站在地理、气候、土壤、生物综合的生态高度起跑线上则能有更成功的发现，这使1+1>2愈加明显。我通过几十年农林实践提出生态相似论。其要点为遵循自然规律，从引种国家（地区）的植物地理、气候特征、土壤类型、生物群落的自然相似区域去选择引种对象，这是把握最大且经济有效事半功倍的引（育）种途径。它包含内容比气候相似论更加科学全面。不仅有气候因素，还有地理、土壤、生物等因素。它的价值意义不仅能科学预见找出引种最佳种植范围，还能成功引育新品种，从而取得比较理想的生态、经济、文化、社会效益。

我在农业甜菜实践中发现这一理论。甜菜是欧美亚的重要糖料作物，我国则是后起的一个国家。我国甜菜引育种要纳入世界引种范围看问题，特别要找准最佳原料区的核心材料。从1980—1996年我将视角转向以新疆为重点的西部地区，内外因素有机结合，促成发现最佳产区及新品种的出现。在育种实践中完成从气候相似到生态相似的转折，育成了我国第六个国家级甜菜多倍体新品种 GS 苏垦8312，在我国西部尤以新疆、宁夏产生重大影响。1997 年我在北京国际种业大会上报告了"从气候相似到自然条件相似——论甜菜育种新思维"一文。1997—2006 年在尝试一年生农作物规律向多年生园林树种进发发现类似规律。2006 年在浙江园林刊物上发表了《运用生态相似原理，打造城市绿色之都》的文章，这是由农到林的一次成功跨界。2006—2011 年继续深化园林树种实践，在 2011 年南京园林杂志上发表《一种理论方法，践行三个事业》文章，文中将有生命植物延伸到无生命奇石中去，孕育了农林旅生态之路的新思路。2011—2016 年继续前行，2016 年在北京《现代园林》杂志发表了《生态相似论及农林植物应用》一文，该文回顾 40 年农林研究实践，阐述了生态相似论，尝试归纳我国植物地理气候分布带，提出同一气候带对称分布观点，形成面对面更具战略性的引种思路。借助"一带一路"重要战略机遇期，提出进一步完善生态相似论的展望。

甜菜育种发现规律

(1980—1997)

从气候相似到自然条件相似——甜菜育种新思维[*]

■虞德源

■原文载《种子工程与农业发展》(中国农业出版社，1997年，711-714)

内容摘要　作者在甜菜育种实践中发现自然条件相似论是一种育种新思维，它将品种的遗传性与自然生态环境条件相互作用结合一体，突破了气候相似论的局限性。它遵循自然规律，从引种国家(地区)的纬度、海拔、气候(温度、降水、日照)、土壤、病害、栽培相似的自然生态分布区去选择引种对象，可收到事半功倍的育种效果。它的成功还在于可以缩短育种周期，预测育成品种的适宜种植范围。国家级甜菜新品种苏垦8312在我国新疆等地迅速推广以及甜菜新品系苏东9201的出现，在实践上证明这一理论的可行性。作者认为随着国家糖业战略布局西移，加大对北美气候型甜菜及自然条件的研究力度，这对推动我国特别是西部地区的甜菜事业发展有着特殊重要的意义。研究和实践还表明，江苏依江(长江)傍海(东海)的气候生态带与甜菜发源地的地中海沿岸自然生态条件十分相似，江苏农垦充分挖掘这一自然资源，走出了甜菜南育南繁道路，培育品种大批量进入西部甜菜产区，长江口的甜菜育种事业必将在世纪之交发挥越来越大的作用。

关键词　甜菜，自然相似，育种

1　气候相似论在植物引种上的应用

1.1　气候相似论

　　气候相似论是植物引种上最基本的理论，它的引种原理为遵循自然界的客观规律，与引种地区纬度、海拔、气候(温度、降水、日照)相似的自然分布区去选择引种对象，引种才具有成功可能性。运用这一理论在林木和农作物引种上得到广泛的应用。

1.2　植物引种的应用

1.2.1　林木上的应用

　　在林木上能够说明的例子很多。如中国东部亚热带地区和美国东南部气候条件十分相似，两地区相互引种成功的例子很多。据20世纪50年代初统计，美国从中国、日本、朝鲜引种的树木就有682种，大多数生长良好，如原产中国的银杏、水杉、臭椿、樟树、合欢、榔榆等在美国栽培十分广泛，已成为常见树种；原产美国东南部的多种松树，如湿地松、火炬松已成为中国亚热带地区的主要造林树种。

---

　　[*]　1997年5月，我参加由农业部和中国科学技术协会在北京举办的第二届国际农业科技年会，在大会上报告"从气候相似到自然相似——甜菜育种新思维"，即首次在种业界提出生态相似论及农业应用的观点。

1.2.2　农作物上的应用

农作物上运用气候相似论进行引种则为普通常识，无论是长日照的小麦、甜菜、油菜，还是短日照的水稻、玉米、棉花、山芋、大豆等作物，它们对地理、气候等自然条件要求极高。例如小麦，我国在20世纪60~80年代从美国、墨西哥、苏联和意大利等国引进并培育成大量品种。来自不同国家的品种在中国适于种植的地区不同，美国冬性品种主要在华北地区，春性品种在东北、西北春麦区推广；意大利品种适于黄淮、长江流域和西北春麦区。苏联品种适于新疆和甘肃；墨西哥品种则适于云南、西北春麦区。又如甜菜，中国甜菜品种资源全部从国外引进品种，育成40多个主要品种，其中与中国处于同纬度的波兰和美国的甜菜资源是我国选育甜菜新品种(系)最常用的基因源，我国大多数品种(系)都与它们有"血缘"关系。再如棉花，在我国植棉史上国外品种对提高我国棉花产量和改进纤维品质起了很重要的作用，其中最突出的是岱字棉15优异种质的引进与推广，50年代以来衍生出440个品种(系)，之所以成功，乃原产区(美国密西西比河)和长江流域棉区气候相似，能够满足岱字棉15正常生育要求。

2　作物育种新思维——自然条件相似论的提出

2.1　自然条件相似论

在农作物中自然条件相似，直接或间接引(育)种成功率高已是无数实践做出的科学结论。自然条件相似论是遵循自然规律，从引种国家(地区)的纬度、海拔、气候(温度、降水、日照)、土壤、病害、栽培相似的自然生态分布区去选择引种对象，这是把握最大且最经济有效的一种育种途径。它包含内容比之气候相似论更全面，不仅有气候因素，而且还有土壤、病害、栽培等因素。它的价值意义不仅能成功育出优良品种，而且还能预见良种最佳种植带，从而形成比较理想的经济社会效益。

2.2　育种新思维的提出

2.2.1　育种新思维的发现

作者通过长时期对甜菜品种资源系统观察、追本溯源以及研究了甜菜以外农作物引种规律，认为按自然条件相似论进行甜菜育种在选准亲本的前提下可收到事半功倍的育种效果。而气候相似论有一定的局限性，对于有些问题无法加以解释。以自然条件相似论中的土壤因子为例，作者在详尽研究甜菜新品种苏垦8312双亲材料生物学特性，反查原产地和实地考察推广地区的土壤类型发现该品种有耐盐碱遗传基因(属隐性基因)故而在西部高原推广使用中要将此品种安排到盐碱地区去。对此可解释为什么该品种在西部地区新疆、宁夏、内蒙古巴盟等地表现突出乃因该广大地区均为盐碱土壤。为什么同一甘肃的张掖、武威地区甜菜产质量有比较明显差异？经调查发现张掖地区临泽盐碱比张掖重。武威地区民勤比黄羊重。由此可见，育种工作者在引种工作中只有纵览品种特征、特性、原产地各种自然环境因子，才能预测育成品种的适宜种植区域范围和有预见地选育不同生态区域的甜菜新品种。

2.2.2　由新思维引发的工作

甜菜种性实际上是自身遗传性与自然生态环境条件相互作用的结果，二者缺一不可。由上述新思维引发的工作要求将二者吻合一致以取得理想效果。

在引种时既要注意其品种特性特征，全面评价其适应性、稳产性、丰产性等综合表现，研究有益性状的遗传特性、表现型与基因型关系，进行遗传改良（如进行根型选择能收到良好效果），筛选优异材料。同时又要注意分析原产地的气候、地理、土壤、病害等生态条件，然后与引种地区的生态条件进行比较，了解主要生育特点及环境条件，使之首先生存下来，再不断接受新环境条件进行遗传改良使之遗传给后代。在引种直接或间接利用中要充分挖掘遗传潜在的优势，以品种杂交、生物技术等选育手段不断创造新的品种（系）。

3 按自然条件相似论进行甜菜育种的实践

3.1 苏垦8312的选育

甜菜新品种苏垦8312系利用双丰1号四倍体与苏—8306为亲本按3：1杂交混收。母本抗褐斑病，适应性广泛，产量和质量较高。父本苏8306（系美国HY系统），在美国东、西部地区表现为抗褐斑病、根腐病、曲顶病，属标准偏高糖品种。所选育的新品种表现为丰产性稳定，抗褐斑病、根腐病、白粉病、耐旱、耐寒、耐盐碱、糖分高、青头小、纯度高、生育期160天左右，为标准偏高糖型品种。适合在干燥、长日照、生育期长、盐碱地种植，属于西部广大干旱地区最适宜的甜菜品种之一，经我国新疆、宁夏、内蒙古、陕西等省区区试、示范、生产，表明苏垦8312在块根产量、含糖率和产糖量方面，比对照分别提高12.04%、0.75度和17.56%。1995年由农业部颁布命名苏垦8312为国家级甜菜新品种，目前已推广200万亩，预计1997年将达350万亩以上。

苏垦8312的亲本配置上母本来自波兰，该国在纬度、土壤、病害等方面与我国东部、西部半干旱和干旱一些地区有相似之处，特别是波兰育种家利用野生种杂交选育出世界著名的高抗褐斑病品种CLR。我国东部因受季风影响，以及西部灌区叶病蔓延，褐斑病已成为影响我国甜菜产质量的主要病害，以CLR、HY系统作亲本，具有抗褐斑病遗传背景，适宜在我国甜菜发病区种植。以HY为父本，由于其育种地点位于美国西部科罗拉多州丹佛北部、洛杉矶东部、海拔1600m，冬季高寒干燥，夏季炎热少雨，年降水量仅30~40mm，依靠洛杉矶雪水进行农田灌溉。其西北为近似盐渍化土壤。这些自然条件与我国新疆、宁夏、甘肃、内蒙古西部、陕西渭北等地自然生态条件相似，这是苏垦8312能在我国西部甜菜产区大幅度推广的自然条件依据。

从苏垦8312推广来看越往西优势越大，近年在沿近哈萨克斯坦境内生长良好，根据自然条件相似论原理，作者认为有走向中亚细亚地区的可能。它可在北纬40°~50°、年平均气温6~10℃、年相对湿度50%、年降水量150mm以下或雨养农业300mm以下，生育期160天的哈萨克斯坦北部、乌孜别克斯坦北部、高加索南部阿塞拜疆干旱盐碱地区种植。

3.2 苏东9201的选育

在苏垦8312成功突破的基础上，作者运用自然条件相似论针对我国干旱荒漠气候土壤类型进行预见育种达到理想结果。甜菜新品系苏东9201系利用苏东401和苏—8306为亲本按3：1杂交混收，其父母本全系美国HY系统同一品种，由于该品种在美国东、西部表现稳产、高糖、多抗、青头小特点，育种地点美国科罗拉多州沙漠广布、多盐湖等自然生态条件与新疆焉耆、博乐等地极其相似。由于育种思路与干旱荒漠盐碱土壤类型相符，在焉耆等地获得成功全是意料之中的事。苏东9201与苏垦8312相比苗期苗壮，根体更长，产质量提高。但它局限在少雨特干旱灌区种植。经1993—1996年在新疆农二师等地试验、示范表现为，1993年在和静全国区试点上位于10个参试品种之首。1994年苏东9201

在农二师农科所点上产量、含糖和亩产糖量比对照品种分别提高 17.7%、1.27 度和 28.6%。1996 年在农二师 24 团等单位大面积种植亩产达 4 吨，含糖比对照提高 1.5 度。同年新疆农二师对甜菜新品系苏东 9201 进行了鉴定报奖工作。

4 以自然条件相似论进行甜菜育种的体会

4.1 按地理气候大思路育种

根据苏联卓西莫维奇将糖用甜菜划分西欧、滨海、东欧以及西伯利亚和北美 5 个气候型(每一气候型又可划分若干生态型)以及按我国干湿等不同地域土壤类型划分，我国主要甜菜产区，东北属湿润、半湿润的森林草原气候土壤类型，内蒙古由半湿润、半干旱和干旱荒漠草原气候土壤类型组成。甘肃、南疆属干旱荒漠气候土壤类型，而北疆、宁夏、山西、陕西等地则属于半干旱的荒漠草原气候土壤和高山气候土壤类型。这是有预见地培育新品种必须正视的基本自然地域条件。同时我国夏雨集中以及西北灌区病害蔓延，选择抗病甜菜品种刻不容缓，其中西部区尤为突出。作者赞成根据育种目标在自然条件相似国家(地区)范围内寻找合作伙伴，这是有预见地培育新品种最为重要的因素。其中尤以加大北美气候型甜菜(划分若干类型)及自然地域条件的研究力度对推动我国特别是西部地区的甜菜事业的发展有着特殊重要的作用。根据作者研究继苏垦 8312 之后苏东 9201 出现则是一个有力的佐证。

4.2 甜菜育种地域的新见

甜菜育种和良繁是两个连续阶段。近 30 年我国采取了北育北繁、北育南繁、南育南繁(江苏农垦先行尝试)三种良种良繁形式。江苏依江(长江)傍海(东海)的气候生态带与甜菜发源地的地中海沿岸自然生态条件十分相似。近 200 年地中海甜菜走向了世界，那么江苏长江口沿岸同样能走向全国迈向世界，只是时间早晚而已。江苏农垦受 1964 年上海崇明岛甜菜露地越冬采种的启发，自 1984 年以来在该岛对面进行十余年工作，表明这一自然生态带是理想的甜菜育种地域，特别适合甜菜多倍体生长发育。该地区冬季气候温和但有一定低温，在不需培土措施下甜菜越冬率、抽薹率、结实率可达 99% 左右。翌年开花期空气相对湿度 75% 以上，有利于甜菜四倍体花药开裂，使甜菜种株授粉充分，发芽势强，发芽率高(常年在 85% 左右)，日较差小的江苏育成的甜菜品种，到北方的日较差大的地区使用则产生一定异地优势，这一带具备培育适合不同生态带甜菜品种的优势。苏垦 8312 成为新疆等地的主体品种的实践则是一个很好的例证，多倍体等杂交种业已成为我国甜菜主体品种，随着人们对跨世纪中国甜菜发展的战略思考，上海沿岸长江口甜菜南育南繁事业方兴未艾，必将唤起越来越多的国内外有识之士的兴趣和重视。

参考文献

1. 王名金，等. 树木引种驯化概论[M]. 南京：江苏科学技术出版社，1990，49.

2. 曲文章，虞德源. 甜菜良种繁育学[M]. 重庆：科技文献出版社重庆分社，1990，310-319.

3. 虞德源，舒世珍. 从选育苏垦 8312 探讨甜菜引种规律[J]. 作物品种资源(农作物国外引种专辑，1993 年增刊)，161-163.

4. 虞德源. 甜菜新品种苏垦 8312 的选育[J]. 中国甜菜，1995(1)：12-15.

延伸园林打造绿都

(1997—2017)

用生态相似原理打造"绿色之都"对园林植物引种方法的探析

■虞德源

■原文载《技术与市场园林工程》2006年12月

摘要 探讨了园林植物引种上的误区和几个值得关注的问题,提出应用生态相似原理进行引种,成功率较高且最经济有效。并以此原理,分析了四个具有代表性的城市北京、上海、杭州及拉萨各自适宜引种的地域,对当前我国城市园林绿化发展很有借鉴意义。

关键词 园林植物,引种,生态相似原理

随着构建和谐社会和社会主义新农村建设的开展,自然生态的理念日益深入人心,城市绿化设计规划中如何进行引种?本文就此试作探讨。

1 当前园林植物引种上的误区

1.1 对按低温指标划区种植的质疑

近年来,园林界一些重要会议及资料上频频出现按照最低温度指标,将我国划分为若干区域,有提出划分为1~8个区域的,也有提出划分为1~12区域的,并以此为标准,介绍引进植物的适宜种植区域。这种标准看似一目了然,其实是偏颇的。众所周知,任何植物生长,从气象因子上涉及温度、降水、光照三大指标。单就温度来说如果最低温度反映生存温度,那么最高温度也是生存温度。因此,简单以最低温度来划分种植区域,理论上是不成立的。事实上,从实践结果看来,引种失败的事例也不在少数。如果说国外如此划分,则机械地以此照搬是不妥的。

1.2 植物同纬度引种的弊端

一些政府官员和园林人士往往应用同纬度引种理论,这一说法是片面的,甚至是错误的。因为植物引种与所在地区的纬度(太阳辐射)、大气环流(暖流与冷流)、下垫面(海拔、地形等)三个因子紧密相关。同纬度引种说仅考虑太阳辐射因子而忽视对地区有重要影响的环流因子和海拔因子。拿我国来说,由于地处欧亚大陆东南部,冬季寒流频繁。与世界同纬度相比,冬季温度显著偏低,1月份东北要低14~18℃,华北低10~14℃,江南低8℃,华南低5℃。例如南京,与同纬度美国、日本等国,要偏低2~8℃,这是上述国家受北大西洋暖流、日本海暖流等因素影响所致。再者拉萨(地处中纬度高海拔)则与东欧、中欧一些国家(高纬度、低海拔)生态相似,二者纬度要相差21°~30°。这是西藏主要受高海拔等因素影响所致。

1.3 不同气候型引种问题

欧美园艺品种在世界处于一流水平，这是一个不争的事实。但是，将夏旱冬雨的地中海型植物，特别是乔木，引进到夏雨冬旱季风气候的中国，就要十分谨慎。地球上降水量及降水的分布是十分不均匀的，就北半球来说，有的集中于夏季，称为夏雨型(中国就是显例)，有的集中在冬季，称冬雨型(如欧洲地中海地区)，亦有全年分布比较均匀的，称为均匀型。根据有关研究，认为均匀降雨区的树种可引至同型、夏雨型或冬雨型。冬雨区树种可引至均匀降雨区，但不能在有明显冬季干旱的热带、亚热带夏雨区生存。近年来，欧洲多数遗传顽固的乔木树种在中国引种不成功的案例正说明了这个问题，但是不排除一些适应性强的花灌木、地被园艺植物，多数表现良好。夏雨区树种可以引至同型、均匀降雨区或冬雨区。作为"世界园林之母"的中国，走向世界在气候上是顺理成章的。在气候引种问题上，由于我国与北美、日本、东南亚植物区系血缘相近联系紧密，加强引种合作，成功几率较高。同时中国是世界上乔木树种最丰富的地区之一，建设城乡森林顶级群落理当大力发展本地优良的乡土乔木树种这一理念决不能动摇。

2 园林植物引种值得关注的问题

2.1 园林植物的分布型问题

各种植物都有自己的地理环境分布规律，有些种类具有广阔的生态幅度，能适应各种不同的自然地理土壤环境条件，在世界各地普遍分布着称为"广布种"的植物，这些植物适应性强，容易引种成功。例如蔷薇科(如石楠属、火棘属、绣线菊属、风箱果属等)、忍冬科(如荚蒾属、接骨木属、锦带花属、忍冬属、六道木属等)、黄杨科(黄杨属、板凳果属等)、榆科(榆属、榉属、朴属等)、柽柳科(柽柳属)、小檗科(小檗属)、山茱萸科(楝木属、山茱萸属等)、柿树科(柿树属)、木犀科(雪柳属、白蜡属、连翘属、女贞属、流苏树属)、槭树科(槭属)、鸢尾科(鸢尾属)、石竹科(石竹属)、睡莲科(莲属)、百合科(萱草属、火炬花属、郁金香属等)、菊科(天人菊属、菊属、紫菀属、蓍草属、金光菊属等)、千屈菜科(千屈菜属)、唇形科(塔花属、薰衣草属、百里香属等)、禾本科(大量观赏竹、观赏草)等。有些植物仅局限于特殊环境，要求较为严格的生态条件，称为"窄域种"，如珙桐、荷叶铁线蕨、黄枝油杉、羊角槭、加拿大海枣、乐昌含笑、天目木姜子、紫茎等。在引种中，搞清所引品种的原产国所在地区十分重要，不能笼统某个国家或省份，同时应了解其分布适应能力，做到从哪里来，到哪里去，这是引种成功的基本前提。几年前在木兰科、棕榈科、杜英科以及国外一些品种的盲目扩展和媒体炒作所走的弯路，至今记忆犹新，值得认真反思。我赞成"适地、适种、适品种、适产地"这种提法。

2.2 园林植物的生长习性问题

植物受气候综合因素、本身遗传变异以及长期历史发育结果，形成不同的生长习性。只有通过长期观察、比较，方能了解它的生长习性。在园林植物中，有必要了解植物在温度、湿度、光照、风力、土壤、病虫、抗污、休眠以及周期等方面的生长习性。

温度包括耐低温与高温极限，了解植物的生存温度范围至关重要，常绿白蜡(光蜡树、白枪杆)的适种范围应定在江南地区，而不是江北地区及黄河流域，各地盲目引种后在2004年大面积受冻就是一例。香樟的不适当北扩也出现许多教训。

湿度包括耐湿和耐旱程度，一般耐湿树种也较耐旱。过去，人们将紫薇列为耐旱树种，经过大涝年份，人们发现其也是耐湿树种。湿度中还包含有空气湿度，一些植物对空气湿度有一定要求，如槭树；光照包括喜阳和喜阴，如柽柳属于强阳性树种，槭树属于半阴性树种，洒金珊瑚为阴性物种，在种植布局上不能有差错；风力指抗风树种，一般深根性树种属于抗风树种，如柽柳、柿树等，浅根性树种往往容易倒伏折枝。

土壤主要是指酸碱性等，有的植物如紫薇、槭树、绣线菊、郁香忍冬等在各类土壤上均能良好生长。柽柳、重阳木、红黄栌、金钟连翘、亚菊、天人菊、分药花、紫露草、山桃草、金叶莸等在碱性土壤中有明显优势，而樟科、杜鹃花科、竹柏等比较适应在酸性土壤中生长，比如香樟在南方是良好的常绿树种，北扩以后出现黄化病，主要是土壤原因。

病虫害分为多病虫害和抗病虫害之别，如抗病虫害的有厚朴、樟叶槭、金钟连翘、火棘、水杨梅、金光菊等，而抗性极差的有桐状槭（挪威槭一种）、复叶槭、金叶过路黄等；抗污指抗多种有害气体的程度，抗污染树种有柽柳、夹竹桃、木芙蓉、紫薇、女贞、桂花、广玉兰、柿树、火棘、石榴等。

休眠，主要指种子期休眠，根据测定，2/3树种有不同程度的休眠状态，其中以野生种居多，这是植物长期自然选择的结果。难发芽的树种有槭树科、野茉莉科、蔷薇科、壳斗科、山茱萸科等，最好的办法是随采随播或者采后低温沙藏早播，如庐山地区鸡爪槭采后即播，出苗率高达70%以上。也有的种子休眠期短，如七叶树要随采随播，出苗率高达90%以上。也有如紫薇、枫香、臭椿等种子干藏春播发芽率较高。草花种子收后低温干藏，发芽率高。

最后是观察周期生长问题，作为引种驯化的成功标志，是种子到种子，开花结实，即完成了一个生长周期，如南京引种贵州梵净山的野洋漆三年就完成了开花结实，又如天人菊、金光菊、玉蝉花、美国石竹表现了很强的繁衍能力。

3 关于园林植物生态相似引种问题

3.1 生态相似引种的含义与应用

园林植物与农作物生态相似，直接或间接引（育）种成功率高已经是无数实践做出的科学结论。生态相似是遵循自然规律，从引种国家（地区）的纬度、海拔、气候（温度、降水、日照等）、土壤、病害、栽培相似的自然生态分布区去选择引种对象，这是把握最大且最经济有效的一种引（育）种途径。它包含内容比之气候相似论更加科学全面，不仅有气候因素，而且还有土壤、病害、栽培等因素。它的价值意义不仅能成功引育新品种，而且还能科学预见，找出最佳种植区和市场范围，从而形成比较理想的生态、文化、社会、经济效益。

我数十年从事农作物、林木的引育种工作，运用这一理论方法培育了国家级甜菜 GS 苏垦 8312 新品种，一度在我国第一甜菜产区新疆占领70%的市场份额。近十年来在江苏农垦、南京及上海崇明岛进行了大量野生新优林木花卉的引种驯化工作，所试验品种达 400 余个，取得了一手资料。无论糖料、园林植物均表现出生态相似科学规律。

3.2 生物引种咨询信息系统方法

生态相似引种既然有如此显著的优点及成功率，那么有什么科学系统的理论计算方法呢？

我认为，中国农业大学运用研发的"生物引种咨询信息系统"，可对以任意地点为中心、以任意生物为对象、以任意要素（基本要素）为依据、以任意时段的相似计算，建立信息系统，是比较科学直接的一种理论方法。

该系统可准确、快速、可靠地计算气候结果，其范畴适用一切生物，即粮食、经济作物、林木花卉、果蔬、药材、牲畜、鱼类、鸟类、昆虫、微生物等。在相似计算上，包括了6种气候要素：水热（气温和降水）、温度、降水、相对湿度、日照百分率和光热水湿。在计算方法上，采用周年分布滑移相似计算，考虑生物生育全过程的环境条件。在相似距的计算上，不但反映海陆之间的水平差异，而且反映了地形垂直差异，是点对点的相似，既表达具体地点，又克服以往用等值区域模糊划分，更克服了只要纬度相近即可相互引种的片面观念。一般情况下，相似距≤0.3各地可直接引种；0.3≤相似距≤0.5各地需试种驯化；0.5≤相似距≤0.7不适宜引种。

以上相似计算，可帮助解决气候因素，即解决天时问题。在实际应用上还要解决地利问题即要调研土壤、生物群落的相似问题，如土壤主要查阅 pH 值，生物群落主要指病虫害（例如在复叶槭应用上，当前一些地区一味追求彩色效果而忽视其树种天牛危害致命性，可预测其结果是灾害性的等）。"知天知地，生态相似。只知天不知地，只知地不知天，生态仍不相似。"

3.3 以生态相似方法为各地引种提供依据

如何运用地球上山川生物集中、区系多样、过渡性强、适应性广的巨大植物资源（如中国著名的云南、川西、浙西、秦岭、藏南等植物基因巨库），建立城乡生态乡土树种群落，是构建人与自然和谐相处社会的一件大事。构建可持续发展的生态园林城市和新农村，不是本地区简单乡土树种单一化，而是相似地区乡土群落树种的自然化、区域化、民族化和个性化。

以 2008 年北京奥运会、2010 年上海世博会、苗木之乡杭州及青藏高原拉萨为例，浅谈如何创造既有民族特色，又富有现代生态的良好城乡风貌。上述各地的植物引种应按生态相似规律进行布局。

北京宜在市郊四周，河北燕山地区、唐山、邢台、承德，天津，辽宁千山、大连、营口、鞍山，内蒙古努鲁儿虎山，山西五台山、吕梁山、太行山，山东泰山、菏泽、烟台、潍坊、海阳、德州、莱阳等地区北纬 35°~42°、东经 105°~125°范围。以及哥伦比亚（处于美国中部平原河流地区）、朝鲜等相关地区进行引种，包括朝鲜平壤、咸兴，美国林肯姆尼、克利特、托皮卡、道奇城、德梅因、哥伦布、费城、代顿、圣路易斯、底特律等城市。

上海宜在陕西秦岭太白山，湖北神农架，四川峨眉山、金佛山，安徽黄山、大别山、浙江天目山、大明山，江西庐山、井冈山，湖南武陵山，贵州梵净山，福建黄岗山（武夷山最高峰），秦巴山区、武当山、伏牛山系以及长江下游江南丘陵地区北纬 26°~34°，东经 105°~124°范围，其城市包括江苏苏州、常州、东台、高邮、溧阳、南京、浙江杭州、嵊州、慈溪、定海、重庆、奉节、万州、四川南充、叙永，湖北江陵、枣阳、天门、汉口、钟祥、安徽合肥、六安、寿县、宁国、佛子岭、河南信阳、驻马店，贵州遵义，湖南湘潭等地及美国、日本、南非、韩国、阿根廷等国家和地区引种。包括日本神户、大阪、仙台、松本、宫古、名古屋等，美国华盛顿、哥伦比亚、圣路易斯、查尔斯顿、威奇托、纽约、哥伦布、亚特兰大、小石城、新奥尔良等，韩国木浦，阿根廷布宜诺斯艾利斯，南非德班、东伦敦、比勒陀利亚，乌拉圭小蒙得维的亚，智利萨尔托，法国里昂，意大利米兰等城市。

杭州宜在浙闽沿海、黄山、庐山、天目山地区、长江汉水流域、四川大巴山及盆地北纬 26°~32°，东经 105°~123°的上海，浙江的嵊州、慈溪、金华、丽水、定海、鄞县、平湖、黄岩，江苏苏州、常州，安徽的宁国、芜湖、佛子岭，湖北的汉口、江陵、黄石，湖南的石门、南县、沅江、武岗、彬州，重庆的万州、奉节、梁平、彭水、酉阳，福建的福州等地及韩国木浦、江陵，日本稚内、宫吉、仙台、东京、松本、大阪、神户、广岛、福冈、大分，美国纽约、华盛顿、哈蒂拉斯角、杰克森维尔、新奥尔良、什里夫波特、俄克拉马荷、哥伦布等地以及阿根廷罗萨里奥、布宜诺斯艾利斯、科连特斯，巴西佛罗里尼亚，澳大利亚布里斯班等城市。

拉萨宜在西藏念青唐古拉山脉的雅鲁藏布江地区、四川横断山脉的怒江、澜沧口、金沙江河谷地区、甘肃祁连山和内蒙古阴山黄土高原河套地区北纬 28°～41°、东经 84°～118°的西藏日喀则、江孜、定日、丁青，甘肃会宁、山丹、通渭，青海西宁、都兰、民和，四川德格、阿坝、松潘、马尔康、康定、理塘，山西大同，河北丰宁、张家口，陕西延安、洛川，云南德钦等地以及地中海、里海地区的俄罗斯莫斯科、列宁格勒，乌克兰基辅，英国伦敦，法国巴黎，波兰华沙、波兹、克拉拉夫，奥地利维也纳，捷克布拉格等地。

以上生态相似方法可以为各地勾勒出科学引种蓝图范围，且能事半功倍，在广袤的神州大地上打造出更多的"绿色之都"。

在浙江省花卉协会召开的花木产业走势研讨会上作引种理论的发言（2006 年）

杭州铁路林业绿化管理所蒋寿松高工与虞德源在杭州苗木基地合影

科学配置绿色之都

一、裸子植物（以松为例）

樟子松（石河子）

白皮松（颐和园）

油松（北京）

苏州市第三中学逸夫楼前金钱松

二、常绿与落叶树种

油松与山桃（北京）

雪松与玉兰（北京）

香樟与法桐（杭州）

棕榈与凤凰木
（厦门）

三、植物配置

树石结合（广东）

远眺古城（北京）

街头一景（北京）

睡卧列宁（伊犁）

北京天坛公园侧柏林

万绿丛中一点红（上海）

四、国外校园绿化一瞥

美国哈佛大学1

美国哈佛大学2

美国斯坦福大学1

美国斯坦福大学2

澳大利亚昆士兰农牧学院1

澳大利亚昆士兰农牧学院2

创新理论践行事业

(2006—2011)

一种理论方法，践行三个事业

■虞德源
■原文载《南京园林》2011 年 7 月

本文阐述自然生态相似理论方法含义、形成发展过程以及以我国 31 个省会(首府、直辖市)城市作为案例科学开发的建议。同时笔者以此理论方法为指导成就了甜蜜(糖料甜菜)美好(园林绿化)永恒(雨花石)三个事业。

1　自然生态相似理论方法

努力探索创新理论方法

自然生态相似理论方法指研究天然生物(有生命的农林植物)及非生物(地质岩性观赏性卵石)环境相似的一种理论方法，是一种时空规律与交互作用的积极探索。在农林植物自然生态相似，直接或间接引(育)种成功率高已是无数实践得出的科学结论。自然生态相似论是遵循自然规律，从全球引种国家(地区)的纬度、经度、海拔、气候(温度、降水、日照)、土壤、生物群落(包括病虫害)、人工栽培相似的自然生态分布区去选择引种对象(特别是 1、2 级生态相似应用)，这是把握最大且最经济有效的引(育)种途径。它包含气候、土壤、栽培、病虫害、自然历史进程等因素。其意义可以在最佳的区域范围形成良好的经济、社会、生态、文态效益，而且可以预见选育农林优良品种。在非生物的地质岩性卵石不同区域分布中存在岩质、特性共性规律，它的发现挖掘可以形成可观的生态和经济效益。这一理论可由有自然生命生物扩延到无生物之中去。

以林业为例，笔者认为当前园林植物引种上存在三大误区，可以看出在引种理论上比较混乱。

对按低温指标划区种植植物的质疑

近年来，园林界一些重要会议及资料上频频出现按照最低温度指标，将我国划分为若干区域，有提出划分为 1~8 个区域的，也有提出划分为 1~12 区域的，并以此为标准，介绍引进植物的适宜种植区域。这种标准看似一目了然，其实是不妥的。众所周知，任何植物生长，从气象因子上涉及温度、降水、光照三大指标。单就温度来说如果最低温度反映生存温度，那么最高温度也是生存温度。因此，简单以最低温度来划分种植区域，理论上是不成立的。事实上，从实践结果看来，引种失败的事例也不在少数。如果说国外如此划分，则机械地以此照搬是错误的。

植物同纬度引种的弊端

一些政府官员和园林人士往往应用同纬度引种理论，这一说法是片面的，甚至是错误的。因为植物引种与所在地区的纬度(太阳辐射)、大气环流(暖流与冷流)、下垫面(海拔、地形等)三个因子紧密相关。同纬度引种说仅考虑太阳辐射因子面忽视对地区有重要影响的环流因子和海拔因子。拿我国来说，由于地处欧亚大陆东南部，冬季寒流频繁。与世界相比，同纬度冬季寒流温度显著偏低，1月份东北要低14~18℃，华北低10~14℃，江南低8℃，华南低5℃。例如南京，与同纬度美国、日本等国，要偏低2~8℃，这是上述国家受北大西洋暖流、日本海暖流等因素影响所致。再者拉萨（地处中纬度高海拔）则与东欧、中欧一些国家（高纬度、低海拔）生态相似，二者纬度要相差21°~30°。这是西藏主要受高海拔等因素影响所致。

不同气候型引种问题建议

欧美园艺品种在世界处于一流水平，这是一个不争的事实。但是，将夏旱冬雨地中海型植物，特别是乔木，引进到夏雨冬旱气候的中国，就颠倒过来了。地球上降雨量及降雨的分布是十分不均匀的，就北半球来说，有的集中于夏季，称为夏雨型（中国就是显例），有的集中在冬季，称冬雨型（如欧洲地中海地区），亦有全年分布比较均匀降雨区的树种可引至同型、夏雨型或冬雨型。冬雨型树种可引至均匀降雨区，但不能在有明显冬季干旱的热带、亚热带夏雨区生存。近年来，欧洲多数遗传顽固的乔木树种在中国引种不成功的案例正说明了这个问题，但一些适应性强的花灌木、地被园艺植物，多数表现良好，另当别论。夏雨区树种可以引至同型、均匀降雨区或冬雨区。作为"园林之母"的中国，走向世界在气候上是顺理成章的。在气候引种问题上，由于我国与北美、日本、东南亚植物区系血缘相近联系紧密，加强引种合作，成功几率极高。同时中国是世界上乔木树种最丰富地区之一，建设全国城乡森林顶级群落，理应大力发展本地优良的乡土乔木树种，这一理念决不能动摇。

理论方法形成发展

任何理论方法都有一个形成发展过程，都是在合理地吸收前人和他人成果的基础上发展起来的。笔者在省农垦从事甜菜种植、繁育及育种过程中感到德国迈尔的气候相似论以温度为主因子有一定局限性，通过对国内外数百份甜菜材料在我国"三北"地区及中部地区种植反馈，认为土壤、病虫害、人为栽培、历史进程这四因子要考虑进去，于是这一科学假想应要通过实践完善到新的理论方法上去。通过对选育甜菜苏垦8312和苏东9201新品种在我国新疆、宁夏、内蒙古巴盟等干旱荒漠气候土壤类型成功表现，认为天地间确实存在自然生态相似理论。经过长期坚持努力，以丰硕的育繁成果为背景，完成了气候相似到自然条件相似的转折，提出甜菜育种新思维。通过农业实践一个新的自然条件相似论出现了，由农到林，用这一理论方法由一年生农作物发展到多年生树木花卉林业；由单一的甜菜糖料植物跨越到数百个乔、灌、藤、地被林业植物。经过十余年坚持努力，亲自实践，完全证实这一理论方法的可行性。一般来说乔灌木真实性要有10年以上的观察期，地被植物1~2年就清晰可见。从1997年到2010年笔者又完成了从自然条件相似论到自然生态相似论的思想转折，用自然生态相似论转化更大生产力。

选择案例开发应用

我国为世界资源大国之一，尤以植物成为世界公认的植物王国、园林之母。从全世界范围来看能跨越各种气候土壤类型的超级大国唯中、美两国。中国为季风型气候，美国为海洋气候，双方各有各的优势，又有一定互补性。就全国而言，本文选择31个省会级（直辖市）为案例，就代表不同海拔、植被、土壤类型并占一定优势特有景观型城市如何科学发展与开发，并就国内引种存在问题及潜质挖掘，按自然生态相似引种理论方法在（1、2级）相似距列表加以分析（见下文表1）。

植物分布带的划分。根据省会城市有关资料将全国植物气候分布带归纳为5大地区。类序1为华南地区为主及西南地区的台湾、海南、广东、广西、福建及云南省会城市，以南亚热带植物为主。从纬经度1、2级范围来看，纬度1级相似距为1~5个，2级4~10。经度1级相似距4~11个，2级

8~17个。其竖横走向范围不大，北上困难性极大。类序2为华中地区南部为主的湖南、江西、贵州、四川、浙江省会城市，以中亚热带常绿植物为主。从纬经度1、2级范围来看，纬度1级相似距3~5个，2级6~15个。经度1级相似距4~15个，2级9~23个。其竖横走向范围比之南亚热带地区稍有扩大，在应用上注意在经度范围拓展。类序3为华中地区北部的江苏、安徽、湖北省会城市及上海市，以中亚热带常绿、落叶混交的北亚热带植物为主。从纬经度1、2级范围与类序2地区基本相仿，在应用上尽可能在经度范围上做文章。类序4为华北地区、高原气候带地区的陕西、河南、山东、山西、西藏省会（首府）城市及北京、天津市，以暖温带植物为主。从纬经度1、2级范围来看，纬度1级相似距5~8个，2级9~15个。经度1级相似距7~22个，2级15~29个。其竖横走向范围明显加大，其应用范围也较大。类序5为东北、西北地区的辽宁、吉林、黑龙江、宁夏、内蒙古、新疆、青海、甘肃省会（首府）城市，以中温带植物为主。从纬经度1、2级范围来看，纬度1级相似距8~13个，2级12~14个。经度1级相似距19~43个，2级23~50个。其竖横走向范围极大拓展，尤以经度相距则为大跨度。

植物区域性极强。在以上南亚热带、中亚热带、北亚热带、暖温带、中温带地区植物引种和市场流通中，南亚热带常绿树种北上潜力极小，尤以棕榈在中部北部遭致惨败，应引以为诫。中亚热带常绿树种植物北上希望不大，到了北亚热带已到北界，应从木兰科、杜英科、棕榈科及国外一些品种盲目扩展不成功中接受教训。北亚热带、暖温带地区植物彼此应用因其过渡带有一定的可容性。对于中温带植物与暖温带地区则可容性较强，但直接跳跃到北亚热带，其适应性就成问题了。对于中温带地区，涉及我国东北三省湿润的森林草原气候土壤类型，内蒙古半湿润、半干旱和干旱荒漠草原气候土壤类型，宁夏、新疆、甘肃、青海半干旱、干旱荒漠草原气候土壤类型，在应用上注意充分发挥经度范围潜力。

2 与时俱进推进绿化

1996年笔者以中国种子代表团赴澳大利亚副团长身份赴澳大利亚进行种子培训，其间被澳大利亚环境绿化所折服。告别30年甜菜，从事园林绿化，重新学习、熟悉林业，这其中信心之源归于自然生态相似理论。建立基地开始续林工作。十余年来引种、驯化的林业乔灌藤地被植物达600~700个品种。通过对全国5个不同气候带正反面实践案例，以及对欧美日直接引种实践，更对自然生态相似原理价值有了更深的理解。同时认为我国园林工作者要反对本本主义和浮躁作风，应深入生活、深入自然、注重实践，特别在对众多的优良乔、灌、地被植物的生长习性及适应种植区域上深下功夫。

十余年来笔者率先在全国提出"一个景观、二个开发、三个定位、四个层次、五个结合"的都市林业发展思路，即中国特色的都市森林景观；野生（主要系指中国树木花草资源）新优（国内变异种、国外引进的园艺品种）花木（卉）同时开发；常绿、彩色、珍稀三种树种定位；乔木、灌木、藤本、地被四个植物层次；阔叶林与针叶林、常绿树与落叶树、速生树与慢生树、竹类与水生植物、乡土树种与外来树种五个结合。以此构建山水进城市，园林遍城乡的秀美画卷。

对于一个城市园林色彩布局提出："春花烂漫、夏荫多花、秋色迷人、冬态静谧"16字诀。

对于园林植物划分了12个分类，即乡土型植物、外来型植物、广适型植物、耐盐型植物、耐旱型植物、耐湿型植物、常绿型植物、耐阴型植物、彩叶型植物、观果型植物、珍优型植物、保健型植物。

雨花石的地理相似分布

　　以相似观点，可将天然生物（有生命的农林植物）延引到非生物（地质岩性观赏性卵石）中去。其实雨花石地理分布地域范围，可从南京地区扩展到长江、黄河、天山地区去。它包括西部戈壁雨花石，位于新疆天山、阿勒泰、哈密、艾丁湖和内蒙古黄河河套阿拉善等地的新疆低洼区；中部三峡雨花石位于长江上游宜昌、泸州等云贵洼区；东部江海雨花石位于长江下游的南京、仪征等地华中地区低洼区。从地质年代属中生代至新生代之间。以上三类地区长江黄河天山雨花石各有特色。戈壁石内容多大漠风光日月星辰历史典故，三峡石色泽丰富内容别致，从历史发育角度、圆润细腻华丽当数金陵江海雨花石，它位于长江尾闾精华荟萃又近江海蒸润，故多优秀石子。由于所处地质年代与石质不同，于是形成玛瑙为主的多石种的雨花石家族，这是该石种区别于其他石种的最大优势，这个雨花石犹如以汉族为主56个民族组成的中国。它便于保存提携。世间名胜江山多娇你只能欣赏无法拥有，而雨花石风景石缩山隐景你能拥有。它是世界最袖珍的风景，寸石正是它富有神奇魅力的地方。它乃为天书神画、大千世界、无像不包、无景不呈、无物不存。携带保存极为方便，这是其他石种无法替代的。它是民族文化结晶，中国文化博大精深，源远流长，而雨花石是最好佐证。它先于人类数千万年至亿年形成，先知先觉韬光养晦潜入地中，一旦露地便石破天惊成传世之作。它是中华特产他国所无的天然诗画、天然雕刻、天然模型，渗透自然为上、天人合一的中国风格。绘画风格构图奇特、色彩丰富、意境深邃，这是人为艺术难以比拟的。远古印记精神寓意民族象征融渗石间。它是中国名片、中国象征，永驻人间引领世界。

虞德源　2017.11 于苏州

（一）**戈壁石**（雨花石）

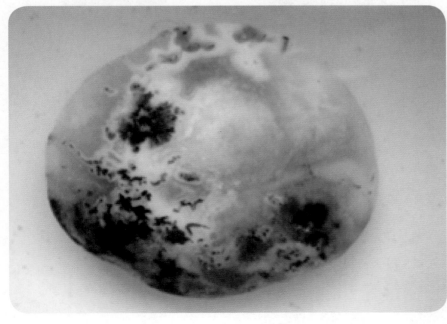

1	2
3	
4	

1　太阳恩泽（新疆艾丁湖）

2　宇宙月色（新疆艾丁湖）

3　开国大典（内蒙古阿拉善）

4　叱咤风云（内蒙古阿拉善）

（二）三峡石（雨花石）

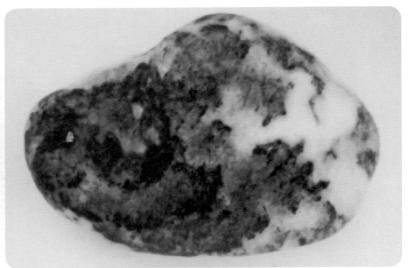

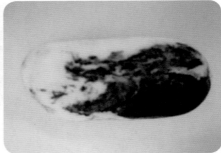

1	2
3	4

1　天上人家（湖北宜昌）

2　烈女投江（湖北宜昌）

3　上下千年（湖北宜昌）

4　三峡风光（湖北宜昌）

（三）江海石（雨花石）

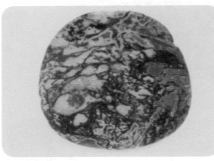

1	2
3	4

1　美轮美奂（江苏仪征）

2　互不相让（江苏南京）

3　盛唐宴会（江苏南京）

4　中华崛起（江苏南京）

对称分布更大走向

(2011—2017)

ISSN 1003-6997
CN 62-1057/S

现代围林

Modern Landscape Architecture

2016年 第13卷 第8期

生态相似论与农林植物引种应用

■虞德源

■原文载《现代园林》2016年第13卷第8期(有删改)

摘要 本文介绍了生态相似论的理论要点、发现和发展由来,并选择南京作为林木应用基地的实践过程。从植物地理历史发育、气候特征、土壤类型和生物群落四个方面介绍了生态相似论的理论观点,并在农作物甜菜和园林树木引(育)种过程中获得了一些验证,尝试归纳了我国植物地理气候分布带。借助国家"一带一路"战略机遇期,提出进一步完善生态相似理论实践的展望。

关键词 生态相似,植物分布,农作物,园林树木,引种应用

文章编号 1003-6997(2016)08-0579-09 中图分类号:S68 文献标识码:A

Abstract:This paper introduces the ecological theory points of similarity theory, found the origin and development and choose Nanjing as trees application base practice process. Introduces the theories of the ecological theory of similar views in sugar beet crops and garden trees cause(education) obtained in the process of some validation, and attempt to induce plant geographic distribution of climate zone in our country. All the way with the help of a country "the Belt and Road" period of opportunities, to further improve the outlook of ecological similarity theory practice is put forward.

Key Words:Ecological similarity, Plant distribution, Crop, Ornamental trees and shrubs, Introduction apply

【编者按】植物引种驯化是人类社会发展必需的一项技术经济活动。在漫长的历史进程和引种驯化实践中,人们一直在探索着植物、环境与农艺等相关方面的规律,以期获得能够更好地指导实践的理论和方法。1979年朱彦丞提出的"生态相似论"虽然得到了普遍认可,但对其在实际应用中的引述并不多见。

南京虞德源对"生态相似论"的研究具有一定的特点。首先是在实践方面的相对"跨界"。他从20世纪80年代开始,30多年来从我国9省区和法、美、日等国家(地区)引进62科128属300余个树种。他引种的植物包括了农作物、经济林木和园林树木。在这种相对广泛而有深度的实践过程中,虞德源对"生态相似论"进行了反复验证,比较系统地论述"生态相似论"的内涵与外延。第二,提出了同一气候带植物对称分布关系的观点。第三,指出了"同纬度引种理论"的局限性。

他提出的"生态相似论"具有四位一体的基本特征。从引种国家(地区)植物地理历史发育、气候特征、土壤类型、生物群落的自然相似区域去选择引种对象,是把握最大且经济有效的一种引(育)种途径。本期我们发表虞德源先生的文章,是希望借此引起相关人士对植物引种驯化的更多实践和对相关理论更加活跃的思考。(许联瑛)

理论从实践中来,反过来理论又可以成为实践的先导,生态文明呼吁要有先进的引种理论。笔者通过农林实践提出生态相似论。它的要点为遵循自然规律,从引种国家(地区)的植物地理、气候特征、土壤类型、生物群落的自然相似区域去选择引种对象,是把握最大且经济有效事半功倍的引(育)种途径。它包含的内容比"气候相似论"更加科学全面[1]。不仅有气候因素,还有地理、土壤、生物等因素。它的价值意义不仅能科学预见找出引种最佳种植范围,还能成功引育新品种,从而形成比较理想的生态、经济、社会、文化效益。该理论方法具有"四位一体"的特征。

1 生态相似论的理论要点

1.1 植物地理历史发育

任何植物都是在特定的自然地理条件下生存和发育的。只有追溯源头，了解身世，才能解决从哪里来到哪里去的问题，尤其是对于建立国家级农林基地至关重要。为此，一定要摸清植物起源中心或次生中心，即生物多样性优良种质或新类型的原产地（其中包含丰富的抗逆基因和生态广适性潜能）；自然分布带以及植物适应性（广布种或窄域种）。

1.2 气候特征

是指气候综合因素而非单一温度因素。它包含经纬度、海拔高度和气候因子。气候因子又包含：温度（一般指年、月均温、年积温、极端最高最低温度及其出现期和持续期）、降水量与湿度、光照（光时、光强、光质）的综合应用[20世纪80年代中国农业大学魏淑秋教授提出新的气候相似计算方法即生物引种咨询信息系统，包括水热（气温和降水）、温度、降水、相对湿度、日照百分率和光热水湿6种要素，对全面利用气候资源具有一定推动意义]。

1.3 土壤类型

对于与植物根系关系密切的土壤，在引（育）种过程中，要重点考察酸碱度及含盐量、地下水位、土壤类型等要素。

1.4 生物群落

它涉及植物科属形态特征、生物学特性（温凉、干湿、阴阳、pH值）与对环境条件的抗性（抗寒、抗热、抗旱、抗湿、抗病、抗虫、抗倒、抗污）及群落组成角色（优势种、次优势种、伴生种、濒危种）等要素。

植物的引种驯化与生态相似的概率成正比关系，只有科学、合理兼顾各方面的综合作用，才有可能使引（育）种获得更理想的效果。

2 生态相似论的发展由来

2.1 甜菜育种发现生态相似论

任何理论方法都有一个形成发展过程，都是在合理地吸收前人和他人成果的基础上发展起来的。笔者在江苏省农垦从事甜菜种植，育种和扩繁的30年过程中，感到德国迈尔的"气候相似论"以温度为主要因子有一定局限性，通过对国内外数百份甜菜材料在我国三北地区和中部地区种植反馈，认为除气候因子外，历史发育、土壤类型、生物特性、人工栽培诸因素要一并综合考虑，于是这一科学假想通过实践完善到新的理论方法中去。笔者通过东部"南育南繁"选育甜菜苏垦8312和苏东9201新品种在我国西部的新疆、宁夏、内蒙古巴彦淖尔等干旱荒漠气候类型的成功表现，提出"生态相似论"的观点。1997年在北京召开的第二届中国国际农业科技年会上笔者向大会报告"从气候相似到自然条件相似——甜菜育种新思维"。该文明确提出自然条件相似论即生态相似论，阐述了甜菜育种实践及按全球地理气候大思路育种主张[2]。

2.2 由农续林相关理论验证

生态相似论在农业甜菜实践成功表现，使笔者建立了将这一理论方法进一步应用到园林树木和林业树种中去的信心。1996年由我主持由中国科学院植物研究所、江苏省农林厅参加的江苏省科委"野生新优花木引种驯化及应用研究"课题2001年通过省内鉴定并荣获第五届全国花博会银奖。继而在南京建立试验基地(取得全国特色种苗基地称号)，一干数十年获得了珍贵的第一手资料。在此期间我以《中国花卉报》特约通讯员身份在报刊杂志上发表了数十篇文章。其中在《技术与市场·园林工程》杂志2006年第12期《运用生态相似原理打造绿色之都》一文笔者提出自己园林植物引种新主张，指出当时园林植物引种的误区，提出园林植物引种值得关注的问题及园林植物生态相似引种问题(分析了国内四个具有代表性城市北京、上海、杭州、拉萨各自适宜引种地域范围)[3]。2011年11月又在《南京园林》杂志《一种理论方法，践行三个事业》一文阐述生态相似理论方法含义，形成发展过程以及我国31个省会(直辖市)作为案例科学开发的建议。

3 关于全国植物地理气候分布带的划分

我国为世界资源大国之一，尤以植物为世界公认的植物王国、园林之母[4]。从全世界范围来看，能跨越各种气候土壤类型的国家只有中国和美国[5]。中国为季风型气候，美国为海洋气候，双方各有各的优势，又有一定互补性。就全国而言，本文选择31个省会(首府)城市和直辖市为案例，就代表不同海拔、植物、土壤类型并占一定优势特有景观型城市如何科学发展与开发，并就国内引种存在的问题及潜质挖掘，按生态相似论理论方法在(1、2级)相似距列表加以分析(1级可直接引种，2级稍作改良引种)，以便供各级政府、企业部门科学决策，合理使用，领头发展，为我国城乡生活更美好作出时代贡献。

表1　全国部分城市生态相似(1、2级)国内划分表

类序	城市	海拔(m)	所在纬度	1级相似范围	相似距(个)	2级相似范围	相似距(个)	所在经度	1级相似范围	相似距(个)	2级相似范围	相似距(个)
1	台北	9	25°02′N			20-28	8	121°31′E			114-121	7
1	海口	14.1	20°02′N			21-25	4	110°21′E			110-121	11
1	广州	6.6	23°08′N	23-25	2	21-29	8	113°19′E	113-117	4	108-120	8
1	南宁	72.2	22°49′N	24-25	1	24-31	7	108°21′E	110-121	11	103-120	17
1	昆明	1891.4	25°01′N	25-29	4	23-33	10	102°42′E	99-104	5	99-108	9
1	福州	83.6	26°05′N	24-29	5	24-31	7	119°17′E	114-120	6	104-121	17
2	长沙	44.9	28°12′N	25-30	5	24-30	6	113°05′E	109-120	11	109-120	11
2	南昌	46.7	28°36′N	25-30	5	24-31	7	115°55′E	113-119	6	111-120	9
2	贵阳	1071.2	26°35′N	26-30	4	25-33	8	106°42′E	107-111	4	99-122	23
2	成都	505.9	30°40′N	31-34	3	25-40	15	104°01′E	104-119	15	99-122	23
3	杭州	41.7	30°14′N	28-31	3	24-33	9	120°10′E	119-121	2	104-121	17
3	武汉	23.3	30°37′N	27-32	5	24-33	9	114°08′E	109-121	12	106-121	15

（续）

类序	城市	海拔（m）	所在纬度	1级相似范围	相似距（个）	2级相似范围	相似距（个）	所在经度	1级相似范围	相似距（个）	2级相似范围	相似距（个）
3	上海	2.8	31°10′N	30－33	3	25－35	10	121°26′E	114－122	8	105－121	16
3	南京	8.9	32°00′N	31－34	3	27－37	10	118°48′E	111－121	10	105－121	16
3	合肥	27.9	31°52′N	31－34	3	26－38	12	117°14′E	110－121	11	104－121	17
4	西安	396.9	34°18′N	33－38	5	28－42	14	108°56′E	105－119	14	104－124	20
4	郑州	110.4	34°43′N	27－32	5	24－33	9	113°39′E	109－121	12	106－121	15
4	济南	51.6	36°41′N	33－40	7	31－42	11	116°59′E	111－118	7	105－123	18
4	拉萨	3648.7	29°40′N	29－37	8	29－41	12	91°08′E	89－105	16	87－116	29
4	石家庄	723.9	40°47′N	33－40	7	33－42	9	114°53′E	110－118	8	106－120	14
4	太原	777.9	37°47′N	35－42	7	35－50	15	112°33′E	102－124	22	96－128	32
4	天津	3.3	39°06′N	35－42	7	33－43	10	117°06′E	111－122	11	105－126	21
4	北京	54.0	39°56′N	35－42	7	32－43	11	116°17′E	110－122	12	102－125	23
5	沈阳	41.6	41°46′N	36－44	8	34－48	14	123°26′E	109－126	17	105－128	23
5	长春	236.8	43°54′N	39－48	9	35－49	14	125°13′E	98－129	31	85－129	44
5	哈尔滨	142.3	45°45′N	40－49	9	36－44	13	126°46′E	111－130	19	85－130	45
5	银川	1111.4	38°29′N	36－46	10	36－47	11	106°13′E	76－120	44	75－129	54
5	呼和浩特	1063	40°49′N	36－47	11	35－49	14	111°41′E	100－128	28	80－129	49
5	乌鲁木齐	917.9	43°47′N	37－48	11	35－49	14	87°37′E	80－122	42	76－129	53
5	西宁	2261.2	36°37′N	30－42	12	28－46	18	101°46′E	78－118	40	78－128	50
5	兰州	1517.2	36°03′N	30－43	13	35－47	12	103°53′E	78－120	43	77－127	50

注：本文数据根据魏淑秋、刘桂莲等著"中国与世界生物气候相似研究"有关图集资料整理归纳而成。

3.1 全国地理气候分布带

笔者根椐省会城市等有关资料将全国植物地理气候分布带归纳为三大带（热带、亚热带、温带）细化八大地区（热带、南亚热带、中亚热带、北亚热带、暖温带、中温带、温带、寒温带）[7]。类序1为华南地区为主及西南地区的台湾、海南、广东、广西、福建及云南省会城市，以亚热带（南亚热带植物）为主。从纬经度1、2级范围来看，纬度1级相似距为1~5个，2级4~10个。经度1级相似距4~11个，2级8~17个。南北东西走向范围不大，北上困难性极大。类序2为华中地区南部为主的湖南、江西、贵州、四川、浙江省会城市，以亚热带（中亚热带常绿阔叶植物）为主。从纬经度1、2级范围来看，纬度1级相似距3~5个，2级6~15个。经度1级相似距4~15个，2级9~23个。南北东西走向范围比之南亚热带地区稍有扩大，在应用上注意在经度范围拓展。类序3为华中地区北部的江苏、安徽、湖北省会城市及上海市，以亚热带（常绿落叶混交的北亚热带植物）为主。从纬经度1、2级范围与类序2地区基本相仿。在应用上尽可能在经度范围上做文章。类序4为华北地区、高原气候带地区的陕西、河南、河北、山东、山西、西藏省会（首府）城市及北京、天津市，以温带(暖温带落叶阔叶植物)为主。从纬经度1、2级范围来看,纬度1级相似距5~8个,2级9~15个,经度1级相似距7~22个,2级15~29个。南北东西走向范围明显加大,其应用范围也较大。类序5为东北、西北地区的辽宁、吉林、黑龙江、宁夏、内蒙古、新疆、青海、甘肃省会(首府)城市,以温带(中温带针叶阔叶混交林)为主。从纬经度1、2级范围来看,纬度1级相似距8~13个,2级12~14个。经度1级相似距19~43个,2级23~50个,南北东西走向范围极大拓展,尤以经度相距则为大跨度[8]。由于站点限制需要补充说明,我国热带地区为(台湾、海南南部、滇西南及南海诸岛)。温带地区(东北中部及新疆、内蒙古、青海、西藏北部)。寒温带(东北大兴安岭及小兴安岭北部)[9][10]。从中可以得出温带(寒温带、温带、中温带、暖温带)较热带、亚热带(北亚热带、中亚热带、南亚热带)引种幅度大的结论[11]。

3.2　植物分布的区域性

在以上热带、亚热带、温带的热带、南亚热带、中亚热带、北亚热带、暖温带、中温带、温带、寒温带地区植物引种和市场流通中,热带(热带雨林、季雨林)南亚热带常绿树种北上潜力极小,尤以棕榈在中部北部遭致惨败,应引为教训。中亚热带常绿阔叶种植物北上希望也不大。到了北亚热带已到北界,应从木兰科、杜英科、棕榈科及国外一些品种盲目引种失败中接受教训。北亚热带与中亚热带、暖温带地区植物彼此应用,因其过渡带具有一定的适应性。对于温带、中温带与暖温带地区植物彼此适应性较强,应用范围亦大。对于中温带、温带地区受400mm等雨线影响,涉及我国东北三省(黑龙江、吉林、辽宁)湿润的森林草原气候土壤类型;内蒙古半湿润、半干旱和干旱荒漠草原气候土壤类型;宁夏、新疆、甘肃、青海半干旱、干旱荒漠草原气候土壤类型。干湿差异大,在应用上注意充分发挥经度范围潜力。实践表明同一地带同一地区相互引种可收到事半功倍的理想效果。中国如此,世界各国不无例外。反之心血来潮,想入非非,不恰当盲目跨区越国引种只会给国家及地区带来灾难后果[12]。

3.3　省会(首府、直辖市)城市最佳区域潜力

表1归纳部分城市地理气候生态相似(1、2级)相似距示意范围,将31张生态相似图转换成表格,便于使用者突破省际行政区划,简明的确定最相似的引种相似范围。

3.4　关于生态相似性

需要深刻理解生态相似论内涵,将其气候、地理、土壤、生物等自然要素当作自然生态一个不可分割的统一整体来研究。生态相似就是要知天地、知生物。只知天不知地,或是只知地不知天,只知天地不知生物生态不相似,注定要在实践中失败。

知天,就是要准确把握气候,笔者认为中国农业大学生物引种咨询信息系统以经纬度、海拔、温度、降水、光照等综合指标相似距划分(特别1、2级)比之单一气候划线有质的飞跃,这种点对点相似能较为准确找出引种区域方位。下面用一定篇幅分析其过程。

知地,首先要把住植物地理(历史发育)这个引种祖先根基,"由它向四周迁移到达以前及目前允许的地方去"[13]。无数实践皆说明这个问题,一种植物特性是在长期的自然进化和人工选择的过程中逐渐形成,必然打下原产地的生活烙印。例如棉花起源中心在中亚,而新疆则为中亚的中心。但20年以前,仅处于极次要的5%地位,而如今随着我国由高温高湿地带向干燥地带战略转移,1949年以来,

长江流域的老大棉区现今几乎退出历史舞台而新疆一跃成为我国特大产区龙头地位。知地还要对土壤性质类型，特别是酸碱度、地下水位等有全面而深入的研究。这在农作物和园林树木引种方面有大量案例可说明。

知生物，是指深入了解生物材料的性质、了解其生长周期、生长环境等。它涉及成百上千乃至成千上万物种，其生物学特征各不相同，呈现不同显性或隐性规律。目前被广泛栽培植物只有千余种，而自然界接近30万余种未被充分利用（拿农作物来说，就我国而言起源本国粮食经济作物为1/4，果蔬类才1/5，故不能闭关自守，利用好全球生物资源才是我们真正要达到的目的）。因此不可能有现成模式套用，唯占有资源、掌握知识、深入实践、总结经验则能成功。

4 甜菜在不同气候带的引（育）种

4.1 甜菜的露地越冬采种

20世纪70~90年代，我国甜菜界一件大事就是顺应世界露地越冬趋势在我国寻找最佳甜菜种子繁殖带。笔者在我国著名甜菜专家谢家驹先生指导下以江苏农垦为背景，建立基地，在引（育）种及相关理论方面进行工作，历经10年努力，"露地越冬采种甜菜生育规律及丰产技术研究"项目荣获农业部1990年科技进步三等奖，为当时甜菜领域的最高奖[14]，该成果表明甜菜种子生产及下代原料产量和质量露地越冬比窖藏越冬更为优越。为此得到农业部、轻工业部一致首肯。在最佳甜菜种子繁殖带基地建设上，江苏农垦成为我国一支生力军。20世纪80年代江苏省甜菜制种量为全国51.6%，而垦区所占份额为42%，居全国之首。在此期间笔者与东北农业大学曲文章教授联合编著了《甜菜良种繁育学》一书[15]。1994年笔者向中国首届国际甜菜学术交流会报告了中国甜菜露地越冬采种的研究成果[16]。

随着糖业发展，我国甜菜良繁上形成两种格局，即"北育北繁"（窖藏越冬）与"北育南繁"（露地越冬）。20世纪80~90年代，笔者利用长江沿岸优势又形成第三种格局，即"南育南繁"[17]。

4.2 面向西部荒漠地区的甜菜育种

20世纪70年代中期，笔者在参加全国甜菜协作活动过程中，通过与会实地考察，真实了解了北方甜菜生产区情况。调查发现，处于中温带的东北、内蒙古、西北甜菜产区随着由东向西降水量的递减，甜菜产质量呈现递升的规律。而我国甜菜糖业布局东北居大，内蒙古次之，西北最小，显然不合理。笔者从植物地理历史发育的角度思考甜菜起源中心——中东地区底格里斯和幼发拉底河伊拉克、叙利亚一线，与新疆等地的西北区域相似，得出我国甜菜主产区应以西北为主的结论。1980年笔者去新疆参加全国甜菜会议实地验证了这一点。同年在北京中国农科院国外引种室获得美国中部干旱地区科罗拉多州丹佛甜菜丰产高糖抗病资源，该地的地理、气候、土壤与新疆相似。运用远缘、多血缘手段将世界闻名的波兰CLR（四倍体）与美国monoHYE（二倍体）杂交育成国家级甜菜多倍体新品种GS苏垦8312，在新疆、宁夏等地获得农民和糖厂一致好评[18]。在新疆一度用种量达到70%以上，亩产糖量获得全国先进水平，部分地区达到世界先进水平。同时针对新疆特旱地区完全利用$monOHYE_2$材料培育成功苏东9201甜菜多倍体新品种，在库尔勒地区全国区域与示范推广中名列第一。实践表明在植物引种中只要遵循地理、气候、土壤、生物相似原理就能培育具有更强生命力的新品种。20世纪90年代中后期，新疆由原来甜菜全国产糖量第6的位置跃居全国首位，彻底颠覆了人们原先想法[19]。

5 对园林树种引种规律的探索

5.1 在南京探索北亚热带树种规律

南京,属华中地区北部的常绿落叶混交林南北过渡带。它与苏、皖、豫、贵、陕、鲁、川、浙、沪等9省1市182城市处1、2级相似水平。最佳带在北纬30°~35°,东经110°~122°。与美国、日本、朝鲜、韩国、南非、阿根廷等国城市处1、2级相似水平。为验证生态相似论,笔者于1996开始在南京地区建立试验基地。至2016年已从天山、北京植物园、伏牛山、黄山、大别山、庐山、天目山、南京中山植物园、临安、南京林业大学、上海市园林科学研究所、桂林、柳州、广州、五峰、恩施、梵净山以及美国、法国等国引进62科128属300余种乔木、灌木、藤本、地被植物新品种,在20年间获得了大量经验教训。比较集中有以下3点。

首先,要选准引种相似区域。所引种的苏、皖、鄂、沪(1~2级相似)为北亚热带树种,成功率最高。品种有松科的金钱松,杉科的北美落羽杉,木犀科的光蜡树、雪柳,胡桃科的美国长山核桃、美国黑核桃,木兰科的厚朴、红花玉兰,紫葳科的金叶梓树、黄金树,樟科的银木,榆科的黄果朴、珊瑚朴、琅琊榆,冬青科的大叶冬青,安息香科的秤锤树,蔷薇科的红花绣线菊、喷雪花,茜草科的水杨梅,忍冬科的琼花、红王子锦带,锦葵科的芙蓉葵(大花秋葵)等。川、豫、赣、贵、浙、京(2级为主)为中亚热带和暖温带树种,成功率也较高。种有壳斗科的东南石栎,木兰科的峨眉含笑、木莲,槭树科的樟叶槭、三角枫、秀丽槭、鸡爪槭、五裂槭,山茱萸科的香港四照花,杜英科的秃瓣杜英,梧桐科的梭罗树,马鞭草科的海州常山,柿科的油柿、延平柿,千屈菜科的南紫薇等。而新、宁、桂、闽、粤(3~4级相似)为中温带或南亚热带树种,失败率极高甚至全军覆没。品种有蔷薇科的新疆野苹果、黄果山楂,茄科的枸杞,柽柳科的柽柳,樟科的阴香,罗汉松科的竹柏,豆科的双荚槐,千屈菜科的大叶紫薇,省沽油科的野鸦椿等。以上说明不同自然地理条件生长不同植物。北亚热带可生长同带植物,兼容中亚热带、暖温带植物,但绝不可引进中温带、南亚热带植物。

其二,要搞清楚引进植物的生物学特性。否则即使引种区域成功,因对其生物特性、抗性及其群落角色把握不准仍会在实践中失败。如忍冬科红王子锦带属强阳性树种,若过于密植或林下配置终要失败。再如胡桃科的美国黑核桃和木兰科的红花玉兰、厚朴乃忌湿性树种在洼地无一成功。其他如柽柳科的柽柳乃盐土树种适合欧洲地中海及我国西部及东部盐碱地种植,南京基地曾引进新疆柽柳研究所系列品种及欧洲柽柳均萎缩消失。

其三,重视常绿阔叶树种缓慢向北推进的规律。由于植物地理历史发育原因常绿树种最适在同带生长或向北推上一个带。南京试验原在中亚热带生长的樟科树种除银木、刨花楠其余均无成功。从浙江临安引进的浙江楠在苏州和南京地区冬季均遭冻害,而南京林业大学就地育苗则安然无恙。木犀科光蜡树俗称常绿斑皮白蜡,-7℃落叶并不是媒体报道的在北方常绿,它适合在江苏南部、浙江一带生长。槭树科樟叶槭-7℃落叶,适合在南京及以南地区生长。壳斗科的苦槠、东南石栎在南京历年冬季常绿,现已向淮北地区推进。梧桐科的梭罗树自贵州梵净山引进推至苏州后13年开花。常绿阔叶树种的北引应从最北地区引种乃成功之道[20]。

5.2 关注特殊用途树种开发利用

根据长江流域雨水丰沛地下水位高、东部沿海多盐碱以及气候变暖等自然条件,通过大量试验、异地调研及多地反馈，笔者提出应积极推广应用以下 3 个系列树种植物（表 2）。

表 2 植物名录

植物名称	所属科 拉丁名	适应性		
		耐湿树种 (23 个)	耐盐碱树种 (28 个)	广适树种 (12 个)
木犀科雪柳 *Fontanesia fortunei*	Oleaceae	●	●	●
木犀科美国白蜡 *Fraxinus americana*	Oleaceae		●	
蔷薇科杜梨 *Pyrus betulifolia*	Rosaceae	●		●
蔷薇科金叶风箱果 *Physocarpus opulifolius* var. *luteus*	Rosaceae			●
蔷薇科火棘 *Pyracanthae fortuneanae*	Rosaceae	●		
蔷薇科喷雪花 *Spiraea thunbergii*	Rosaceae			●
胡桃科枫杨 *Pterocarya stenoptera*	Juglandaceae	●		
胡桃科美国长山核桃 *Carya illinoensis*	Juglandaceae	●	●	
胡桃科美国黑核桃 *Juglans nigra*	Juglandaceae	●		
楝树科楝树 *Melia azedarach*	Meliaceae	●	●	
无患子科无患子 *Sapindus saponaria*	Sapindaceae	●	●	
无患子科黄山栾树 *Koelreuteria bipinnata* var. *integrifoliola*	Sapindaceae		●	
杨柳科垂柳 *Salix babylonica*	Salicaceae	●	●	
杨柳科旱柳 *Salix matsudana*	Salicaceae	●		
槭树科樟叶槭 *Acer cinnamomifolium*	Aceraceae	●		
槭树科三角枫 *Acer buergerianum*	Aceraceae	●	●	●
槭树科茶条槭 *Acer ginnala*	Aceraceae		●	●
槭树科元宝枫 *Acer truncatum*	Aceraceae			●
金缕梅科枫香 *Liquidamba formosana*	Hamamelidaceae	●		
榆科榔榆 *Ulmus parvifolia*	Ulmaceae	●		
桦木科桤木 *Alnus cremastogyne*	Betulaceae	●		
大戟科乌桕 *Euphorbia cotinifolia*	Euphorbiaceae	●	●	
杉科墨西哥落羽杉 *Taxodium mucronatum*	Taxudiaceae	●	●	
杉科中山杉 *Taxodium hybrid* 'Zhongshanshan'	Taxudiaceae	●	●	
杉科北美落羽杉 *Taxodium distichum*	Taxudiaceae	●		
杉科池杉 *Taxodium ascendens*	Taxudiaceae	●		
紫葳科黄金树 *Catalpa speciosa*	Bignoniaceae	●		
千屈菜科紫薇 *Lagerstroemia indica*	Lythraceae	●		
茜草科水杨梅 *Adina rubella*	Rubiaceae	●	●	

（续）

植物名称	所属科拉丁名	适应性		
		耐湿树种（23个）	耐盐碱树种（28个）	广适树种（12个）
桑科野桑 *Morus alba*	Moraceae	●		
桑科无花果 *Ficus carica*	Moraceae		●[22]	
木麻黄科木麻黄 *Ephedra sinica*	Casuarinaceae		●	
漆树科黄连木 *Pistacia chinensis*	Anarcardiaceae		●	
石榴科石榴 *Punica granatum*	Punicaceae		●	
榆科黄果朴 *Celtis labilis*	Ulmaceae		●	
柿树科油柿 *Diospyros oleifera*	Ebenasceae		●	
忍冬科金叶接骨木 *Sambucus williamsii*	Caprifoliaceae		●	
千屈菜科福建紫薇 *Lagerstroemia speciosa*	Lythraceae		●	
柽柳科柽柳 *Tamarix chinensis*	Tamaricaceae		●	
锦葵科芙蓉葵 *Hibiscus moscheutos*	Malvaceae		●	
马鞭草科海州常山 *Clerodendron trichotomum*	Verbellaceae		●	
豆科紫花槐 *Sophora japonica* cv.	Leguminosae		●	
忍冬科郁香忍冬 *Lonicera fragrantissima*	Caprifoliaceae			●
马鞭草科海州常山 *Clerodendron trichotomum*	Verbenaceae			●
锦葵科大花秋葵 *Abelmoschus trichotomum*	Malvaceae			●
紫葳科黄金树 *Catalpa speciosa*	Bignoniaceae			●

6 生态相似论的实践及其理论完善

6.1 把握"一带一路"机遇期

古代丝绸之路引种。汉武帝时期，多次派张骞出使西域进行陆上国外引种活动。开始从国外引进苜蓿、石榴、绵苹果、花红等。当时引进栽培的果树有柑橘、枇杷、杨梅、葡萄、核桃等。明代郑和下西洋与国外海运沟通进入海道引种时期。从南洋群岛引入甘蔗、玉米、花生、南瓜、棉花、番石榴，中南半岛的苦瓜，欧洲的芦笋，中亚的葱头，并选育出莱阳梨、秋白梨、上海水蜜桃、山东肥城桃等品种。

今日"一带一路"的发展机遇，一带指包括中国、中亚、俄罗斯和欧洲部分地区在内的陆上经济走廊。一路指的是通过南中国海和印度洋连接中国东海岸和欧洲的"21世纪海上丝绸之路"，随着中国亚投行开启史上最大规模丝绸之路开帆领航。这一历史机遇使我国和发展中国家、发达国家更好对接，优势互补，既走出去又引进来，展现大国风范，实现中国梦，建立人类生态命运共同体。

根据农业、林业和旅游发展需要。"一带一路"有着深刻的国际国内背景。如今我国正在重建生态全新事业，美丽中国、山水林田湖生命共同体理念植入人心，绿色生态发展之路成为中国强国利民之路，走一条农业(基础)林业(环境)旅游(生活方式)三者良性互动之路。农业核心是如何保证国人健康安全的道路发展。林业是我国生态瓶颈突破关键，如今我国森林覆盖率21.6%，世界平均水平33%。从地貌来看，我国山地、丘陵、高原占到65%，是北半球植物多样性最丰富地区(山区是植物种型多样性集中中心，人们对苏、浙、皖三省区65种保护植物进行调查分析，结果62种分布山区，而淮北和太湖流域仅分布3种)[23]。有一个相当有趣的调查，地球地区面积大致相当三个地区国家，欧洲1016万 km^2 约有11500种；美国963万 km^2 约有18000种；我国960万 km^2 却有30000多种植物[24]。物种丰富度差异大致为1∶2∶3。由此我们没有理由不去发展林业优势产业，关键在于自信与规划。我国城镇化率已达55%，让森林覆盖城市乃绿色发展方向[25]。同时要以精品意识打造世界上最壮观多样的自然景观带这是任何国家无法比拟的。如何迈向"农业、林业、旅游"强国是我们这一代人的神圣使命。

6.2 完善系统理论的必要性

引种理论贵在实践综合应用。实践一再表明真正理论活力在于综合学科应用水平，往往交叉点成为突破关键。如生态相似论至少涉及植物地理学、气候学、土壤学、生物学等众多学科。只有综合应用，方能获得成功之可能。四者关系植物地理是基础，气候、土壤是重要内容，生物群落是关键。其中生物遗传因子为内因，地理、气候、土壤等环境因子为外因，内因通过外因有机结合就能成功引(育)种。

笔者体会最深的是苏东9201甜菜多倍体育种应用。从该品种外界地域比较看，美国科罗拉多州高原洛杉矶农灌区与我国新疆天山博斯腾湖灌区同属甜菜原生产地。美国该地区年降水量30~40mm，而新疆库尔勒仅25~30mm。二地同属重盐碱地区，pH均在8以上，也就是地理、气候、土壤外界因子高度一致。美国特旱地区 $monoHYE_2$ 材料特殊根型，叶型及抗病性经过我的多倍体杂交进一步提高种性。由于内外因结合好则在育种推广上达到预期的理想结果。而后林木引种上最成功的来自同一城市的中山植物园和南京林业大学的引种源。如松科金钱松、忍冬科琼花、杉科北美落羽杉、胡桃科美国长山核桃、榆科琅琊榆、木犀科光蜡树(常绿斑皮白蜡)等，四者关系完全一致不言而喻[6]。但引种观察期要在10年以上。从中也彰显了标本树的重要繁衍作用。

夯实基础充实资料便于应用。对于植物引种不能停留在笼统国家概念上，在生态相似方面，依据地理、气候、土壤、生物等要素逐地区和国家作好科学归纳分析。以我国为中心(三带八区)全面整理相关国家(地区)资料，研究同带对称关系，夯实基础即可事半功倍，收到良好效果。只要在种质资源占有数量及研究深度上狠下功夫，我国农林事业大有希望。

国家牵头多方协作。我国优势在于集中力量协作攻关。单凭单一学科、单一省份、单一部门往往事倍功半无济于事。只有国家有关部门领衔，成立若干攻关协作组，老、中、青结合，中、外学者结合，定能攻克难关，形成中国特色的植物引种理论体系，用全人类丰硕成果服务伟大的国家。

致谢

本文得到原北京市崇文区园林局教授高级工程师许联瑛、杭州铁路林业绿化管理所高级工程师蒋寿松的指导帮助，专此致谢！

参考文献

［1］许联瑛．园林求索［M］．北京：中国林业出版社，2010.

［2］虞德源．从气候相似到自然条件相似——甜菜育种新思维［A］，种子工程与农业发展［C］．北京：中国农业出版社．1997：711-714.

［3］虞德源．用生态相似原理打造"绿色之都"——对园林植物引种方法的探析［J］．园林工程，2006：36-40.

［4］北京林业大学，中国园艺学会．陈俊愉教授文选［M］．北京：中国农业科技出版社，1997：21-26.

［5］赵济．中国自然地理［M］．北京：高等教育出版社，1980.

［6］魏淑秋，刘桂莲．中国与世界生物气候相似研究［M］．北京：海洋出版社．1994：139-210.

［7］应俊，陈梦玲．中国植物地理［M］．上海：上海科学技术出版社．2011：169.

［8］李俊清，等．森林生态学［M］（第二版）．北京：高等教育出版社．2010：367-373.

［9］陈有民．中国园林绿化树种区域规划［M］．北京：中国建筑工业出版社．2006：14.

［10］中央气象局．中国地面气候资料（1951—1970）．1975.

［11］谢孝福．植物引种学［M］．北京：科学出版社．1994：48，227.

［12］虞德源．一种理论方法，践行三个事业［J］．南京园林，2011：34-36.

［13］E．B吴鲁夫．历史植物地理学［M］．北京：科学出版社．1964：23-27.

［14］虞德源，等．露地越冬采种甜菜生育规律及丰产技术研究［J］．甜菜糖业，1989：6，15-27.

［15］曲文章，虞德源．甜菜良种繁学［M］．重庆：科技文献出版社重庆分社．1990.

［16］虞德源．中国甜菜露地越冬采种（中国首届甜菜国际论文学术交流会论文集［C］．北京：中国农业科技出版社，1997：101-105.

［17］江苏农垦大华种子集团公司．甜菜种子育繁推一体化的初步实践［J］．中国农垦，1997(8)：5.

［18］虞德源．甜菜新品种苏垦8312的选育［J］．中国甜菜，1995(1)：12-15.

［19］虞德源，舒世珍．从选育苏垦8312甜菜新品种探讨引种规律［J］．作物品种资源（农作物国外引种专辑，1993年增刊），1993(2)：161-163.

［20］王名金，等．树木引种驯化概论［M］．南京：江苏科学技术出版社，1990：13.

［21］虞德源．沿海地区规划设计如何选用植物［N］．中国花卉报园林景观周刊，2008年4月24日．

［22］虞德源．浅述森林湿地植物造景及植物选择应用［J］．园林花木经纪，2008(5)：40-42.

［23］虞德源．围绕国家生态规划做好江苏农垦绿化产业大文章［J］．资源节约和综合利用，1999(6)：47-51.

［24］吴征镒，等．中国种子植物区系地理［M］．北京：科学出版社，2011：1-6.

［25］虞德源，刘进生．发展都市林业，建设中国山水园林新城市［J］．中国花卉园艺，2001，16：29-31.

划分植物地理气候带实现中外成功对接

■虞德源

　　我国"一带一路"倡议开启21世纪最伟大的人类命运共同体浩大工程。同样对于植物界也是划时代的历史事件。划分植物地理气候带用可操作的方法实现中外成功对接，促进人类生物共同体可持续发展。我国是对世界有重大影响的国家，做好自己国家的事至关重要。我在"生态相似论与农林植物引种应用"一文中以一定篇幅研究了全国植物地理气候带的划分，归纳为三大带（热带、亚热带、温带），八大地区（热带、南亚热带、中亚热带、北亚热带、暖温带、中温带、温带、寒温带）。每一区域植物分布可能性以及生态相似性。这样划分便于宏观引种不走或少走弯路。1997至2017年20年间，我在北亚热带（以南京为中心）的实践中得出在同带（北亚热带）放宽北上（暖温带）南下（中亚热带）均能收到较好效果（即同带延伸上下各一个带），这一研究同样对于其他地带研究也有启迪意义。文中提及要把握住"一带一路"的机遇期。当今植物引种决不能停留在笼统国家概念上。生态相似方面依据地理、气候、土壤、生物等要素逐地区、逐国家做好科学归纳分析，夯实引种基础。

　　对于我国与世界植物地理气候带，都有一个知己知彼的认识过程。这样便于走出去引进来。我们过去在国外引种吃亏一个重要原因就是不清楚该国地理气候带的分布情况，因此有必要搞清楚才能对接好。这个基础打好就能举一反三。此事说来易做起来难，工作量大。相信国家有关部门、走出去的企业单位、在外的全球华人会对这件事感到兴趣与责任。

　　植物气候地理土壤生物4个层面，剖析不易。例如植物地理的历史发育涉及引种源头。动植物先于人类，人类史好写，动植物史不易。2013年我去北京周口店北京猿人馆，当看到祖先（据史记载为20万年）收集到朴树种子样品深为震惊。朴树为亚热带树种，竟出现在现在的暖温带北京地区。

　　特别通过"一带一路"连接亚非欧美大动脉将193个会员国连接一体，就中国地理位置北部处于温带和部分暖温带的陕西、川北、内蒙古、甘肃、宁夏、新疆诸省区，南部处于南亚热带、热带的海南、广东、广西、福建、云南、南海诸岛更是沿途地带。随着"一带一路"更多国家，同一地球村同一共同体，形成中国离不开世界、世界离不开中国的紧密局面。此时我深深理解为什么天安门两侧"中华人民共和国万岁"和"世界人民大团结万岁"标语在政治、经济、生态、文化诸多方面的深刻含义。

2017年12月于苏州

（一）南亚热带

1	2
3	4

1　西双版纳凤尾竹
2　乐东拟单性木兰（广东）
3　假槟榔（广东）
4　野鸦椿（厦门）

英雄树木棉（广州）

过江龙（柳州）

榕树（广州）

攀援植物（广州）

红千层（香港）

叶子花（桂林）

（二）中亚热带

天目山黄山松

峨眉山景

四川青城山径

杭州晨练

西湖曲院风荷

庐山植物园

上海崇明岛

西湖三月 ◄

浦东兴起

上海欢迎你

（三）北亚热带

黄山迎客松

南京梅花

中山植物园红枫（南京）

水杉林（江苏泗阳）

玉兰花（南京）

琼花（南京）

紫珠（江苏太仓）

水马桑（天目山）

红心木槿（上海）

苏州一中千年紫藤

（四）暖温带

天安门（前景为油松）▲

北京长城饭店

森林公园金叶榆（北京）

北京植物园紫丁香

油松（故宫）

龙爪槐（故宫）

古柏（故宫）

泾河梯田（陕西）

青岛德式建筑

渤海黑松

（五）中温带

哈纳斯河（月亮湾）

西北红柳

天山云杉

白蜡行道树（乌鲁木齐）

◀
彩虹前行
（新疆那拉提）

爬行山柳（新疆阿克苏与吉尔吉斯斯坦交界处）

初春融雪（新疆那拉提）

新疆野苹果

圆冠榆（乌鲁木齐）

花楸（伊犁）

绿色抉择——农林旅一体化惠民富国之路的思考

■虞德源

我自 1962 年下乡至今一直在实践并关注我国绿色产业。从农业到林业，从研究生态理论到探索生态之路从不懈怠。世界上本无直路可行，唯亲自走才能搞清哪段路可走哪段路不可走，在今后如何走才为正确。首先要关注我国非绿色发展的经验教训，这是宝贵财富。同时要理清思路走好当下和未来绿色发展之路。

1 追求速度牺牲环境不足取

在建设上存在发展与保护一对矛盾，注意速度而忽视环境致使我国各种环境污染事件处于高强度频发阶段，亡羊补牢加倍偿还。如"十二五"环保投资超 4 万亿元，投入和需求差距仍大。

1.1 环境恶化由来已久

冰冻三尺非一日之寒。大量史料表明 1949 年以后随着工业发展环境问题便显现出来了，是周总理以他的远见卓识，敏感意识到环境问题的严重性以及对于未来中国的紧迫性，1973 年 8 月 5~20 日在北京召开第一次全国环境保护会议(北京官厅水库鱼污染事件令全国人民印象深刻)开启了中国环保事业航程。1993—2001 年重化工高速增长给环保带来巨大压力。由于经济增长粗放，能源耗费很大，许多城市包括北京雾霾蔽日，空气混浊，城市居民呼吸道疾病急剧上升。各地争先上项目铺摊子，污染由城市向农村蔓延，村镇生活污染和农田化肥、农药污染并发，"三河"(淮河、海河、辽河)，"三湖"(滇池、太湖、巢湖)为代表的江河污水横流、蓝藻爆发，舟楫难行，居民饮水发生困难。正如百姓所言"50 年代淘米洗菜，60 年代洗衣灌溉，70 年代水质变坏，80 年代鱼虾绝代，90 年代河水发黑。"据统计全国 1/3 的耕地受到水土流失的危害，草原以每年 10 万多公顷的速度在退化，森林覆盖率人均林地面积只及世界平均水平 15%，全国荒漠化占国土的 1/3，沙化土地占国土的 1/5。目前全国约 1/5 的城市大气污染严重，重点城市中 1/3 以上空气质量达不到国家二级标准。1993 年至 2012 年对环保与可持续发展有决定意义的是 2002 年党的"十六大"以及其后多次重要会议提出与完善的科学发展观。2007 年党的"十七大"胡锦涛在报告中强调科学发展观是以人为本的发展观，是全面发展观，是统筹协调的发展观，是可持续的发展观，并写入党章。反思高发展高污染历史教训，沿袭欧美老路，显然摆脱不了"先发展后治理"的传统模式。时代呼唤中国要搞生态保护、人与自然和谐发展的工业化。

1.2 生态成为突出的民生问题

2014 年全国 74 个城市仅 4.1% 达标。1.5 亿亩耕地受污，四成耕地退化，近六成水质变差，食品安全等问题严重影响人民生活质量，生态红线引起世人关注。历史欠账太多，若不抓紧，往后代价更大。如长期 GDP 主导政绩考核，会使生态环境成为经济发展的牺牲品。祁连山被喻为"中国西部天然屏障"，前不久被中央、国务院办公厅通报，是地方政府在过去很长时间用政绩考核体系追求 GDP 至上，生态处在被遗忘的角落。同样，湖北神农架、陕西秦岭、山东黄河三角洲、云南滇池等地均遭破坏。生态源头出问题危害太大了。要钱还是要命？现在到了一个抉择的关键时刻。习近平总书记指出："绿水青山不仅是金山银山，也是人民群众健康的重要保障。""鱼逐水草而居，鸟择良木而栖"、"劝君莫打三春鸟，儿在巢中望母归"、"人民群众对清新空气、干净饮水、安全食品、优美环境的要求越来越强烈"。中国人均土地不到世界水平 40%，人均水不到世界水平 1/3，人均森林不到世界水平 1/5，人均矿产不到世界水平 58%。不能再使用传统模式，否则对子孙后代是犯罪。近年来，绿色发展留下天蓝水净美好家园，已出现绿色化大众氛围和文化理念，标志着全民觉醒与进步。发展是硬道理，但要科学发展，绿色发展。最明显的是电动车，现在有了充电 2 小时行驶 300km 的新产品。类似的产品将为人类社会开拓可持续发展空间。只有唾弃旧理念方能迎来新时代。

1.3 国家意志强化措施推动进步

社会发展光靠经济就是一种畸形发展，只有政治、经济、文化、社会、生态综合发展才是健康发展。以往由于顶层设计过于偏向经济，虽 GDP 稳居世界第二，但环境问题也突破历史水平。在生态文明上，我认真研读有关论述、实例。看到国家意志风向标发生根本变化。党的十九大有专门加快生态文明体制改革与建设美丽中国一章。习近平主席反复论述："绿水青山就是金山银山"、"山水林田湖是一个生命共同体，人的命脉在田，田的命脉在水，水的命脉在山，山的命脉在土，土的命脉在树"、"像保护眼睛一样保护生态环境，像对待生命一样对待生态环境，形成绿色发展和生活方式"、"把城市放在大自然中，让居民望得见山，看得见水，记得住乡愁"。这些新理念带来新行动进入新时代。国家着力生态文明，建设新环境，加大体制改革。接连出台防治污染的三个新十条——"大气十条"、"水十条"、"土十条"，上了紧箍咒不上也得上。例如"河长制"，强化水资源保护，水域岸线管理，水污染防治，水环境治理等工作属地责任，从而水清、河畅、岸绿、景美。保护生物多样性方面，增绿扩绿全民步伐加快。例如四川省启动"大规模绿化全川行动"，完成任务为国家计划 2 倍。长江沿岸森林覆盖率达到 49%。我国已建 2740 个自然保护区，占国土的 14.8%，高于全世界平均水平……人们看到了希望。

2 农林旅一体化惠民富国之路的思考

从我国社会主要矛盾、实际世情国情和生活方式转变出发，提出要农业(基础)、林业(环境)、旅游(生活方式)三者实现良性互动。在这方面我国基础资源社会制度具有优势，关键在于顶层设计和人民创造，而主战场在农村根据地，需要聚集全社会力量和智慧参与。

2.1 农业是国民经济发展基础产业

农业之重要有以下方面：(1)我国是典型的城乡二元结构发展大国，13 亿人口中有 8 亿在农村，占人口总数的 60% 以上，农民素质相当程度上对社会发展进步有重要影响。(2)当今社会主要矛盾已经转化为人民日益增长的美好生活需要和不平衡不充分的发展之间的矛盾。其中城乡差距凸显，如何倒逼机制，一手抓城市化建设，一手抓美丽乡村建设，保持一定的城乡比例。(3)农业是国民经济的基础，它涉及国人的衣食住行游方方面面，尤以农业耕地底线确保国家粮食安全，把中国人的饭碗牢牢端在自己手中。(4)农村是生命共同体——山水林田湖的源头，青山绿水的发源地，绿色发展的策源地。(5)农村又是国家战略安全的后方，城市人口过度集中不符合战备需要。(6)每届政府都将三农问题作为重中之重，一年伊始 1 号文件皆以三农为题。(7)共产党人以共产主义作为终身奋斗目标，消灭三大差别(城乡、工农、脑力劳动与体力劳动)，涉及农业、农村、农民。要看到城市，望到农村。(8)土地流转问题一直都是影响农村发展的关键问题。现代农业发展的障碍在于加强整合土地资源，让农民心甘情愿地把自己承包的土地纳入统一的大规模生产经营中去。这个问题解决不好困扰食品安全和国际竞争力。中华人民共和国成立68年了，我国农民甚多小农户还没进入合作社，值得深思。全党全民大兴调查研究之风，总能解决这一历史难题。正因为农业重要，中央举全国之力开展上山返乡的乡村振兴战略，终结一度"空巢老人留守儿童"农村荒的局面，实现农业强、农村美、农民富的新景象！

作为生态农业典型案例的浙江安吉县，它依托两大资源，一是毛竹，二是白茶，与第二、第三产业相融合，使一、二、三产同时发挥联动作用。以全国1.5%竹量创造国内18%产值，走出了低消耗高效益为特征的绿色经济发展模式。竹产业占农民收入60%，白茶年产1200吨，同时获中国名牌农产品和中国驰名商标。利用资源延伸产业链，农家乐高端发展正呈现更大发展趋势。2012年获联合国人居奖。既是绿水青山又是金山银山。

2.2 林业是国民经济薄弱但最有潜力的产业

林业涉及我国与全球环境，可谓中国与世界生态文明的根基。它的重要性急迫性可以从多方面阐述。历史来看，生态兴则文明兴，生态衰则文明衰。周总理在1964年接见英国客人时谈及"中国最缺乏的资源是森林，与有古文化的中亚细亚和中东比起来也不少，但比其他地方少多了。"周恩来曾说："我发现一个真理，文化越古的国家，越不知道保护森林，树木越少"。中国原来是一个多林国家，在原始社会森林覆盖率都在60%以上，相当于现在福建省水平。至1948年森林覆盖率仅为8.6%，减少了6/7。黄河原是富饶地区，随上游林伐殆尽，原每朝代仅1~3次水害，到清代达到480次。可见森林对于国家民族何等重要！再从我国960万km²国土适于农业的平原仅11%，而山地、丘陵、高原为65%，更适合林业。如何因地制宜扩大天然林，适当退耕还林、还牧事关民族兴盛。这件事不是笼统而是需要精准分析，为了子孙万代必须这么做。我国森林覆盖率，1949年前8.6%，2001年16%，2005年18.2%，2016年21.6%，2020年预计23%，世界平均水平为33%。据林业生态专家测算，我国要达到35%方可达到生态平衡。按照测算还需要半个世纪的努力。何时抛掉少林帽子国人需要清醒认识。世界123个国家人类绿色发展指数与排名，瑞典第一，日本第六，1~17名欧洲占14位，中国为86位。难道不应拼命追赶！林业不仅涉及生态屏障还涉及美丽城镇。有一份资料表明城市绿化对于所有城市都有巨大生态效益。如世界十大超级城市：孟买(印度)、布宜诺斯艾利斯(阿根廷)、墨西哥城(墨西哥)、开罗(埃及)、伊斯坦布尔(土耳其)、伦敦(英国)、洛杉矶(美国)、莫斯科(俄罗斯)、北京(中国)、东京(日本)森林覆盖率平均为21%，且还有较大的提升空间。将潜在覆盖区域种满树木，就能过滤空气和水中的污染物，减少楼房的能源使用量，在改善人类福祉的同时也为城市区域其他物种提供栖息地和资源。超级大城市如此，我国众多水泥森林的中小城市难道不如此吗？目前有一个立体山水森林城市新理念正在祖国大地兴起，将园林与现代城市的多层建筑相结合形成一种未来城市的新生物圈，使城市更加健康和缤纷，原有水泥城市需要改造，每年还有20亿平方米新建筑融入人类生态智慧。

联合国粮农组织《2015年世界森林资源评估报告》指出，"全球67%森林集中在10个国家，中国列俄罗斯、巴西、加拿大、美国之后，位居第五位"。这说明中国林业正在后起直追。

近年来内蒙古的库布其、河北承德北部的塞罕坝变沙漠为绿洲震惊了国内外，2017年联合国环保最高奖"地球卫士奖"授予塞罕坝林场建设者，授予库布其治沙人王文彪"终身成就奖"。沙漠原为绿洲，人为破坏变成沙漠，相信未来将有更多的沙漠成绿洲，唯有一代代人努力，锲而不舍方能实现。

目前中国绿之风正刮向全世界。

林业上我国有没有成功案例？有，那就是福建省，森林覆盖率66%，连续36年保持全国第一，是全国保持水、土、大气、生态环境均优的省份。它以最小的资源环境代价谋求经济社会最大限度的发展，以最小的社会经济成本保护生态资源，是科学发展的体现。虽然福建GDP是靠后的，但它是可持续发展的，它从生态省上升为国家意志，表明制度建设正成为绿色发展的重要保障。

2.3 旅游正逐步成为国民经济支柱产业之一

进入21世纪人们已将旅游作为重要的生活方式，在我国旅游业已成为经济转型升级的关键驱动力，成为生态文明建设的引领产业，国际社会普遍认为把脉旅游大势必须关注中国走向。近年来，中国出境出游人数消费名列世界第一。中国走向世界，世界何时走向中国？！我国有哪些优劣势，我国五千年优秀文化是最大特色、优势和独有条件。我国红色旅游也是吸引人们眼球的。我国植物资源自北向南，中温带、暖温带、北亚热带、中亚热带、南亚热带这一地理优势，唯美国可同日而语。但也有劣势，众所周知原因，环境条件差，一些基础设施有待改进（例如我国城乡正一体推进全国厕所革命）……随着我国旅游优化升级，旅游从封闭自循环向开放"旅游+"融合发展方式转变。即旅游与农业、林业、商贸、金融、文化、体育、医药等产业融合而非单打独享，向社会共建共享转变。这样就能走出小格局，形成国民经济的支柱产业。旅游业从近游到远游、自驾游、全民游，提升人们的幸福感。旅游可以发展全域旅游，加快城镇化建设，有效改善城镇与农村基础设施，促进大城市人口有序向星罗棋布的特色旅游小镇转移。国家社会力量加大这方面的投资，带动生态农林业、农林副产品加工，商贸物流、交通运输、餐饮等业联动发展，为城镇化提供有力的产业支撑。通过发展乡村旅游、森林旅游、观光休闲农业，可以使农民实现就近、就地就业，就地市民化。通过发展全域旅游，改善农村生态环境，真正建设美丽乡村，实现城市和农村文明融合对接。使农民开阔视野提升素质，从传统生活向现代生活转变，一个大课题城乡一体化，森林城市与乡村田园城镇交织在一起，这是一场深远意义的变革。

我国旅游业不仅要向下，同时也要向上，瞄准世界旅游精品景点，瞄准并努力超越，让杭州西湖、苏州园林、厦门鼓浪屿、安徽黄山、川都风景……更多涌现，满足国内外人们对美好生活的向往。

我在"一种理论方法，践行三个事业"一文中提出，（农业）甜蜜事业，（林业）美好事业，（旅游）永恒事业。愿农林旅三驾马车齐头并进，迎接高质量发展的新时代，为人类命运共同体作出应有的贡献。

2017年12月于苏州

后　记

　　《农林研究40年文集》一书从一个侧面、一个小人物说起，反映我们这代人在农林战线前赴后继、砥砺前行的奋斗史。由80余篇历史资料与图片汇编而成，收录了本人不同时期发表的文章48篇，占到80%篇幅，其余由报刊提供为20%比例。本人文章70%已公开发表，尚有30%当时未及发表，此次一并公开，每篇文章独立成章。书中还有250余张不同时期拍摄的照片。文图除个别有删改外均保持发表时原貌。《农林研究40年文集》之所以能问世，要感恩我们这个国家、感恩时代、感恩朋友，植根在我们伟大国家与她同呼吸共成长，有着放心的踏实感。感恩生逢不同时期，有着强烈的时代感。感恩无论是顺境还是逆境，伸出友谊之手的朋友们使我充满了幸福感。

　　《农林研究40年文集》应该说得到父母、家庭、老师、朋友、同学鼎力相助而成。40年在历史长河中只是一瞬间，人生途中却是一个漫长时期。对我来说至少经历了温饱时期、物种多样性时期乃至现在的"一带一路"时期。1962年下乡就意味着要抛小家顾国家，父母期望我在农村要有所作为。40年如一日的艰辛付出，离不开爱人涂林芝、女儿虞敏的理解与支持。爱人在当年寒冬常彻夜加班化验甜菜科研样品每次长达半月以上。女儿为支持我新拓园林事业，大学毕业放弃城市优越工作随我下乡长达6年之久。40年奋斗始于温饱年代，我的岗位是投身"吃糖立足于国内自己解决"的甜菜制糖事业。我忘不了在东辛农场期间杜怀白、蔡发科等同志在科研上艰辛付出；忘不了杨启凡处长、金杨好友为我走向农垦所做的种种努力；忘不了在农垦期间李润福、曹雄、胡兆辉、陈哲、王鉴远、王良华、徐一清、袁申盛、顾学明等领导、好友无私支持与帮助；忘不了沿江育种基地冯兰萍、唐美珍、蔡瑞华、顾仁芳等同志认真配合；忘不了东北农业大学曲文章教授在著书育种上种种帮助；忘不了黑龙江农垦以高富为代表的对江苏农垦的情谊；忘不了新疆、宁夏糖区孙长明、闫旭成、陈树林、冯建忠、陈多方、宋志超、唐德才、井宗珩、王成玉、徐长警等同志战壕友谊；忘不了全国农作物品审会主任郭恒敏为审定苏垦8312经历艰险亲赴西部考察。最为感激的是恩师谢家驹先生的谆谆教导。

　　在园林战线上，忘不了为我牵线搭桥的江苏省农林厅陆乃勇副厅长给予大力支持；忘不了中国科学院植物研究所邵莉楣、石雷教授，江苏省林科院李荣锦院长，南京林业大学汤庚国教授、丁彦芬老师，南京中山植物园任全进主任，南京六合区李宗辉副区长，泗阳县园林管理处张成学主任给予帮助和支持；忘不了在苗场期间南京杨明、王毅、孙光华、林强、李丹柯、雷美琴、王登水为之努力以及基地韩承禄、杨家东，挖苗刘德云，运输张林、邓惠方辛勤工作；忘不了引种上结成深厚友谊的北京崇文区园林局许联瑛教授和杭州铁路林业绿化管理所蒋寿松高级工程师；忘不了在我患病期间帮助我不分昼夜打印成稿《生态相似论与农林植物引种应用》一文的周丽；忘不了虞德静妹妹在我患病期间对我的悉心照顾。

　　本书之所以能汇编成书，要特别感谢苏州市第三中学1962届高中（6）班的同学吕其顺、孟光中、濮圆林、聂光大组成编书初校小组，逐字逐句进行校对，严格把关，细至一个标点符号、单位名称以及上标下标等，精益求精，一丝不苟，他们的口号是"把差错消灭在付印之前，降到最低"。还有上海的张培坤、顾克昌等同学的关心帮助和指导，尤其要感谢吕其顺同学协助将多年前的照片、报刊文稿全部扫描，再打字转换成电子稿保存，工作量很大，但是他任劳任怨、默默无闻自始至终地配合我完成了整个书籍的整理出版工作。还要感谢苏州市第三中学丁林兴副校长、苏州市平江中学邓大一校长的具体指导。文集成书，它归功于中国林业出版社贾麦娥责任编辑的精心修改和排版。

历史渐行渐远，参与此项工作的有关人员，有的已经离世，大多数也已退休颐养天年。但这段奋斗史传递着我们这代人的精神风貌和追求价值，可以作为一段史料供朋友、供后人参考。

为了农林事业美好的明天，谨以此书献给农林战线的战友、同事和朋友，献给目前仍战斗在第一线的年轻人！

虞德源

2018 年 4 月于苏州

1 我的父母亲期望儿子在农村有所作为
2 南京六合新优种苗场田间，左2虞敏，左3江苏省农林厅副厅长陆乃勇，左4省林业科学院李荣锦院长（2002年）
3 夕阳余晖
4 流水不腐

拓展阅读文献

1. E·B 吴鲁夫著. 历史植物地理学[M]. 北京：科学出版社，1964.

2. 中共中央文献研究室. 毛泽东年谱(1949—1976)(第 5 卷)[M]. 北京：中央文献出版社，2013.

3. 谢家驹. 甜菜生产现代化的奋斗目标[J]. 中国甜菜，1979(1).

4. 赵济. 中国自然地理[M]. 北京：高等教育出版社，1980.

5. 谢家驹. 甜菜个体生长发育规律的研究[J]. 中国甜菜，1980(1-2).

6. 虞德源. 甜菜秋播冬栽露地越冬采种法[J]. 甜菜糖业，1980(2).

7. 虞德源. 甜菜褐斑病的抗药性及防治方法[J]. 中国甜菜，1981(3).

8. 虞德源. 甜菜露地越冬挖顶芽创造丰产枝型的研究[J]. 中国甜菜，1983(3).

9. 虞德源. 提高多倍体甜菜种性途径的探讨[J]. 甜菜糖业，1985(2).

10. 虞德源. 坚持科研、生产、经营一条龙的联营道路，加速面向全国的甜菜种子基地建设[J]. 甜菜
糖业通报，1987(3-4).

11. 虞德源，王鉴远，曲文章，等. 露地越冬甜菜种株开花规律及促进早熟高产的技术措施[J]. 中国
甜菜，1989(2).

12. 陈俊愉，程绪珂. 中国花经[M]. 上海：上海文化出版社，1989.

13. 曲文章，虞德源. 甜菜良种繁育学[M]. 重庆：科技文献出版社重庆分社，1990.

14. 曲文章，虞德源. 南繁甜菜种子下代块根产量形成生理基础的研究[J]. 甜菜糖业，1990(4).

15. 江苏省农垦采种甜菜联营公司. 甜菜多倍体苏垦 8312 材料汇编[C]. 1990，4.

16. 王名金，等. 树木引种驯化概论[J]. 南京：江苏科学技术出版社，1990.

17. 江苏省农垦采种甜菜联营公司. 中国甜菜露地越冬采种论文集[C]. 1991，4.

18. 虞德源，舒世珍. 从选育苏垦 8312 甜菜探讨引种规律[J]. 作物品种资源(农作物国外引种专辑)，
1993 年增刊.

19. 谢孝福. 植物引种学[M]. 北京：科学出版社，1994.

20. 魏淑秋，刘桂莲. 中国与世界生物气候相似研究[M]. 北京：海洋出版社，1994.

21. 虞德源. 甜菜新品种苏垦 8312 的选育[J]. 中国甜菜，1995(5).

22. 新疆轻工制糖工业协会、江苏省农垦大华种子公司、新疆伊犁州农业局、新疆生产建设兵团种子
公司新疆灌区甜菜高产、高糖、高出率综合技术研讨会文章汇编[C]. 1996，8.

23. 江苏省农垦大华种子公司. 甜菜种子育繁推一体化经验交流会文章汇编. 1997.5.

24. 虞德源. 从气候相似到自然条件相似——甜菜育种新思维[M]. 北京：中国农业出版社，1997.

25. 虞德源. 中国甜菜露地越冬采种[A]. //中国首届国际学术交流会论文集[C]. 北京：中国农业科
技出版社，1997.

26. 北京林业大学，中国园艺学会. 陈俊愉教授文选[M]. 北京：中国农业科技出版社，1997.

27. 中国林学会. 中国森林的变迁[M]. 北京：中国林业出版社，1997.

28. 中共中央文献研究室，国家林业局. 周恩来论林业[M]. 北京：中央文献出版社，1999.

29. 虞德源. 西北荒漠地区甜菜增产潜力的研究[J]. 中国甜菜，1999(1).

30. 虞德源. 围绕国家生态规划做好江苏农垦绿化产业大文章[J]. 资源节约与综合利用，1999(6).

31. 张荣，蔡葆．中国甜菜概论［M］．呼和浩特：内蒙古科学技术出版社，2000．

32. 虞德源．南方绿化好树种——黄山栾树［R］．中国花卉报，2000 年 4 月 20 日．

33. 虞德源．园林花木多样性开发［R］．中国花卉报，2001 年 5 月 10 日．

34. 虞德源，刘进生．发展都市林业，建设中国山水园林新城市［J］．中国花卉园艺，2001.16．

35. 虞德源，邵莉楣．优良宿根花卉——无毛紫露草［J］．中国花卉园艺，2001，16．

36. 王文华．钱学森的情感世界［M］．成都：四川人民出版社，2002．

37. 刘晓惠．文心画境——中国古典园林景观构成要素分析［M］．北京：中国建筑工业出版社，2002．

38. 曲文章．中国甜菜学［M］．哈尔滨：黑龙江人民出版社，2003．

39. 虞德源．科学规划植物景观［R］．中国花卉报，2005 年 8 月 18 日．

40. 陈有民．中国园林绿化树种区域规划［M］．北京：中国建筑工业出版社，2006．

41. 虞德源．沿海地区规划设计如何选用植物［R］．中国花卉报，2008 年 4 月．

42. 虞德源．森林湿地植物造景探析［R］．中国花卉报，2008 年 7 月 31 日．

43. 虞德源．浅述森林湿地造景及植物选择应用［J］．园林花木经纪，2008(9)．

44. 老教授送树回家［R］．姑苏晚报，2008 年 3 月 1 日．

45. 许联瑛．园林求索［M］．北京：中国林业出版社，2010．

46. 李俊清．森林生态学(第二版)［M］．北京：高等教育出版社，2010．

47. 虞德源．一种理论方法，践行三个事业［J］．南京园林(南京园林局内部刊物)，2011．

48. 丁林兴．思想的年轮——丁林兴自选集［M］．苏州：苏州大学出版社，2013．

49. 虞德源．生态相似论与农林植物引种应用［J］．现代园林，2016，（13)8．

50. 虞德源捐树母校三中［R］．苏州日报，2017 年 5 月 8 日．

51. 人民日报评论员．把伟大祖国建设得更加美丽［R］．人民日报，2017 年 8 月 29 日．

52. 李晓西．绿色抉择——中国环保体制改革与绿色发展 40 年［M］．广州：南方出版传媒广东经济出版社，2017．

53. 中共中央文献研究室．习近平关于社会主义生态文明建设论述摘编［M］．北京：中央文献出版社，2017．

54. 习近平在中国共产党第十九次全国代表大会上的报告．2017 年 10 月 18 日．

编　后　语

该书记录了作者40余年从事农林研究的心路历程，内容涵盖作者研究的主要领域——甜菜育种、园林树木引种、生态相似引种理论。研究甜菜30年，育成了我国甜菜多倍体新品种GS苏垦8312，在新疆、宁夏等地广泛推广，深受好评；在园林树木研究方面，作者提出了"一个景观，二个开发，三个定位，四个层次，五个结合，六个面向"的可操作的都市林业发展思路，对当今的生态文明建设仍有应用价值；在引种方面，作者提出了"生态相似论"的雏形框架，对成功引种具有积极的借鉴意义。这些内容，由书中的一篇篇文章构成，仿佛是一颗颗散落的珍珠，在作者的精心串联下，编就了一条美丽的项链……

该书可供农林研究人员、农林大专院校师生、引种育种者及政府有关部门决策者参考借鉴，相信会从中受到启发，汲取到丰富的精神营养。